国家自然科学基金项目
"基于二维历史图像三维重建的清末岭南私园空间形态与构成规律研究"
（批准号：51978271）

风生水起
清末岭南园林史录

Wind Thrives and Water Flourishes
A Historical Account of Lingnan Gardens in the Late Qing Dynasty

彭长歆　编著

中国建筑工业出版社

图书在版编目（CIP）数据

风生水起：清末岭南园林史录 = Wind Thrives and Water Flourishes：A Historical Account of Lingnan Gardens in the Late Qing Dynasty / 彭长歆编著.

北京：中国建筑工业出版社，2024.10. -- ISBN 978-7-112-30214-7

Ⅰ. TU-098.42

中国国家版本馆CIP数据核字第2024UJ7272号

责任编辑：陈小娟
责任校对：王　烨

风生水起：清末岭南园林史录

Wind Thrives and Water Flourishes：A Historical Account of Lingnan Gardens in the Late Qing Dynasty

彭长歆　编著

*

中国建筑工业出版社出版、发行（北京海淀三里河路9号）

各地新华书店、建筑书店经销

北京点击世代文化传媒有限公司制版

河北鹏润印刷有限公司印刷

*

开本：787毫米×1092毫米　1/16　印张：16¾　字数：289千字

2024年12月第一版　2024年12月第一次印刷

定价：**98.00**元

ISBN 978-7-112-30214-7

（43529）

前　言

作为中国园林的主要分支和重要流派之一，岭南园林一直以来为建筑史学和园林史学所关注。从研究对象来看，相关研究一般集中在不同时期的两大园林群体，即以现存四大名园为代表的传统园林及新中国时期出现的现代园林，前者主要关注岭南传统园林的造园意匠，后者主要关注新时期园林类型的多样化及创新思想的形成，"传统—经典"与"现代—创新"成为描述这两大集群的核心概念。从传统到现代的跨越是巨大的，以此为线索描述岭南园林的发展史有着显而易见的弊端，因为忽略了园林艺术变迁所蕴含的复杂、丰富的时间性、空间性及相应的文化结构，反过来也阻碍我们深入地理解岭南园林艺术的深刻内涵。

清末岭南中西交汇，景园营造新旧共存互动，推动岭南园林的现代转型。其中，在繁荣的中西贸易和文化交流，以及书院文化、士绅文化等的影响下，清末岭南形成了以广州为中心、以十三行行商为代表、官商士绅竞相造园的特殊历史时期，其造园数量、规模、意匠等均在该时期达致岭南古典园林发展的巅峰。同一时期，在西方文化、洋务运动及革新思想影响下，广州开始出现工厂花园、公园、市政绿化，以及校园绿地等新型园林风景。这些具有公共性质的城市景致与新建私园一道广泛分布在城墙以外，成为清末广州城市空间拓展与风景体系形成的重要参与者，并与城内因循守旧的衙署园林、寺庙园林一道构建了该时期广州园林混合多元、新旧共存的空间格局。

清末岭南园林营造也暗合了明清以来城市空间生产的态势，并借由多样化的呈现反映了岭南园林发展外部驱动与内在变革相互影响、共同作用的动力机制。其多样化特征主要表现在三个方面：一是营造主体和知识来源的多样化。与历史上造园活动集中于官府、寺庙及部分士绅不同，随着中西贸易的开展，中西商人成为清末岭南造园的主体，知识结构前所未有地丰富。前者推动岭南古典园林艺术发展至巅峰，后者借由空间建设引入西方近代造园方法及管理模式，推动岭南近代公园的形成与发展。在这个过程中，还出现了一些新型园林业从业者，如花卉、苗圃经营者等，他们对岭南近代园林技术的发展作出了重要贡献。二是功能类型的多样化。在私园等传统园林形态存续发展的同时，清末岭南园林出现了公园、花圃园林、洋务工厂花园、市政绿化、校园绿地等新的园林形态，覆盖公共活动、花木生产、游乐、疗愈、城市风景构成和校园风貌建构等不同功能，奠定了岭南近代园林发展的基本格局。三是空间形态的多样化。与传统园林不同，清末岭南园林的公共性明显增加，基于城市尺度的公共绿地开始出现，如公园、市政绿化、校园绿地等，其形态与城市空间紧密相关，呈现线状、带状、斑块等多种形态。显而易见，上述多样化的发展趋势是清末政治、经济、文化、社会转型的结果，在很大程度上也构建了清末广州乃至岭南园林现代转型的基本框架。

清末岭南园林的繁荣，在空间上使岭南园林的地域性特征得以形成和辨识，其空间性与时间性界定了清末岭南园林现代转型的物质及文化维度，对岭南园林作为一种地域性文化结构或文化系统的形成具有决定作用。在这种新的园林文化结构或系统形成的过程中，基于变化发展的时间性显而易见，继而推动空间性的发展。由于空间行为主体、知识来源、实践方式以及形态结构的变化，清末岭南园林呈现出与古典传统十分显著的差异性。与此同时，正由于时间维度的变化，中国园林长期稳定的文化系统第一次从近代岭南园林中辨识出地域性。清末岭南园林的重要也在于此。

为描述清末岭南园林发展的轰轰烈烈，本书采用了"风生水起"作为主标题。风与水本就是人居环境最重要的因素，也是岭南园林赖以建构其特色的关键所在。风从水面掠过，掀起波澜——这一寓意蓬勃兴旺的成语在粤语中有着超乎意义的扩展，更为强调人在事件中的作用。实际上，这也恰如其分地反映了清末岭南园林发展的真实面貌，即借由不同阶层的人的作用，或农事，或教化，或工商，或政事，或外交，共同助力，推动清末岭南园林的现代转型。

本研究得到了国家自然科学基金委员会的资助，在研究中也得到我带领的研究团队的支持。博士研究生王艳婷、顾雪萍，硕士研究生张欣、姜琦等参与了部分研究，并共同发表了系列成果。他们的贡献在文中均有注明。

目 录

第二章 /
来自农业生产的启发
49

第三章 /
行商花园的兴起与文化生产的转向
79

第四章 /
条约体系下的公共绿地建设
141

第五章 /
洋务新政建设与园事活动
189

第一章

清末岭南园林发展的历史机遇

岭南造园历史悠久。从广州中山四路南越国宫殿遗址的考古发掘来看，秦末汉初南越国时期已有十分成熟的造园技术。南汉时期则因统治者的重视与喜好，立国五十余载，都城兴宁（广州）的池苑建设兴盛一时，其中包括南宫药洲、玉液池、甘泉苑、芳春园、流花桥、芳华苑、显德园、华林园、西园、昌华园、望春园等。其后虽陆续衰败，部分遗迹仍为明、清时期的私园所用，而南宫药洲九曜石至今尚存，仍可见五代时期水石相漱、林渚相依的园林意趣。唐宋以降，贬官与文化精英的流寓在开疆岭南文化的同时，推动中原风景园林文化在岭南的传播，如韩愈之于潮州，苏轼之于惠州、儋州（今属海南）。上述种种为岭南园林规训于中国古典园林的文化框架打下了坚实的基础。

明清两代是岭南园林发展最为迅猛的时期。这既得益于宋明以来岭南农业、手工业发展带来的经贸繁荣与财富积累，也得益于明清岭南文化的勃兴与主体性格的形成。在陈献章、湛若水等大儒的带领下，明代岭南人文意识觉醒，书院开设如雨后春笋，由此带动书院园林，乃至文人私园的发展，从而在园林审美和造园技艺等方面积淀深厚。与此同时，广州对外贸易在明清两代有显著的发展，财富积累甚多。尤其在清康熙二十四年（1685年），清政府弛禁海上贸易，以及清乾隆二十二年（1757年）广州"一口通商"之后，岭南社会稳定、经济繁荣，奢靡、享乐之风渐起，私园成为社会活动空间的重要组成。在繁荣的商贸经济、绚丽的地方文化、高度发达的地方营造技艺支持下，岭南园林在清中期以后有了全面而系统的发展。

第一节　明清广东市镇繁荣与社会生活

除大型庄园外，园林建设往往依托城镇。虽用地受到限制，人口聚集、生活便利、安全防卫、友邻相伴等诸多益处使城镇成为商绅宅园及寺观选址的首选。更为重要的是，明清两代岭南城镇建设繁荣，不断有新的墟市、城镇出现。在城镇化浪潮下，居住建筑开始脱离乡村原型，面向城镇生活，应对城镇空间格局，在空间形态、建造技术、装饰艺术等方面均呈现改良趋势。

一、明清广东社会经济与城镇建设

明清是广东社会经济发展的重要历史时期，主要表现为商品经济的发展。首先是农业的商品化。长期以来，广东偏在海隅，农业生产水平低下。唐宋时期，中国的经济重心南移，广东在宋元两朝进入新的开发阶段。从唐代开始的水利建设至宋代得到较大规模的发展，包括修筑堤围、陂塘、沟渠，以及排灌、防洪、去卤等建筑和设施，为农业生产提供保障。由此产生围田、沙田、基塘等土地利用类型，用以种植水稻、桑、蕉，以及养鱼。明清广东围垦进入高潮，主要集中在珠江三角洲，也有一小部分在韩江三角洲，"高田处堰堤，低田用圩岸（堤围）"[1]，围田成为河谷平原地区主要土地类型。据诸史统计，明代珠江三角洲共筑堤181条，总长度220400丈（735公里），围垦面积达1万公顷以上；清代则达190条，总长232093.2丈（774公里）[2]。从清乾隆十八年到清同治末年（1753—1874年）的122年间，广东报垦数达1.3万余公顷[3]。由于兴修水利，耕作条件得到不断改善，耕作面积也不断扩大。同一时期，广东农业还实行精耕细作，提高单位面积产量，并通过桑基鱼塘、果基鱼塘等复合化农业生态系统的发明，实现商品性农业的发展。明中期以后，农业商品化渐成珠江三角洲主流，在适应该时期不断增长的人口压力的同时，也推动了农业产品的商品化交换。

手工业的商品化也进一步推动商品经济社会的发展。广东有着悠久的手工业传统，从远古时代的石器、陶器制作和青铜冶铸，到秦汉时期的造船、冶铁，以及隋唐时期的制瓷、冶铸、造船、灌溉机械及纺织的发展等，至明代手工业发展出现新的特点。得益于商品性农作物的增产与多样化，一些农民逐渐从农业分离出来，变成独立的手工业者，缫丝、丝织、制糖、制葵扇等手工业相继勃兴，形成新的大宗手工业产品和新型手工业群体。新老手工业产品极大地丰富了广东内销与外贸品种。清乾隆年间，广州"一口通商"之后，每年出入珠江的船舶4万~7万吨，大量输出茶、丝、土布、陶瓷、铁锅和锡器等手工业品。清乾嘉年间，广东省手工业共有300多个自然行业，10万多个工场作坊，产品达3000多个品种[4]。手工业商品经济活动的繁荣也使更多手工业脱离农业，并逐步向墟市、城镇集中。

随着商品生产和交换的发展，墟市、市镇等不同等级的商业聚落空间相继设立。"民人屯聚之所为村；商贾贸易之所为市；远商兴贩之所为集；车舆辐辏为水陆要冲，而或设官将以禁防焉，或设关口以征税焉，为镇；次于镇而无官司者为埠。"[5]明代，广东在增建州县的同时，新墟市大量涌现。明嘉靖年

---

[1] （明）黄佐.广东通志（卷26）[M].明嘉靖四十年（1561）刻本。

[2] 佛山地区革命委员会.珠江三角洲农业志编写组.珠江三角洲农业志（二）[M].佛山地区革命委员会，1976.

[3] 张超良.广东沙田问题[A]//珠江水利委员会.珠江水利简史.北京：水利电力出版社，1990：153.

[4] 广东省地方史志编纂委员会.广东省志：二轻（手）工业志[M].广州：广东人民出版社，1990：11.

[5] （清）金廷烈.澄海县志（卷2）[M].埠市，清乾隆三十年（1765年）刊本。

间，广东各府州县有墟市 439 个❶。清代，在商品农业和手工业基础上，墟市发展更快，仅珠江三角洲地区就达 570 个之多。一些墟市因地处水陆交通重要节点，开始向市镇转化。以佛山为例，其聚落相传"肇于汴宋"，元大德《南海志》（抄本）仅以"佛山渡"记之，《南海上元霍氏族谱》称之为"佛山墟"，与渡口地位相当。明代初年，划佛山与周边十五村为"佛山堡"，按里甲编制，尚未形成市镇。至明正统、景泰年间，佛山开始崭露头角，拥有户籍"凡三千余家"。明末佛山涌成为广州省城进出西江、北江之要津，再得益于清初冶铁业专营政策❷，佛山一跃成为天下四大名镇之一，与景德镇、汉口镇、朱仙镇齐名。据王存《元丰九域志》记载，宋代广东具有区域性商业活动性质的镇有 38 个。至明清时期，已达 93 个❸，形成了以广州、佛山、陈村、石龙四大镇为代表的城镇体系。

广州西关的城市化则更为明显地反映了商品经济，尤其是外贸经济对城市空间的促发。宋元时期，广州城西一带尚属荒芜，但通过围垦造田已从沼泽变为陆地，有大量花田，并于南侧临江处有白田镇这一制度化的墟市存在。宋代，广州重修子城（1045 年），并陆续修建东城（1069 年）、西城（1071 年），形成"三城并立"的空间格局，城西地区开始经历从乡间市镇到城西关厢的转变。明代，全国掀起大规模筑城高潮，广东大部分府州县城得到重建。广州城池也于明洪武三年（1370 年）、明洪武十三年（1380 年）两次重修及改扩建，合宋三城为一城，形成北倚粤秀山、南临珠江、四周城墙高耸、蔚为壮观的省城形象（图 1-1）。明代海上贸易兴起，但明朝政府早期实行海禁，杜绝民间出海贸易，后于广州设市舶司管理海上贸易，并于城西蚬子步设怀远驿，成为朝贡贸易人员及货物居停的中心，带动城西厢的发展。在清康熙帝宣布开海贸易后，十三行作为一种新的贸易制度更好地适应了不断扩大的贸易需求，并满足了朝廷不直接接触西洋商人的外交政策。选址于城南关厢的十三行商馆区加强了西关由滨水地带向腹地发展的驱动力，围绕各类外贸及内销商品，西关形成了种类繁多的专业市场、商业街、生产丝织品的机房区，以及各类居住区等。虽然地处城外，西关在海上贸易的促发下汇集大量资本，完成了空间资源的分配与空间结构的构建。

---

❶ （明）黄佐. 广东通志（卷 20）[M]. 明嘉靖四十年（1561 年）刻本。

❷ 佛山以冶铁业起家，但本地不产铁矿，清政府规定广州、南雄、韶州、惠州、罗定、连州、怀集等地生铁必须输往佛山后加工。详见（清）李振裔编著两广盐法志，卷 35，"铁志"。

❸ 颜广文. 古代广东的驿道交通与市镇商业的发展 [J]. 广东教育学院学报，1999（1）：111-116.

图 1-1　广东广州府舆图（清康熙二十四年）

图片来源：中国第一历史档案馆，广州市档案馆，广州市越秀区人民政府.广州历史地图精粹 [M].北京：中国大百科全书出版社，2003：4-5.

　　明清时期，广东城镇地位和作用也显著提高，成为社会经济和文化集聚的中心。数量庞大的知识分子群体应运而生，如理学家陈献章、湛若水，史地学家屈大均，诗人陈恭尹、梁佩兰，画家张穆、黎简、苏六朋等。文明传播带动民间藏书、刻书及古玩收藏的兴旺，清中期以后，广东已成国内主要的典籍收藏地❶，藏书楼建造十分兴盛。市民生活与文化需求相应提升，粤剧、潮剧、汉剧、琼剧等广东四大地方剧开始形成，并出现佛山琼花会馆及其后广州八和会馆这样的艺人行会空间。手工业产品技艺精湛，广绣（广州织造丝缎）、广彩（广东陶瓷）、广雕（广东玉、石、木、骨、象牙、角雕）、广式家具、外销画等，在畅旺的内销与外销市场下，不断创新工艺，形成浓郁的地方风格，并推动建筑室内外装饰艺术的发展。

二、"大屋"：城市府第建筑的形成

　　岭南有广府、潮汕、客家三大民系。广府、潮汕民系的形成，是不断南迁的中原汉族人民与当地土著长期融合的结果，这种融合发轫于秦汉，历经两晋唐宋时期，至元明渐趋完成。而客家民系形成较晚，主要由中原南迁的汉

❶　屈万里，昌彼得.图书版本学要略 [M].台北：中国文化大学出版社，1986：62-63.

族为主体，并与当地一些民族长期融合，而于明清时期最终形成具有独特客家方言，以及共同的生活习俗及心理素质、集团意识等文化传统的群体❶。广东汉族三大民系虽然主体均来自中原移民及其后裔，但自宋明以来，三者却存在主客之分，其中广府人、潮汕人群体较早形成，自称主户，客家人自称客户。因广府人居于珠江流域及珠江三角洲、潮汕人居于韩江流域及韩江三角洲，故是明清广东城镇化建设的主体。

明清时期繁荣的城镇建设推动居住建筑的改良。虽然投资主体主要来自乡村，但不同于乡村，城镇住区无法在选址上对周边环境予以响应，表现出对城市地块的高度服从。与此同时，因以家族或家庭为单位，乡村特有的宗族意识无法在街区内部发挥协调作用，住区建设以里坊为单位表现为个体的集合，进而推动城市住宅的多样化。然而，因脱胎于乡村，早期城镇住宅的原型必然来自乡村经年积淀、高度稳定的居住形态。作为生产方式、生活习俗、宗教信仰及审美观念等的重要载体，传统民居的空间布局、建筑形态等集中反映了使用者心中最底层的文化逻辑。

在经历宋代中原文化的大洗礼后，明代广东的地方社会普遍重视礼仪规范。作为礼制文化传播的重要媒介，礼书编纂的重心在唐宋以后由公礼转向家礼，以冠、婚、丧、祭为内容的家礼开始突破贵族门阀的限制，不断渗透民间❷。在重新诠释《性理大全》中的朱子《家礼》，以及《明会典》《明集礼》等国家礼典过程中，广东大儒丘濬❸于丁忧居乡时期编著《家礼仪节》，成书于明成化十年（1474年）。该书以通俗、浅显的语言表述朱子《家礼》中的仪节，并以礼图示范空间的使用，从而极大地推动了明代《家礼》的庶民化，并直接影响了当时的广东、四川、江西、南直隶、浙江、北京等地❹。

家礼传播推动民间建筑的礼制化发展。受儒家道德及礼仪观念的影响，尤其是明代儒学文化重回主导地位后，明代广东宗祠建设兴旺，而以合院为原型的住宅模式也成为主流，且更加规整。民居中，厅堂位于中轴线和建筑平面中心，前堂后寝，其他建筑围绕四周，但因调适气候及用地，明清广东民居院落渐趋天井化。其中，如广府乡村地区最典型的"三间两廊"民居（图1-2），即三开间主座建筑、前带两廊和天井组成的三合院住宅。其平面内

---

❶ 陆琦.广东民居（上）[M].北京：中国建筑工业出版社，2008：25-27.

❷ 赵克生.明代国家礼制与社会生活[M].北京：中华书局，2012：197.

❸ 丘濬（1421—1495），广东琼山人（今属海南），曾任翰林侍讲、国子监祭酒，明弘治初入内阁。

❹ 赵克生.明代国家礼制与社会生活[M].北京：中华书局，2012：200-201.

厅堂居中，房在两侧，厅堂前为天井，天井两旁称为廊的空间用作厨房、柴房及杂物房。三间两廊住宅大门根据街巷定，或设中间，采用凹门斗，或两侧入口。以三间两廊平面为原型，可以横向发展成为多开间式；也可纵向发展，如加前屋形成四合院，称作"上三下三"，即上三间、下三间，中为天井。潮汕乡村地区的住宅形制更为丰富，其中如"爬狮""四点金""五间过""三座落"等均以庭院、天井组织空间，厅堂居中，两侧为房，长幼尊卑，井然有序。在崇仰祖先、敬畏神明、宣扬道德、便利生活的前提下，岭南传统民居的空间中不仅有各种方便生活的设施，也有神楼、神位等一系列安放祖先与神明的空间，反映出南粤人民与祖先同在、人神共居的生活状态，显示出强大的文化基因。

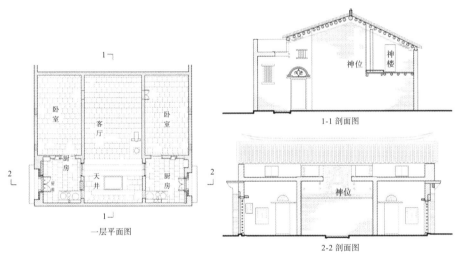

图 1-2　开平自力村某三间两廊住宅
图片来源：蔡凌等 2013 年测绘。

明清广东的城镇化为住宅改良带来契机，富裕绅商向城镇的聚集推动"大屋"这一新型城市府第住宅的形成。大屋一说来自言传口碑，也为文字所记载，如欧阳山《三家巷》："从官塘街走进巷子的南头，迎面第一家的就是何家，门面最宽敞，三边过、三进深，后面带花园，人们叫作'古老大屋'的旧式建筑物。水磨青砖高墙，学士门口，黑漆大门，酸枝'趟栊'红木雕花矮门，白石门框台阶；墙头近屋檐的地方，画着二十四孝图，图画前面挂着红灯笼、铁马，十分气派。按旧社会来说，他家就数得上是这一带地方的首富了。"[1] 大屋即大宅，在粤语中通常用于形容规模宏大、高大华美的府第，而古老则形容历史悠久，

❶　欧阳山. 三家巷 [M]. 北京：人民文学出版社，1960. 小说故事发生在民国时期的广州。

由于大屋大量建造在 19 世纪的广州西关地区，因而俗称"西关大屋"并类型化。实际上，在西关之外，广州河南[1]、佛山等明清城镇化地区也大量出现，进而影响了整个广府粤语方言区，如澳门的卢家大屋、郑家大屋等。

欧阳山的文字形象地描绘了广州一处"古老大屋"的建筑形象，除了视觉元素，其中关于尺度"三边过"的描述恰巧反映了其类型学意义。在建筑空间的组织形式上，广州西关大屋延续广府传统民居的空间组织模式，以"间"（又称"面过""边过"等）与"进"描述建筑开间及进深，从而确定规模与形制。针对开间数不同所呈现的平面形态，清代广东城镇住宅大致有三种类型：三边过、明字屋、竹筒屋。

"三边过"即建筑面阔三间，由正间及左、右偏间组成。作为清代广府城镇最典型的府第平面格局，三边过大屋基本原型为进深三进，第一进正间为门厅，左、右偏间为倒朝房或天井花园；第二进正间为轿厅，左、右偏间为偏厅；第三进正间前为正厅、后为头房，左、右偏间多设偏厅、偏房。各进正间厅堂前后多以天井相隔，各进偏厅、偏房则多设二层通高的轩廊而不设天井，以求增加室内使用面积。末进常设后天井，布置厨房等后勤辅助用房。在三边过大屋中，正间各进厅堂组成住宅最重要的纵向穿越式空间序列，是住宅重要的仪式性轴线，从前到后依次为门厅（门官厅）—轿厅（茶厅）—正厅（神楼、头房）（图 1-3），空间高大开敞、形制严谨、仪式性强[2]。更大规模的三边过大屋则向纵深和横向发展及高度发展。纵深方向多在正厅后设二厅及相应偏房等，形成"门廊—门厅—轿厅—正厅—头房（长辈房）—二厅（饭厅）—最后的二房（尾房）"的纵长中轴线。每厅为一进，厅与厅之间以天井相隔，分为前、中、后天井，平面空间强调方正。横向或并联双开间或单开间建筑扩展面宽，或通过冷巷[3]，并列组织大屋单元，形成连房广厦式布局。其中如义丰行行商蔡昭复所建位于下九甫的府第住宅并排 9 间（进深 6 进）、连书厅 4 间（进深 4 进）共 13 开间大屋沿街道展开，规模宏大，十分壮阔。

明字屋又称"双边过"，即建筑面阔二间，进深多三进，平面形似"明"字而得名。从平面格局来看，明字屋脱胎于"三边过"，实际上是后者正间与

---

[1] 河南，地名，今广州海珠区，本书中的河南均为此意。
[2] 黄巧云. 广州西关大屋民居研究 [D]. 广州：华南理工大学，2016：54.
[3] 天井院落式住宅与邻屋之间的室外窄巷叫"冷巷"，又称青云巷，有平步青云之意，具有通风、防火、排水、采光、交通、栽种花木等功能，同时可称为火巷、水巷。

一侧偏间的组合，在纵深方向的布局则与"三边过"基本相同。由于只有一侧偏间，明字屋正间厅堂空间的仪式性减弱、实用性增强，如用于迎宾送客的轿厅被取消，增加了内宅使用的二厅等。独立建造的明字屋与"三边过"组合使用时，则通常为旁支、附属或小姐楼等。如广州河南南华西街叶家大屋，以"三边过"大屋为主体，西侧设明字屋小姐楼，对外均设大门，可独立使用。

竹筒屋是清代广府地区城镇最常见的住宅类型。因面阔只有一间，又称"单边过"，所有厅房纵向串联，间有天井，平面纵深可达数十米，形似竹筒，坊间俗称竹筒屋（图1-4）。竹筒屋的平面格局与"三边过"、明字屋有着相似的特征，在某种程度上是"三边过"大屋去除二偏间、保留正间的"竹筒化"过

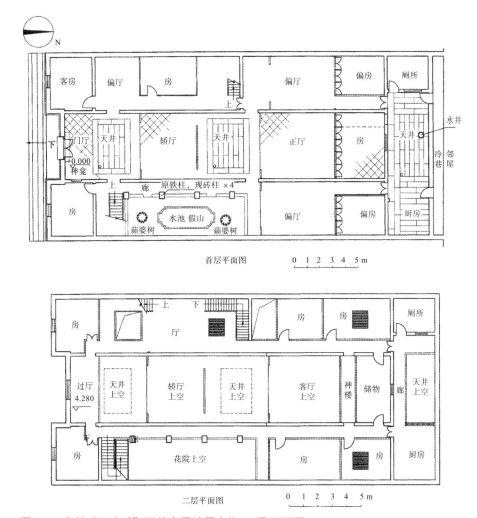

图 1-3 广州"三边过"西关大屋鸿昌大街 22 号平面图

图片来源：汤国华.岭南历史建筑测绘图选集（一）[M].广州：华南理工大学出版社，2004：122.

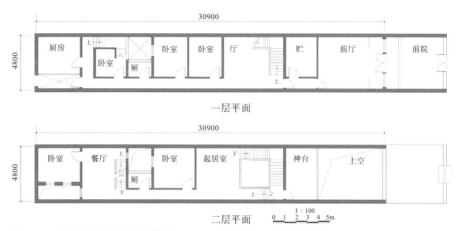

图 1-4　广州典型竹筒屋平面图

图 1-5　广州永庆坊改造前首层平面

图片来源：朱志远，宋刚，钟冠球.广州恩宁路永庆坊[J].世界建筑，2019（1）：146-147.

程，最终形成相似的"厅—房—天井—二厅—二房—天井—厨房"的空间序列。竹筒屋的形成显而易见是城镇土地开发过程中调适房屋地价与购买力的空间策略，总体来看是明清城镇化晚期的产物。

明清时期，广东城镇住宅的类型化在适应城镇快速发展的同时，也为建筑技术与装饰工艺的发展奠定了基础。因以间为单位，有着相似的空间结构，投资者能够快速地评估土地的利用方式，并推进街巷等基础设施的建设，这在 19 世纪中后期广州西关的大开发中发挥了重要作用（图 1-5）。与此同时，类型化的空间结构与建筑形体也便于工匠探索合理的结构体系，形成模式化的功能构造与装饰技艺，如因"间"设墙承檩，形成砖木混合结构；又如调适气候与防盗相结合的正门"三件头"——矮门、趟栊和大门（图 1-6）；而砖雕、木雕、石雕、陶塑、灰塑、壁画等装饰工艺在大量需求下臻于完善，并形成地方风格……总而言之，明清广东社会经济发展、城镇化与营建活动三者之间形成高度关联的整体。如果说在此之前，岭南文化以接受中原文化为主，明清之际已逐渐转为地方主体性格的建构。作为物质文化的一种，岭南园林之地域性也自此而始。

图 1-6　广州西关竹筒屋大门

图片来源：作者自藏历史明信片。

三、礼仪与暇适：日常生活的物化

明清礼制文化的发展与社会经济的繁荣交织在一起，从观念与形态两方面推动了岭南独特居住文化的形成。形态方面，形成了以宗祠为中心、布局严谨规整，讲求环境营造的村落格局，以及以院落天井组织、沿纵轴递进展开，稳定的尊卑有序的乡村及城镇住宅类型。与此同时，财富积累的加剧，推动城乡居住建筑的大型化、府第化；观念方面，则形成了既重礼仪又重物欲的生活方式，民间礼仪活动如祭祖、宗亲联谊等成为常态，而绅商群体的饮食、游乐及艺术赞助活动等空前旺盛，促发了各类地方文化的发展与繁荣。在这个过程中，日常生活与物质文化高度关联，家庭及社交礼仪以及游憩暇适等行为物化成空间设计的规则，并酝酿新的空间美学。

空间礼仪与暇适首先表现为宅院的组合关系。从前述府第式大屋来看，明清岭南居住建筑的礼仪主要通过建筑的开间进深、院落的空间尺度、建筑装饰、家具陈设等方面传达出来。礼制要求空间有序、等级分明，身处其间而行为端正。但宅院空间不仅承载着礼仪，更是生活的容器，对暇适的向往要求礼制空间的放松，礼仪与暇适的博弈推动了宅院空间在原型上的破局。厅堂可以脱离轴线的控制成为偏厅，厢房也可根据社交的需要成为偏厅，天井可以扩大为庭院，宅则可以缩小成轩，成为庭院的配角。

随着社会活动与家庭活动的增加，明清岭南府第宅园通过空间的细分应对不同的需求。前述"三边过"府第大屋根据建筑各进空间在使用功能上的差异，可分为内、外两部分。大屋的第一、二进靠近住宅入口，为外宅，主要作为招待来客与日常休憩之所，偏厅与倒朝房多作为客厅、书房及客房使用，访客在第二进轿厅下轿后，即可从天井横门直接到达两侧偏间的书房、客厅等，十分方便。从第三进开始一般为内宅，是主要居住空间，为屋主与内眷的生活起居空间，私密性强，除正厅外，访客一般不得入内。从清末三幅有关广府人家家居生活的外销组画中（图1-7），我们也能窥见其空间使用的日常。

组图一"大堂迎宾"呈现了主人在大堂迎接客人的礼仪。大堂即轿厅，一般位于门厅后，为宅第的第二进。客人如果乘轿而来，即停在门厅后的天井中，客人下轿后进入轿厅，或等待主人召见，或由主人亲来迎客，即"大堂迎宾"，其空间安排符合礼仪的需要。轿厅又名茶厅，是重要的交通空间，也是奉茶暂停的地方，图中轿厅四面通透的开窗及摆设的方凳家具说明该空间的过渡性。岭南多雨气候产生的风雨廊连接着轿厅与正厅，也说明宅内步行交通的开始。风雨廊后扶柱窥探的女眷恰好位于内外宅院的边界上，只有穿过风雨

图1-7　广府府第组图

（上：大堂迎宾；中：偏厅闲谈；下：闲轩小憩）

图片来源：香港艺术馆.晚清中国外销画 [Z].香港市政局，1982：72-74.

廊进入到正厅中，才算正式被主人接纳进入家中。有趣的是，图中的绅商宅院已处于庭园式大屋阶段，正厅被打通，屏风位由园中的景墙代替，正中位悬挂的字画改到厅中两侧，园中的赏石与花木成了如画的主景。从这个角度而言，正厅变成了由室内外空间共同组成的一个混合空间，而这个空间则是由宅入园的前序空间。

组图二"偏厅闲谈"则反映了介于礼制与生活之间的空间场景。偏厅指并非位于中轴线上的厅堂，可视为厢房位演化成的空间。偏厅按需设置，数量不一，一般设置在门厅两侧，可作为书房，称为书偏厅，亦可配合客房等房间设置，作为配套的公共活动空间，功能多样。偏厅的空间尺度较正厅、二厅等主要厅堂小，尺度宜人，可用作主人会友小酌、挥毫弄墨，或子女读书等空间。因此，厅中家具会出现酒桌、凳椅和书房陈设。由于有教育功能，偏厅也是女眷可以抵达的空间，在保持礼仪的基础上偏重家庭功能。组图二中可见宾主双方在偏厅中坐姿暇适，相谈甚欢。主位后几案上悬挂"迎客松"卷轴，圆环灯笼上书"意趣"二字，堂前还有长幼两人在对话，而女眷则在堂外的庭园中赏荷。偏厅公私兼容、内外相济的使用功能，以及日常生活的场景在组图中得到了完整的体现。

组图三"闲轩小憩"则描述了闲轩这种私密的家庭空间，画中灯笼可见"闲轩"二字。从空间形态及使用人群来看，闲轩在宅第中相对私密，属于主人接待相熟友人，以及宗亲或更近的家族成员相聚的场所，女眷在此可自由活动。其空间相对独立，又有通向外侧花园的出入口。图中闲轩二层为女眷居住的小姐楼，说明此处为家庭成员休憩和非正式聚会的场所，是完全生活化的空间，室内摆置的榻床显而易见地放松了对身体姿态的控制。二层的天台空间既为女眷增加了不失私密性的室外活动空间，又为女眷提供了可以窥望来客的隐秘视野，是岭南宅院的特色空间。

清代，广东绅商还通过家具陈设、建筑装饰等凸显礼仪之雄浑与暇适之自由。得海洋贸易之便利，广东大量进口南洋优质木材，发展了绚丽的广式家具和小木作装饰。清康熙年间，戏剧家李渔在游历广东后说："予游粤东，见市廛所列之器，半属花梨、紫檀，制法之佳，可谓穷工极巧。"[1] 广式家具用料粗硕，追求端庄与豪华。特别是雍乾以后，绅商显贵阶层生活奢华，家具尺寸较明式家具加大放宽以显示雄浑与稳重。使用这种硬木家具，便于做出符

---

[1] （清）李渔. 笠翁偶集（又名闲情偶寄），"器玩部·制度第一"，"箱笼箧笥"条。

合礼仪的姿态，从而将空间的礼仪规制贯彻至家具的使用中。与广式家具不同，清代岭南建筑装饰却呈现出绚丽繁复、风格自在的状态。其中如灰塑用色艳丽、细节变化夸张；石雕、砖雕玲珑剔透、工艺精致细巧；而木雕则更多地参与到空间营造中，屏风、槅扇、门窗、花罩等小木作发展出更为多样化的格纹图样和漏雕手法。这些家具陈设、建筑装饰等调和了空间礼仪，并更好地融入世俗生活中。

第二节　书院勃兴与园林美学的再酝酿

明清岭南书院勃兴，既促进了文教事业的发展，也促进了园林文化和知识的交流。作为一种教育制度，书院在我国萌芽于唐末，鼎盛于宋元，普及于明清，它在综合改造传统官学和私学的基础上，建构了一种兼有官学成分与私学长处的新的教育制度，是集教育、学术、藏书于一体的文化教育机构。在长期的发展历程中，书院不但形成了俗称"三大事业"的教学、藏书和祭祀的完整规制，更在建筑选址、布局等方面发展了与之相应的空间模式。由于面向对象为士子，即未来的国家精英，孔儒道德及传统士人审美在书院空间的营造中发挥了重要作用，并因此形成了近山泽、环境清幽、意涵隽永的空间特色。

由于建设数量众多，书院在明清岭南的知识传播与文化交流方面起到了举足轻重的作用。宋元以前岭南主要通过贬官文人以个体的方式传播儒学及知识，明清岭南书院的大发展，使知识及文化传播变得更加系统化与制度化，并因此形成了陈献章、湛若水、霍韬等一批岭南知识精英，也催生了书院园林这一新的园林类型。借由知识精英的传播，书院园林所蕴含的士人文化酝酿和发展了一种新的园林美学，极大地影响了明清岭南园林的发展。

一、明清岭南书院的勃兴

岭南书院的兴起较晚，落后于中原和江南地区。直至南宋嘉定年间，岭南才创办了真正意义的书院——禹山书院（今广州都城隍庙西侧）[1]。然而宋元时期岭南书院仍属寥寥无几的初兴状况，至明代起，书院开始兴盛。虽然期间因政治原因几番起落，岭南书院却基本保持发展的一贯性，至清代，岭南书院已雄踞一方。

---

[1] 彭长歆. 岭南书院建筑的择址分析 [J]. 古建园林技术，2002（3）: 10-14.

明代岭南书院的发展经历了从被极端抑制到兴盛扩建的过程。明初 100 多年间，统治者对书院采取了一种极端压制的政策，曾先后以自主独立创办、随意招生、向下层社会开放，以及政治因素为罪名，掀起三次禁书运动。其间，岭南同样深受其害，故兴建书院为数不多，据载，广东仅 18 处❶，广西则更少，明郭棐、清陈兰芝《岭海名胜记》称："万历中，宰异讲学，毁及院舍，有司奉行，急若风火，西樵独流祸烈，一时儒绅飒然丧焉。若大科、若铁泉、玉泉、天阶诸舍，皆被毁折。独云谷以白沙祠存。四峰以西庄祠存。石泉恭赐书，有司不敢毁，而名贤窀穸之地，逐为烟蔓之场。"❷ 然而，自明正德以后，因受岭南社会文化、经济发展的影响，书院被不断扩建，其讲学风气也随之改变，岭南书院得以兴盛（表 1-1）。

明代岭南书院建设情况　　　　　　　　　表 1-1

地区	官办	民办	不明	合计	全国排名
广东	103	42	11	156	3
广西	40	14	17	71	8
海南	13	4	0	17	—
香港	0	0	1	1	—
合计	156	60	29	245	

资料来源：陈谷嘉，邓洪波.中国书院制度研究 [M].杭州：浙江教育出版社，1997.

岭南书院在明代兴盛的原因大致有三方面。其一，理学的繁荣。明代理学大师王守仁、陈献章、湛若水对推动理学的繁荣功不可没。陈献章、湛若水均是岭南人，他们曾分别于白鹿洞书院和新泉书院讲学，后长期驻留岭南。除讲学外，他们还立书院宣其主张，形成了以广东罗浮、西樵山为中心的书院网络，大大推动了岭南书院的发展。其二，明代科举盛行，八股成风。作为学校教育的补充和科举考试的预备学校，书院自然得到了相应的发展。其三，明代岭南商贸繁荣，绅商群体形成，对文教事业的赞助远胜于前，推动了书院的建设热潮。

清朝对书院采取了先抑后扬的政策。清初，统治者十分害怕前明遗族的复活，对书院创设采取了抑制政策。直到清雍正十一年（1733 年），才令各省会设书院，但属官办性质。以后，各府、州、县也相继创建书院，发展到

---

❶ 刘伯骥.广东书院制度沿革 [M].北京：商务印书馆，1939：27.
❷ 刘伯骥.广东书院制度沿革 [M].北京：商务印书馆，1939：42.

2000 余所，数量超过明代，只不过书院多为官方操纵，致使书院因袭其名，绝大多数成了以考课为中心的科举预备学校。岭南新建书院直到清顺治年间仍寥寥可数，仅广东的清远瑞锋书院、信宜风冈书院、肇庆崧台书院几所，广西则几乎没有。清康熙十六年（1677 年），虽两次颁御书，各书院开考禁，但仍无兴创的明令。可是在岭南，书院兴建数量却在增加，其间广东共兴建 81 处（官立 69 处，私立 12 处），广西共建 30 处❶。随着社会经济的不断发展，清雍正以后岭南书院在数量上有了明显的扩大（表 1-2），并因招收生员数量增加而在规模上也不断扩展。其中，粤秀书院和越华书院如连内课、外课、附课合计，学员最多时超过 300 人，而广雅书院设立时即规定收两广学生各百❷。这种书院数量和规模的扩大，表明清朝统治者对书院的态度已改消极、禁毁为正面引导、积极推动。

清代岭南书院建设情况 　　　　　表 1-2

地区	官办	民办	不明	其他	合计	排名	备注
广东	203	131	8	0	342	3	—
广西	32	97	53	1	183	7	"其他"为教会所建
海南	24	14	1	0	39	—	—
港澳	4	6	8	8	26	—	"其他"为教会所建
合计	263	248	70	9	590	—	—

资料来源：陈谷嘉，邓洪波.中国书院制度研究 [M].杭州：浙江教育出版社，1997.

二、从山林到城市：明清岭南书院择址及变迁

书院的产生和发展深受佛教禅林讲学的影响。佛教把"禅定"视为宗教修养的重要途径之一，所谓"禅定"，即安静地沉思。为此，高僧往往选择在山林名胜地建立禅林精舍，用于坐禅和讲授佛学。宋代理学教育的核心是道德修养。朱熹提出"性即理"，认为"居敬穷理"是为学之方，乃道德修养之根本。"居敬"即正心诚意，是一种强调站立姿态、呼吸和静态冥想的修持方法，理同禅修之"静定"。"居敬"又有专一之意，其"主静"与"专一"思想和佛家"禅定"密切关联。实际上，宋明书院多为鸿儒名学所创建，其相地择址向禅寺学习："择胜地，立精舍，以为群居读书之所。"而禅宗顿教在岭南深入民心，最直观地影响了岭南书院的择址观，是岭南书院择址的文化背景。

---

❶ 刘伯骥.广东书院制度沿革 [M].北京：商务印书馆，1939：44-52.
❷ 季啸风.中国书院辞典 [M].杭州：浙江教育出版社，1996：231，247，250.

岭南学界由陈献章❶首倡默坐观心，其"天人同体"的思想与筑小庐山书室随机悟道的行为互为表里。陈献章认为"人与天地同体，四时以行，百物以生，若滞在一处，安能为造化之主耶？古之善学者常令此心在无物处便运用得转耳。学者以自然为宗，不可不着意理会"❷。明代岭南书院的山居特色既是陈献章"天人同体"思想的建筑意象，也与儒家倡导的"天人合一"思想相吻合。为更贴近自然而使心物融为一体，白沙派弟子湛若水将书院择址偏离中心区域，以岭南名山为背景，书院建置依傍僻静幽深之山林，如西樵山四大书院——湛若水所建云谷书院（图1-8）和大科书院（图1-9）、方献夫所设石泉书院（图1-10）及霍韬所建四峰书院（图1-11），以及顺德吴廷举所建凤山书院（图1-12）等。所谓择胜而处，明代岭南书院因此形成了以西樵山、罗浮山、宗山为核心的空间网络。

图 1-8　云谷书院
图片来源：（清）刘子秀．西樵游览记 [M]．（清）黄亨，谭莪晨补刊．桂林：广西师范大学出版社，2012．

❶　陈献章（1428—1500），字公甫，号石斋，又号病夫、白沙子、碧玉老人、石翁，广东广州府新会县白沙里（今广东省江门市蓬江区白沙街道）人。因生活于白沙村，又称陈白沙，为明朝中期思想家、哲学家、教育家、书法家、诗人，明代心学的奠基者，广东唯一一位从祀孔庙的大儒。

❷　（明）陈献章．与湛民则（七）[M]// 陈献章撰．孙通海点校．陈献章集（上）．北京：中华书局，1987：192．

图 1-9　大科书院

图片来源：（清）刘子秀 . 西樵游览记 [M].（清）黄亨，谭药晨补刊 . 桂林：广西师范大学出版社，2012.

图 1-10　石泉书院

图片来源：（清）刘子秀 . 西樵游览记 [M].（清）黄亨，谭药晨补刊 . 桂林：广西师范大学出版社，2012.

图 1-11　四峰书院
图片来源：(清)刘子秀.西樵游览记[M].(清)黄亨，谭药晨补刊.桂林：广西师范大学出版社，2012.

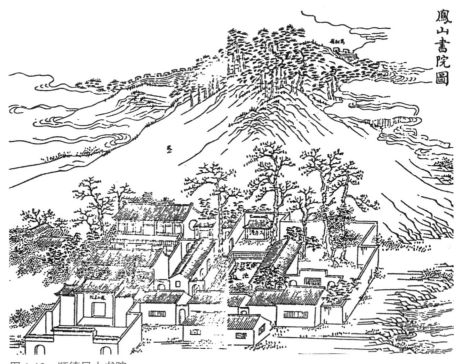

图 1-12　顺德凤山书院
图片来源：(清)郭汝诚修，冯奉初等纂.顺德县志·卷一[M].清咸丰三年刊本，1853：34.

明代岭南书院的山居特色也暗合了士人阶层的隐逸传统。自士人阶层脱离血缘宗法而附属于国家系统开始，入世与出世、仕与隐便成为士人无法回避的矛盾。该矛盾最先体现在书院择址中，许多岭南士人宁愿弃科举而就草庐，远离尘世以便明心见性，如番禺人何廷矩在拜访陈献章后，宁愿放弃秋试追随游学。该事迹被记载并传播，更显示士人阶层对这一行为的赞许。在陈献章、湛若水的带领下，明代岭南儒学向名山蛮野之地转移，也使书院区位越来越向政治中心外移动，构成与官学对峙的二元格局。

因强调心性与自然的结合，明代岭南书院在环境经营中普遍追求形胜。所谓形胜，即符合堪舆学说、山川壮美之地。堪舆俗称风水，英国史学家李约瑟（Joseph Needham，1900—1995）指出，中国的风水理论包含着显著的美学成分和深刻哲理，中国传统建筑同自然环境完美和谐地有机结合而美不胜收，皆可据以得到说明。他论及"中国建筑的精神"时特别对堪舆的作用作了概括："中国人在一切其他表达思想的领域中，从没有像在建筑中这样忠实地体现他们的伟大原则……不仅在宏伟的庙宇和宫殿的构造中，而且在疏落的农村或集中的城镇居住建筑中，都体现出一种对宇宙格局的感受和对方位、季节、风向和星辰的象征手法。"❶作为岭南建筑活动的主要依据之一，堪舆术的传入源于闽、赣，至宋明已广为传播，而书院选址尤其重视。一方面，书院环境一般为山川秀美之处，通过堪舆对环境特征进行总结，强化了选址的合理性；另一方面，通过自然山水感应文章已成士人共识，所谓"山水自然之奇，与文章之奇秀，一而已矣"。而官立书院对科考的重视进一步强化了堪舆对书院选址的主导，借由堪舆，自然环境与心理暗示达成最大程度的耦合。

清代岭南书院以堪舆择址的风气较明代更甚。因多为官立，书院成为科举的预备学校，因而更加注重以堪舆之胜求文章之胜，如清雍正八年（1730年）高州知府张兆凤建敷文书院时称："予莅任初，即相度遗址，见门崎三峰，形如笔架，层峦耸秀，望而知为地脉钟灵。"❷又如清嘉庆年间落成的广西隆安榜山书院"三台耸峙于前，群峦拥护于后，左有白鹤诸岩，右环清江九曲。地势宽平，朝揖秀丽，聚一方景物之盛，自是以荟萃人文，作育后进。书院之设，莫善于此"❸。

因以科考为目的，清代岭南书院选址开始从山林转向城镇。该时期广东社会经济繁荣，城镇化速度加快，人口激增，推动教育需求扩大。为更好地开

❶（英）李约瑟.中国科学技术史第4卷第3分册[M].汪受琪，等译.北京：科学出版社，2008：64.

❷（清）张兆凤.修敷文书院记碑[A]//（清）郑业崇，等修，许汝韶纂.茂名县志.卷三，（清）光绪十四年（1888年）刊本.转引自陈谷嘉，邓洪波.中国书院史资料（中册）[M].杭州：浙江教育出版社，1998：1129-1130.

❸（清）张树绩.榜山书院碑记[A]//刘振西.隆安县志.卷五，民国二十三年（1934年）铅印本.转引自陈谷嘉，邓洪波.中国书院史资料（中册）[M].杭州：浙江教育出版社，1998：1180.

展书院教育以便备考，同时保证书院充足的物资供应，书院纷纷择址区域富庶、交通便利、人口稠密、教育发达的地方建设❶。经由堪舆学指导下的选址，这些书院所在往往成为城市中最具环境资源的空间。

作为科考中心广东贡院❷所在，清代广州书院建设最为密集。清康熙四十九年（1710年），为提高广东学子进京会试的录取率，广东最高等级的官办粤秀书院于粤秀山麓建设；清乾隆二十二年（1757年），在粤外省商人在司后街（今越华路）创办越华书院；清乾隆三十四年（1769年），番禺知县将番禺义学改为禺山书院；清嘉庆八年（1803年），广州知府将羊石书院和珠江书院在龙藏街合并为羊城书院，同年，布政使拨府银将西湖街（今西湖路）的南海义学改为四湖书院，清道光年间（1821—1850年）再改为西湖书院。此外，清道光四年（1824年），两广总督阮元在粤秀山南麓创办学海堂（图1-13），随后又分别于清同治六年（1867年）、清同治八年（1869年）修建了菊坡精舍和应元书院等（图1-14）。广州城内因此形成了以粤秀书院为核心，向粤秀山及其四周延伸的密集的书院群体。而广州府衙附近则集中了三所学宫、五所省级书院、一所府级书院、二所县级书院。除了官办书院外，私立者更不计其数，如今大南路、大德路以北，解放路以东，文德路以西，中山四路、中山五路两旁，大小马站、流水井一带云集了数百家以姓氏命名的书院、书室、家塾、家祠等，形成高密度的学校奇观。

图1-13　学海堂

图片来源：(清) 林伯桐 . 学海堂志 [M]. 陈澧续补 . 台北：广文书局，1971.

---

❶　刘伯骥 . 广东书院制度沿革 [M]. 北京：商务印书馆，1939：90.

❷　清康熙二十二年（1683年）秋，广东巡抚李士桢决定重修贡院，将新贡院建在城东南今文明路一带。

图 1-14　广州粤秀山应元书院、学海堂、菊坡精舍书院群体
图片来源：刘伯骥．广东书院制度沿革 [M]．北京：商务印书馆，1939：110．

三、从山居到庭园：岭南书院的园林化

由于功能明确，中国古代书院分讲堂、祭祠、书楼、斋舍等空间，中国传统中庸思想与礼乐观在整合空间关系时发挥了重要作用，并因此形成礼乐相承的空间布局模式 [1]。在空间秩序上表现为讲堂、祭祠、书楼的序列排布和轴线关系，在空间组合上则表现为以院落为单元水平展开的布局模式。明代岭南书院以山居为特色，书院布局较为自由，院内环境经营注重与自然环境的结合。

清代岭南书院向城市的转移，推动书院格局的规制化。学海堂、菊坡精舍因选址于广州粤秀山上，仍有山居自由布局的特色，但山脚的应元书院显然已采用庭院的格局。城市街区的限制，约束了书院自由发展的可能。科考的功利性进一步强化书院布局的礼制特征，完善书院山门、讲堂、祭祠、书楼的空间序列，以中轴线进行控制成为必然。规模小者如清咸丰年建海南安定尚友书院，仅设山门、讲堂、昌建楼三进（图 1-15）；清早期恢复的潮州海阳县属城南书院则在轴线上布置牌坊、山门、昌黎伯庙（即韩文公祠）、讲堂、正座，规制严整（图 1-16）；更大规模者如肇庆端溪书院，清初重建并经年完善后，形成照壁、大门、广德堂、教忠堂（上设揽天阁）、宣教堂、景贤阁等多进格局（图 1-17）。

---

[1]　杨慎初．中国书院文化与建筑 [M]．武汉：湖北教育出版社，2001：103-104．

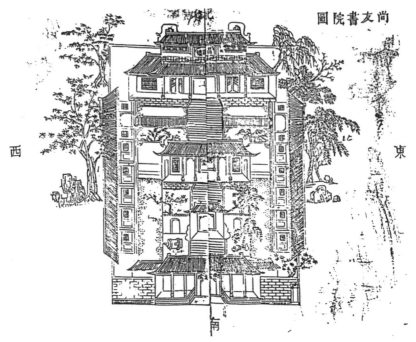

图 1-15 　海南安定尚友书院

图片来源:(清)王映斗.定安县志 [M].吴应廉等修.清光绪四年（1878 年）刊本.

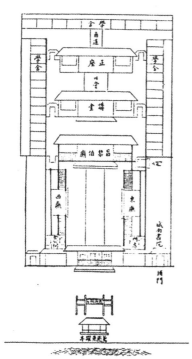

图 1-16 　潮州城南书院

图片来源:(清)周恒重修.潮阳县志 [M].
(清)光绪十年（1884 年）刻本.

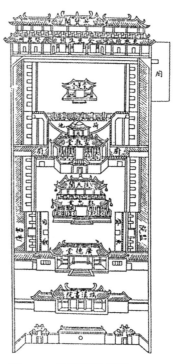

图 1-17 　肇庆端溪书院

图片来源:(清)屠英等修.肇庆府志 [M].
(清)光绪二年（1876 年）刻本.

在强化礼制的同时，对院落进行庭园建设显然符合"礼乐相济"的原则。广州越秀书院在大门与大堂之间设庭院，名为"撷秀英庭"❶，庭内梧桐、杨柳生长兴旺，寓意高中功名。揭阳榕江书院原为贡生许之翰城西魁元坊别业地，清乾隆八年（1743年）知县张薰购地后创设，后多次扩建，成为集文、武两院和射圃、花园于一体的宏大书院（图1-18）。书院凿池数亩，引榕水入院，并以庭院为单元有意识地开展园景建设，设"书院八景"包括奎楼揽胜、蓬岛听泉、方池鳞跃、射亭竹韵、曙院书声、曲沼荷香、芳庭挹翠和嘉树停云（图1-19）。八景之一的嘉树停云园林空间位于书院主体建筑的西北方向，庭院中心建有停云亭，三面被绮丽的山水和青翠的林木环绕，构成了书院最主要的景观之一。不难看出，榕江书院移景入园，通过在多处庭院空间中置入园林要素，形成了"园中园"的空间格局。

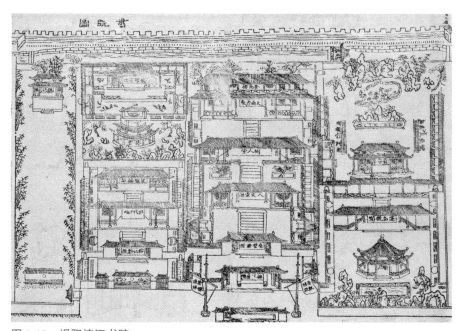

图1-18 揭阳榕江书院
图片来源：（清）刘业勤.揭阳县志八卷[M].（清）乾隆四十四年（1779年）刊本.

除以庭院为单元开展园事活动外，一些书院往往还专门辟建花园，或结合斋舍，或独立设置。清乾隆二十三年（1758年）顺德知县高坤捐俸复建凤山书院，按书院规制开展空间建设的同时，于右侧设西厅、亭、池等，环池筑学舍，池旁为西厅，面山临水，形成僻静庭园格局（参见图1-12）。广州禺山书院的花

❶ 广州市越秀地区地方志办公室.广州越秀古书院概观[M].广州：中山大学出版社，2002：25.

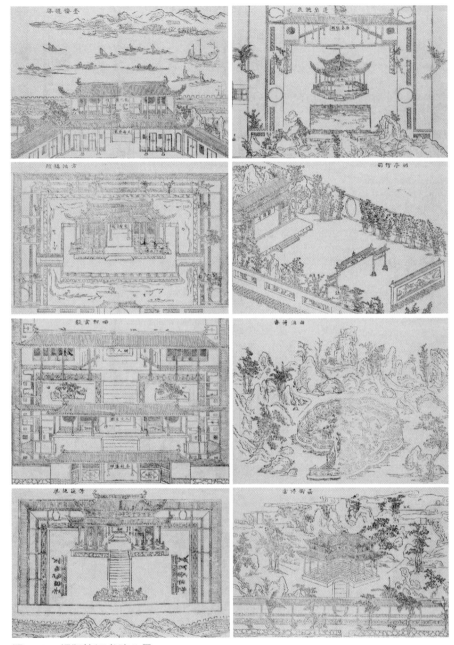

图 1-19 揭阳榕江书院八景

图片来源：（清）刘业勤.揭阳县志八卷 [M].（清）乾隆四十四年（1779 年）刊本.

园位于书院东部，占地近一半（图 1-20）。因由盐商购地及营建，越华书院在原城内名园的基础上辟有多处花园，《越华纪略》称："越华讲院其始实城内名园，广擅池亭之胜，房拢精洁，花石周遭。"❶ 总的来看，书院赞助人普遍重视

❶ 广州市越秀地区地方志办公室.广州越秀古书院概观 [M].广州：中山大学出版社，2002：54.

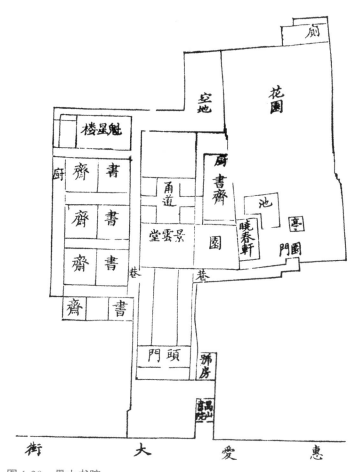

图 1-20　禺山书院
图片来源：番禺市地方志编纂委员会办公室．清同治十年《番禺县志》点注本 [M]．
广州：广东人民出版社，1998.

园林营造，通过结合自然地形，因地制宜，筑山理水、栽植花木、构造亭轩，
创设出符合文人雅士审美的园林意境，同时打破书院讲堂严肃的空间氛围。

　　园林化的庭院空间在具备游憩功能的同时也承载着教化。早古时期，游憩
已被视为一种学习方式。《学记》有云："故君子之于学也，藏焉、修焉、息焉、
游焉。"游憩功能在书院中主要表现为园林形态，园林化的庭院空间由此成为
传统室内讲学空间向室外游学空间疏解的必要空间场所。据《学海堂志》载，
学海堂倡雅集。雅集有上巳花朝、中秋坐月、九月赏菊、冬至观梅等，由师
生共同参加，讲礼会友。园林空间对学子潜移默化的影响不仅体现在师生雅
集上，也体现在教学活动中，尤以射圃为代表。所谓射圃，即专辟空间练习
射箭以作武备。除强健身体外，书院射圃也承担着礼仪教化的功能。这一传统
来自礼记，《礼记·射艺》言："射者，进退周还必中礼。内志正，外体直……

此可以观德行矣。"❶ 先生在教授射击技术的同时，通过对书院子弟行为的约束，实现了德育教化的目的。

四、书院园林与岭南园林美学的建构

清代岭南书院建筑的规范化显而易见地促进了书院园林的类型化。由于清康熙后岭南书院的大量建造，绅商赞助人全面参与到书院的建设中，各种园事经验及美学趣味汇入其中，书院园林迅速崛起。其类型化特征表现为"礼乐相承"思想下的空间营造，更具体一点，即以合院为单元、以文教礼仪为基础、重视文人审美的庭园营造。从脉络上，其发展恰与明清岭南城镇府第建筑重视礼仪、讲求和谐暇适的空间美学相呼应，两者相互借鉴，推动了岭南园林美学的发展。

书院固有的教化色彩强化了书院园林对社会审美的影响。作为岭南地区主要的公共教育场所，书院对广大师生开放，其清幽雅致的园林环境通过视觉体验和身体力行的感受内化为精英阶层空间营造的观念。其中，如康有为（三湖书院士子）、梁鼎芬（肇庆端溪书院、惠州丰湖书院、广州广雅书院山长）、谢兰生（越华书院山长）、谭莹（学海堂学长）、陈澧（学海堂学长）、丁伯厚（越华书院山长）、简竹居（顺德读书草堂创办者）、潘宝璜（粤秀书院山长）、潘宝琳（粤秀书院山长）、张之洞（广州广雅书院创办者）等深受书院园林环境的熏陶，提升了园林审美，并由此带动了文人私园的发展❷。由于明清两代岭南士人阶层的形成，园林庭院也成为士人文化交流最为重要的空间场所，并因此推动该类私园的发展。如张维屏退官后由其子在花地筑听松园、名士叶兆尊于城西建小田园等。长期开展的游园与雅集活动极大地促进了园林建设和文化传播交流。十三行商人在与士人交往方面表现得尤为积极，他们经常主动招揽文人墨客于庭园中雅集，以提升个人修养与社会地位，从观念上趋近文人审美。一些文人画家则寄居行商花园，或绘画记录，或直接参与花园的营造，也在一定程度上影响了行商花园的发展。

书院雅致的园林环境在很大程度上也影响了官绅士族的造园活动。康有为曾修学于西樵山三湖书院，山水环绕，林木葱郁，环境十分优美。读书之余，他还进行了各种游憩活动。该经历影响了他对万木草堂的规划，万木草堂不仅有越秀山赏花的"君子之学"，更有大量的实践活动，如大力推广体操、游

---

❶ 孔丘等著，邓启铜注释. 礼记·射义 [M]. 南京：南京大学出版社，1995.

❷ 彭长歆，王艳婷. 城外造景：清末广州景园营造与岭南园林的近代转型 [J]. 中国园林，2021，37（11）：127-132.

戏、舞蹈等活动，以锻炼学生体质。潘宝琳曾任越华书院山长，越华书院花木繁盛，景色清幽，并建有庭园以开展教学与游憩活动。相信受越华书院空间布局的影响，潘宝琳在宅园布置了景色清越的养志园，潘飞声称养志园"倚天照海迷花数……竹林小院清谈侍……"❶。潘宝琳还将其作为教育的活动场地，当时广州河南育才书社的成员每周礼拜日都会前往养志园前广场进行操演❷。张之洞在洋务工厂中修建花园以实现人与机器的调和，显然也受到书院园林环境的影响。在洋务运动初期，官员普遍认为机器运作会影响人的身心健康，甚至有碍风水❸，为抗衡机器"怪力"，张之洞借广东钱局花园的建设，推动了广东洋务工厂的花园化。

书院的游憩活动也带动了岭南园林游园活动的开展。明清岭南书院在讲学之余频繁开展雅集的园林活动，游园成为士人阶层寻求身份及文化认同的重要手段。由于独特的文教气息，书院园林区别于奢华、娇媚的行商园林，但因其早开园林风气的实践，书院活动又影响了行商园林的游园活动。谢兰生曾与越华书院山长刘彬华和粤秀书院的吴兰修监院交往，他们多于羊城书院、粤秀书院和越华书院举行雅集，赏乐听曲。这些文人雅士将书院游憩的经验带到行商们的宅院当中。清道光元年（1821年），谢兰生与刘彬华、吴兰修一同前往广利、同孚、同东和天宝等商行游玩❹，并受行商邀请前往花园雅集。通过游园及园景评议等活动，包括官绅士商在内的社会上层人士逐渐形成具有共识性的园林趣味，进而推动园林美学共同体及其地方性的形成。

此外，书院的藏书活动在丰富园林游园活动的同时也带动了岭南园林的文化风气。学海堂藏书万卷，书籍传播十分广泛。越华书院、粤秀书院，以及肇庆端溪书院均藏有学海堂考试诗文和学海堂学者编著的部分书籍❺。广泛的书籍传播活动带动了岭南园林的藏书风气。行商花园普遍建有藏书楼，如行商潘正衡的黎斋、潘恕的双桐圃、伍氏的粤雅堂等。伍崇曜一生"嗜好弥专"，于粤雅堂拟《国朝名家诗钞》《远爱楼书目》等辑，藏宋、辽、金、元四史之书❻。不难想象，文人雅士在书院讲学读书之余，也能在行商花园享受书香气息。受书院文化氛围的影响，岭南园林愈趋文人化，私园不仅开始创办研学之处，藏诗书古籍，亦受到更多士绅的拜访。

❶ （清）潘飞声.仲瑜叔招宴养志园[M]// 黄任恒.番禺河南小志.广州：广东人民出版社，2012：144.
❷ 王艳婷，彭长歆.清末广州河南造园史录：以《番禺河南小志》为线索[J].住区，2023（5）：95.
❸ 彭南生.论洋务活动中"风水"观的影响[J].甘肃社会科学，2004（6）：91-94.
❹ 麦哲维.学海堂与晚清岭南学术文化[M].沈正邦，译.广州：广东人民出版社，2018：103.
❺ 麦哲维.学海堂与晚清岭南学术文化[M].沈正邦，译.广州：广东人民出版社，2018：205.
❻ 王艳婷，彭长歆.清末广州河南造园史录：以《番禺河南小志》为线索[J].住区，2023（5）：97.

第三节　海上贸易兴发与西洋建筑文化传播

明朝末年对西洋海上贸易的兴发及天主教传播推动了早期中西建筑文化的交流。从 15 世纪初开始，通过郑和、达·伽马（Vasco da Gama）和麦哲伦（Fernando de Magallanes）等为代表的航海探险，中国与欧美国家的联系逐步建立起来。由于对华贸易和传教活动的开展，西方文化和艺术呈东渐态势，并首先由葡萄牙人在澳门、欧美商人在广州十三行建立了欧洲建筑艺术在岭南的登陆点。与此同时，西方传教士也不遗余力地向内陆腹地渗透，其间历经保教与禁教的风波，初步形成以澳门为中心的传教网络。在贸易和宗教的双重背景下，西方建筑文化先后以澳门和广州十三行为中心向岭南地区传播。

一、澳门的中西建筑文化交融

澳门城市的形成受到贸易和宗教的影响，并与葡萄牙人来华有直接关系。16 世纪上半叶，作为欧洲最早集朝野力量拓展东方航线和开展殖民活动的国家，葡萄牙首先在印度和马六甲获得殖民地。1534 年，葡萄牙人借口晾晒因台风受湿的货物首次踏足澳门，随后通过贿赂谋取在澳门长期停留和贸易的权利。

澳门半岛开始对外国商队开放，并正式成为各国商人的聚居贸易点。由于官府的严格控制，葡人早期建筑多为临时建造。据《澳门纪略》所载，葡人登陆初期"仅蓬累数十间"，随着贸易的拓展和官府的姑息迁就，"商人牟奸利者渐运瓴壁椽角为屋"，澳门开始出现葡人聚落。明嘉靖三十六年（1557年），因击败海盗有功，葡人获中国官府批准在澳门建立永久居所，该年被视为澳门城市发展之始。同年，澳门正式加入由罗马天主教廷授予圣职的果阿（Goa）教区。世俗与宗教的结合，使澳门城市建设从一开始就烙上了中世纪欧洲城市，尤其是地中海葡萄牙城市的印记，与中国城市的社会结构有明显不同。

经贸的发展导致人口的增加和城市的扩展。1557 年后葡萄牙人大批进入澳门。1562 年，澳门葡人居住人口为 800 人，三年后为 900 人，尚未包括孩童和随葡萄牙人来的马六甲及黑人奴仆等。至 1569 年，澳门西方商人、奴仆和在澳内地人总数已不下万人[1]。人口的激增和大量的建造活动使澳门城区发展迅速。外来移民开始"筑庐而居"[2]，或"渐运砖瓦木石为屋"[3]。1558 年，

---

[1]　汤开建. 澳门开埠初期史研究 [M]. 北京：中华书局，1999：224.

[2]　（明）郭尚宾. 郭给谏疏稿 [M]. 卷一：防澳防黎疏. 北京：商务印书馆，1936.

[3]　（明）郭棐. 广东通志 [M]. 卷六十九：澳门. 明万历三十年（1602 年）刊本.

澳门已有葡人居所数百幢，至 1564 年时则建起了一千多户欧式葡人住宅[1]，即庞尚鹏所言："不逾年，多至数百区，今殆千区以上。"[2] 明嘉靖四十四年（1565 年）叶权游澳门，称"今数千夷团聚一澳，雄然巨镇"[3]。1560 年，居澳葡人出于维持内部秩序和保证商贸活动正常运作的需要，经投票选举产生市议会。1586 年，鉴于市议会的良好运作，葡印总督宣布确认澳门为"中国圣名之城"。澳门成为在中国官府有效控制下、澳门葡人自治的亚洲商贸中心城市。

宗教是促成澳门城市发展的另一重要因素。从建立货站开始，天主教传教士就在澳门落户并协助葡萄牙商人定居，而葡商因固有的宗教传统也极力支持传教活动，并在物质上为教会提供帮助。自 1557 年加入果阿教区起，前往澳门的传教士和神父不断增加。1558 年，在港口附近的沙栏仔葡人定居点，第一座以圣安多尼命名的教区教堂（即花王堂）建立起来，澳门真正的城市规划从这时候开始[4]。教堂及社区建设遵循欧洲传统，总是选择地势较高的地方进行，并以教堂和教堂前部的广场为中心营造住所，从而逐渐形成社区单元，并进一步强化葡萄牙的城市特征。继耶稣会之后，其他教派也来到澳门，1560 年圣奥斯定教堂、1580 年圣方济各会大修院、1587 年圣多明我堂（即板樟庙，又称玫瑰堂）等教派教堂陆续建成[5]，澳门半岛逐渐成为宗教活动的中心。1575 年，教皇敕书设立澳门主教区，兼管对中国内地和日本的传教活动。在雷曾德（Barreto de Resennde）绘于 1634 年据称为澳门最早的示意图中（图 1-21），教堂在城市中的布局和标志作用已非常明显。位于城市中心建于 1576 年的主教座堂周围更聚集了包括住宅、坟地等在内的世俗社会的一切。贸易结构虽然决定了初期的城市组织形式，但天主教会在建立权力体系之后，成为社会和生活的稳定因素。

由于教会拥有大量物业和财产，以教堂为中心的城市结构和以商贸为中心的城市结构交融在一起，构成澳门早期城市格局的重要特点。整个城镇的早期形态是从南湾滨水地带沿一条西北、西南走向的山脊，逐渐延伸到内港北湾的狭长地带上。西北部靠近内港的地区首先发展，西南部则在 1590 年后渐有发展，并在圣老楞佐教堂区附近延伸，该教堂 1618 年在圣奥斯定修院附近修建。另外，在内地人的聚居点也开始有教堂的兴建和各派别教会的扩张。

---

[1] 汤开建. 澳门开埠初期史研究 [M]. 中华书局，1999：140-141.

[2] （明）庞尚鹏. 抚处濠镜澳夷疏 [M]. 明万历二十七年（1599 年）刊本.

[3] （明）叶权. 附：游岭南记 [M]// （明）叶权. 贤博编. 北京：中华书局，1987.

[4] 巴拉舒. 澳门中世纪风格的形成过程 [J]. （澳门）文化杂志，1998（35）：57.

[5] 澳门政府. 澳门从开埠至 20 世纪 70 年代社会经济和城建方面的发展 [J]. （澳门）文化杂志，1998（36）：13.

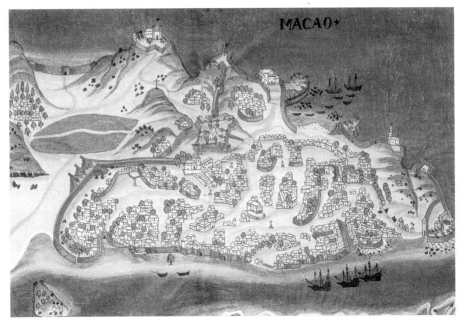

图 1-21　澳门示意图（1634 年）
图片来源：（澳门）文化杂志，1998（35）: 79.

　　从 17 世纪中期开始，在日本航线被终止、荷兰对马六甲海峡实行封锁、1685 年清康熙帝开放海禁以及广州十三行贸易渐兴等众多因素影响下，澳门持续衰落。但是，清政府在 1757 年下令关闭广东以外的其他三处口岸，只有澳门仍然保留其开放状态，所有在广州经商的西方商人不得不将澳门作为他们的重要栖身地[1]。富裕的商人带来了充足的资金，大量的投资使澳门城市建设进入第二次繁盛期，但此时对华贸易的中心逐渐由澳门转至广州十三行，那里的公行贸易从 18 世纪初期开始进入繁荣期，并一直延续，直至鸦片战争后上海、香港的崛起。

　　在澳门城市形成与发展的过程中，澳门建筑经历了中国建筑文化（主要是岭南传统建筑文化）和葡萄牙建筑文化的双重影响。早期澳门只有一些渔村聚落的存在，妈阁庙、观音堂等庙观建筑颇具岭南地方特色，其脊饰、柱式、装饰等与同时期岭南传统建筑并无明显区别，并一直保存至今。由于内地人人数不断增加，带来所属地方——尤其是广东，以及相邻福建的建筑文化和技术传统，使中国建筑文化成为影响澳门建筑发展的重要力量。同样地，澳

---

[1]　公行贸易时期，清政府规定，欧美商船进入广州黄埔以后，负责船货交易的各国大班得以居停十三行，与行商进行交易。交易完毕，各国大班必须随船返回，或到中国澳门暂住，等候下一个贸易季度的来临。因此，澳门在供葡人居留的同时，也容纳进行贸易的西方商人。

门西方建筑文化的发展也经历了由弱到强的过程。葡萄牙人在澳门早期建筑活动围绕商人居停和经商而展开，在官府的控制下，商人的早期安居并未受到保障，其建筑因充满了临时性和不确定性而显得非常简陋。随着来澳葡萄牙人渐多，以及商贸和宗教活动的兴旺，以葡萄牙建筑传统为主体的西方建筑文化渐成主流，中国传统建筑文化与之并行发展并相互交融。

　　葡萄牙人在 1557 年得到明嘉靖皇帝的居留许可后，开始改变其临时性的建筑策略。在中国商人的帮助下，葡萄牙人开始获得并采用较为牢固的砖瓦材料。同时由于葡人聚落的出现，欧洲样式在建筑活动中被广泛采用。荷兰画家西奥多·德·布里（Theodore de Bry，1528—1598）于 1598 年前后制作的铜版画——"早期澳门全图"形象地展现了澳门早期的建筑风貌（图 1-22）：方形、圆形、正六边形或八角形等不同平面形状，并用厚实墙体砌筑的建筑分布在澳门半岛的各个角落；有些建筑入口很明显地采用了拱券形式；教堂的钟塔清晰可见等。种种特征说明该时期的澳门建筑已经受到欧洲建筑传统的影响。同时期屈大均（1630—1690）关于澳门的描述也与西奥多·德·布里的绘画惊人地形似："其居率为三楼，依山高下，楼有方者、圆者、三角者、

图 1-22　早期澳门全图

图片来源：香港艺术馆.珠江风貌：澳门、广州及香港 [Z].香港：香港市政局，2002：61.（西奥多·德·布里，约 1598 年）

六角、八角者。肖诸花果形者，一一不同，争以巧丽相尚。"❶ 这在一定程度上说明"早期澳门全图"对澳门建筑的反映具有一定可信度。澳门建筑自此发生质的变化。

为确保长期稳定的贸易和居住，葡萄牙人采取了务实和灵活的策略。由于中国建筑传统相对薄弱，在 16 世纪至 17 世纪早期的大部分时间里，葡萄牙人在运用本土的建筑形式方面没有受到限制，但在实施过程中，却因地方材料和施工工艺的影响，在建筑细部和内部空间方面表现出了足够的适应性和灵活性，而在澳葡人对明清政府的谦卑态度加强了两种异质文化的共生和融合，保存至今的许多早期民居反映出这一总体趋势。中葡建筑相互借鉴，并通过自由组合和运用而别具特色。

相对商人简单实用的原则，欧洲建筑艺术在澳门的早期传播更多地源于天主教传教活动的开展。早在葡萄牙人登陆澳门之前，天主教会已在印度的科钦（Cochin）和果阿等地建立了十分完善的传教网络，并进行了大量的建筑活动，教会也因此积累了丰富的建筑经验。进入澳门之后，由于资金、材料及劳动力的匮乏，澳门早期的教堂建筑同样十分简陋，多用竹、稻草、木板或夯土建造❷。随着贸易的展开，葡人财富积累渐多。在宗教信仰和葡萄牙传统的推动下，教会得到了信众的大量捐款和帮助，并开始在新教堂的建设中谋求欧洲本土的建筑式样。16 世纪后期，耶稣会士在澳门葡商的帮助下，开始修建专门培养传教士的圣保禄神学院和圣保禄教堂。因建筑材料多用木材，1601 年的一场大火将建筑全部烧毁。1602 年教堂重建，1630 年落成，1835 年一场大火将圣保禄教堂再次烧毁❸，仅余内部地面和前壁，即今澳门大三巴牌坊（图 1-23）。该时期另一座教堂建筑——板樟庙（圣玫瑰堂）在 1721 年重建后被公认为澳门最华丽的巴洛克式教堂（图 1-24）。

作为最早进入澳门且自认为最正统的天主教派，耶稣会在面对强大的中国文化传统时有着自己独到的理解，他们采取了调适的策略来应对传教的需要。为营造从人间到天堂的叙事性主题，同时达到传播教义、颂扬圣母的目的，耶稣会建筑师在圣保禄教堂前壁的建筑语汇上选用了古典主义与哥特式的结合，以宣扬天主教的崇高和伟大。前壁为耶稣会式的舞台型牌坊，其立面由柱子隔开的三部分组成，中间部分最高，有五层，左右两侧为三层。每一层

---

❶ （清）屈大均. 澳门 [M]// 屈大均. 广东新语. 卷二，北京：中华书局，1985.

❷ 巴拉舒. 澳门中世纪风格的形成过程 [J]. （澳门）文化杂志，1998（35）：63-64.

❸ 董少新. 空间与心理：澳门圣保禄教堂再研究 [J]. 艺术史研究，2012（14）：129-130.

图 1-23　澳门圣保禄教堂

图片来源：WILTSHIRE TREA.Encounters with China：Merchants Missionaries and Mandarins[M].Hongkong：Formasia Books Limited，2003：51.

图 1-24　澳门圣玫瑰堂（摄于 2003 年）

都布置了具有完整叙事性主题的雕刻，同时融合了天主教和东方文化的主题及装饰色彩：东方文化中的因果、轮回被诠释为上帝—魔鬼、生—死、善—恶的二元对应关系；以天主教驯化中国的企图则以圣母足踏龙的图案加以表现；为强化中国百姓对雕刻主题的理解，"鬼是诱人为恶""圣母踏龙头""念死者无为罪"等汉字标题以对联的形式雕刻在画面上。其他包括日本和中国在内的许多东方题材也以隐喻和象征的手法来帮助耶稣会进行宣教 [1]。

　　该时期澳门民居及公共建筑也大多采用西方模式。其形式风格以葡萄牙建筑传统为主体，也吸收了葡萄牙人殖民印度和马六甲后获得的经验。仁慈堂、市政厅、白马行和麻风院等公共建筑深受地中海建筑文化的影响；而民居一般都有庭院，高度为一层、二层甚至三层，厚实的墙壁用砖石砌成，但通常都采用中国式人字形屋顶，首层一般为储藏室和仆人用房，二楼以上为主层。16 世纪后期许多住宅都具有上述特征。花王堂街一号便是这类葡人早期住宅建筑的典型样式 [2]。与此同时，岭南传统建筑艺术继续得到保持和发展，这一方面表现在城内大量增加的岭南传统民居，另一方面表现在西式建筑中有岭南传统建筑的装饰特征和屋架木构特征。

　　随着商贸的衰退，澳门建筑从 17 世纪末开始出现新的发展特点。一方面，居澳内地人增多，具有岭南传统建筑特色的民居和其他建筑形式发展迅

❶　董少新.空间与心理：澳门圣保禄教堂再研究 [J].艺术史研究，2012（14）：129-159.

❷　WONG S K.澳门建筑：中西合璧相得益彰 [J].（澳门）文化杂志，1998（36）：165-166.

速，对葡风建筑影响渐深。从总体来看，18 世纪至 19 世纪末期是澳门建筑融合发展的高峰时期。一种具有中葡特色的建筑风格逐渐形成，并尤其反映在住宅建筑中，留存有大量的典例，并逐渐取代 16—17 世纪纯粹的葡式建筑而成为澳门建筑的主流。这些建筑大量采用百叶窗、半圆券及西式线脚，并同时采用岭南地区的建筑装饰，包括窗花、彩画等（图 1-25）。另一方面，从 18 世纪开始，欧洲新的建筑艺术形式通过各国商人和宗教的传播引入澳门，古典主义和巴洛克也开始影响澳门的葡风建筑，并尤其反映在一些新建教堂中，如 1746—1758 年建造的圣若瑟修院教堂（图 1-26），其前壁凹凸有致，为巴洛克式的中心化平面构图，显示出极强的动感，而雄伟的穹隆圆顶矗立在殿堂的十字形结构上。

图 1-25 澳门白眼塘前地老街建筑
图片来源：澳门历史 [Z]. 香港：明报出版社有限公司，2000.（摄影：佚名，约 1870 年）

在 1840 年第一次鸦片战争爆发前后，新古典主义开始盛行。该时期为广州十三行贸易体制下外国商行在澳门停留的最后阶段，西方人社区高度成熟，高级住宅及公共建筑等大量涌现。居澳葡萄牙建筑师亚基诺（Jose' Toma's de Aquino）在他的许多作品中，如 1834 年重建的渣甸府、1837 年西望洋教堂、1839 年葡英剧院、1846 年竹园自宅、1848 年二龙吼小官邸等均从学院派的新古典主义形式中获得灵感，并逐渐吸收了 19 世纪折中主义的语汇。18 世纪末伯多禄剧院（Teatro Dom Pedro V，又称岗顶剧院）的兴建，是受古典主义影响的一个较早案例，其前门采用了古典设计（图 1-27）。

　　中葡建筑的相互影响和补充，产生了最适合澳门文化特点的建筑艺术形式。在 16 世纪中叶至 19 世纪共 300 多年的发展历程中，中葡建筑文化并行发展、互相影响、高度融合，使澳门建筑逐渐形成自己的主体性格，并具备了整合和吸收各种外来建筑文化影响的能力。在这个过程中，工匠营造也被裹挟其中，形成稳定的技术传统，并成为广州十三行商馆早期西洋风貌的重要来源。

图 1-26　圣若瑟修院教堂

图片来源：陈小铁 . 中国教堂印象 [J]. 中国建筑装饰装修，2009（5）：265.（陈小铁摄于 2008 年）

图 1-27　岗顶剧院

图片来源：（澳门）文化杂志，1998（35）：8.

二、广州十三行西洋建筑文化传播

　　广州十三行是另一个因海上贸易而发展起来的地区。自葡萄牙人在澳门建立贸易站后，欧洲其他国家也不断尝试开展与中国的贸易活动。受限于明末清初的海禁，西洋商船直到清康熙年间才被允许进入珠江互市通商。为管理对外贸易，一种新的贸易制度被设计以取代旧的朝贡贸易❶，并适应日渐增多的贸易需求，即公行制度，又称广州体制（Canton System）。公行制

---

❶　朝贡贸易是中国古代海上贸易的主要形式。该类贸易始于藩属国向宗主国纳贡，而逐渐发展成为朝廷对外贸易的一种制度和形式，又称"贡市贸易""贡舶贸易"等。从唐代开始，历朝中央政府均将"朝贡贸易"纳入制度管理。至 15—16 世纪，欧亚航线和美洲航线先后开辟，中国与欧洲和美洲的联系逐步建立起来，西方国家先后加入对华贸易。其中以葡萄牙为先导，首先在印度和中国澳门建立贸易据点，对传统朝贡贸易形成极大冲击。

度的施行系由官府厘定具有充足资金和外贸经验的华商充任"行商"（Hong Merchants），他们是中西贸易的中介，专营包办对西方国家贸易，享有承销外国进口货物和内地出口货物的独占权。清政府利用参加公行的行商管理对西方国家的贸易、征缴税款，避免官府与外国商人发生直接关系，也防止外国商人与其他中国人接触❶。清康熙二十四年（1685年），清政府正式宣布开海贸易，并设立粤海关，公行贸易由此发轫。

"行商"在制度上解决了与洋商交易的原则和方法，但同时对新的交易空间和场地提出了要求。一方面，依照清代贡典，旧有驿馆不能接待非朝贡的西方商人；另一方面，官府并不希望这些西方人杂居在市民中间，而西方商人本身也希望有一个相对集中和固定的交易场所。十三行选址迎合了既定的官方不接触政策，同时为满足适合交易的原则，城外临近江岸的滩涂成为商馆区所在。

早期的商馆区十分简陋，空间结构松散。荷兰人纽荷芙（John Nieuhof，1618—1672）于1655—1657年随同荷兰东印度公司使团访问中国，其绘就的纪实性画作《广州城远眺》描绘了广州城及珠江沿岸的情况，但画面中除了靠近城门的江岸边有类似货栈的建筑外，其他沿江地带只有零散的、缺乏组织的建筑存在。1751年，瑞典斯德哥尔摩学会会员奥斯伯克（Peter Osbeck）以传教士身份随瑞典东印度公司轮船"查理斯皇子"号抵达广州。通过观察，他将"商行"定义为"泛指一些临河或建于水面木桩上、由中国商人租予欧洲船员居停的楼房"❷。显然，该时期的广州城外并没有出现后来十三行所采用的空间组织形式，这从广州早期的外销瓷器中也得到证实。

公行的介入，以及朝廷及地方政府的管控是十三行空间结构和建筑形态发生变化的最重要因素。历史上发生的多次火灾——主要是1748年、1822年、1840年这三次对十三行空间结构产生了深远的影响。1748年第一次火灾后，无论建筑形式还是布局模式都发生了极大的变化。一方面，商馆开始采用半西式的建筑形式❸。另一方面，从这次火灾之后，十三行商馆区开始采用垂直江岸纵向并列的布局模式，以便在有限的地段里以平等的方式容纳更多商馆，并直接面向码头。公行恰当地利用了火灾，并通过公行的协调机制在灾后的重建中发挥作用。清乾隆二十二年（1757年），清政府宣布广州"一口通商"，商馆区规划与管理开始脱离早期无序的状态。清乾隆二十四年（1759年）

❶ 王云泉.广州租界的来龙去脉[M]//中国人民政治协商会议广东省广州市委员会文史资料研究委员会.广州文史资料:广州的洋行与租界.广州:广东人民出版社，1992，12（44）：4-5.

❷ 香港艺术馆.珠江风貌:澳门、广州及香港[Z].香港市政局，2002：23.

❸ 香港艺术馆.珠江风貌:澳门、广州及香港[Z].香港市政局，2002：23.

十月，两广总督李侍尧上陈粤东地方防范洋人规条（即防范外夷规条），要求外商居留广州仅能租借行商的商馆、受行商的监督。商馆前后门派人把守，外商不得随意出外闲行，内地人不得随意进入馆内。新规条在空间上对外商的管理和监控推动了商馆区域的空间变革❶。在地方政府的督导下，公行通过购买并整合河滩官地及私地，得以将江边自由布局的旧商馆遗址重新规划和布局，包括开辟街道等，以形成新的适宜交易、装运及封闭管理的布局结构，建筑形态也在这种情况下根据西方商人的建议或指导开始采用"半西式"的立面形式。自此，十三行商馆区的范围趋于稳定，北以十三行街为界，东临西濠，南抵珠江，西至兴隆街。

十三行商馆区建立后迅速成为西洋建筑文化在中国内陆的早期登陆点。十三行最早由"蕃坊"发展而来，早期形态无疑是中国式的。为适应在珠江滩涂上的选址，行商们最初采用干栏式建造商馆。在经历了草创时期的探索后，行商们开始迎合西方人的需要，"多将房屋改造华丽，招留夷商，图得厚租"❷。迄今为止，有关十三行商馆的图像记录最早应为 1777 年便藏于瑞典德罗廷格尔摩（Drottninggholm）的一处中国馆内的漆面屏风❸。屏风上所绘广州风景开始反映商馆建筑的存在，但建筑的西方特征并不明显。为招揽西商，行商们大多采取了迎合西方人品位并尽可能提供舒适生活环境的做法，对商馆建筑进行西式改造成为必然。清乾隆二十四年（1759 年）十月二十五日，两广总督李侍尧上陈"防范外夷规条"称："近来有等嗜利之徒，将所有房屋，或置买已经歇业之行，雕梁画栏；改造精工，招诱夷商投寓，图得厚租。"❹说明美化商馆已成为商馆经营者内在自发的需要。

火灾是促成十三行商馆建筑形式演变的最重要因素。火灾后的重建工作推动了十三行商馆建筑在形式风格方面的更替变换。通过对十三行历史上所发生的重大火灾进行时间排序，并以图像认知的方式对十三行商馆建筑在火灾后的情况进行比较和分析，可以基本把握其形式演替的特征。

1748 年的火灾为十三行提供了构建秩序和重建形式的机会，此后西洋形式开始出现并与中国风格并行发展。一幅大约绘于 1760 年的"广州港和广州

❶ 顾雪萍，彭长歆. 从行栈到商馆：清代广州十三行建筑演变研究 [J]. 南方建筑，2023（8）：37.

❷ 部覆两广总督李侍尧议（乾隆二十四年）[M]//（清）梁廷枏撰，袁钟仁点校. 粤海关志. 广州：广东人民出版社，2014：551.

❸ 香港艺术馆. 珠江风貌：澳门、广州及香港 [Z]. 香港市政局，2002：140.

❹ （清）乾隆二十四年（1759 年）十月二十五日两广总督李侍尧上陈"防范外夷规条". 转引自梁嘉彬. 广东十三行考 [M]. 广州：广东人民出版社，1999：135.

府城画"长卷中，大约一半的商馆建筑开始明确地出现西方建筑形式（图 1-28、图 1-29）。其中包括丹麦行、瑞典行、老英行、周周行、英国行、荷兰行等，其他大部分商馆则仍然采用该时期广州常见的以"三间两廊"民居为基本构型的门塾式立面。中西混杂的建筑风貌恰恰说明该时期商馆正处于从中国传统风格向西方风格过渡的时期。至 1822 年火灾发生前，全部商馆均采用了西化的立面（图 1-30），其中西班牙馆和法国馆采用了两层贯通的壁柱；帝国馆、瑞典馆、旧英国馆及周周馆首层和二层被水平线脚分开，其二层均采用了科林斯壁柱形式，入口上方大多采用了双柱，底层处理则表现出多样性。

英国馆和荷兰馆的前廊是经常被讨论的话题。在"广州港和广州府城画"长卷中，1757 年建的新英国馆和 1760 年建的荷兰馆开始出现古典主义的前廊（图 1-30），鉴于画作绘制的时间，可以判断，从事垄断经营的英国东印度公司❶和荷兰东印度公司❷在建造之初已经自觉、系统地运用西方古典主义的建筑语汇来彰显他们的商业威权。作为大航海时代实力最雄厚的两个国家，英

图 1-28 "广州港和广州府城画"所示广州十三行西段（丹麦行向右依次为同文街、西班牙行、法国行、明官行）

图片来源：王次澄，罗芳思，宋家钰，等．大英图书馆特藏中国清代外销画精华（第一卷）[M]．广州：广东人民出版社，2011：40.（局部，画家佚名，约 1760 年）

❶ 英国东印度公司创立于 1600 年，同年 12 月 31 日获得了英国女王授予他们的贸易专利特许，并逐渐从一个商业贸易企业变成印度的实际主宰者。该公司以印度为基地，垄断英国对华贸易。1813 年，其贸易垄断权被取消。1858 年，该公司被英国政府正式取消。

❷ 荷兰东印度公司是荷兰建立的具有国家职能、向东方进行掠夺和垄断东方贸易的商业公司。该公司成立于 1602 年 3 月 20 日，1799 年解散。

图 1-29 "广州港和广州府城画"所示广州十三行中段（左侧街闸为靖远街口，向右依次为美国行、宝顺行、帝国行、瑞典行、老英行、周周行等）

图片来源：王次澄，罗芳思，宋家钰，等.大英图书馆特藏中国清代外销画精华（第一卷）[M].广州：广东人民出版社，2011：44.（画家佚名，约 1760 年）

图 1-30 "广州港和广州府城画"所示广州十三行东段英国馆与荷兰馆

图片来源：王次澄，罗芳思，宋家钰，等.大英图书馆特藏中国清代外销画精华（第一卷）[M].广州：广东人民出版社，2011：48.（画家：佚名，约 1760 年）

国和荷兰均采用国家特许垄断的形式开展对东方的贸易，并相互之间展开了激烈竞争。通过建立殖民政府、进行残暴的殖民统治等手段，英国东印度公司在印度、荷兰东印度公司在爪哇（今印度尼西亚群岛）建立了他们的贸易帝国，进而构建其在亚洲国家的贸易体系。在广州建立商馆之时，正是两国竞争日趋白热的时期❶，贸易与战争的对抗很自然地延伸至商馆的建造上。从18世纪中期开始，英、荷商馆的前廊在风格上几乎成对出现，甚至在贸易特许被取消后，仍然延续至第一次鸦片战争期间，直到被再次发生的火灾中止。英国馆、荷兰馆的前廊最初为三角形山花与柱式的结合。通过对外销画和外销瓷器中商馆图像的辨识，至少在18世纪80年代，其前廊被修改为帕拉第奥式（图1-31）。设置开敞的前廊显然更能适应华南地区炎热、潮湿的气候，并能眺望江景、观察货物装卸情况。

图1-31　1805—1806年间的广州十三行
图片来源：香港艺术馆.珠江风貌：澳门、广州及香港 [Z].香港市政局，2002.

1822年11月3日，大火由北面民居蔓延而来，除了小溪馆之外的所有商馆均遭到毁灭性的破坏。在重建中，英国馆和荷兰馆虽然仍然保留了前廊，但已经放弃了帕拉第奥形式，而表现出该时期欧洲流行的新古典主义，包括厚实的基部和雅典式的三角形山花等（图1-32）。而帝国馆、旧英国馆、周周馆以及丹麦馆等普遍采用了巨柱式圆形柱身，在立面中的比例明显大于早期的壁柱形式，柱头则多为爱奥尼式，也有简单的多立克式（如丹麦馆）。从立

❶　自从亚洲的贸易开始，英、荷两国冲突不断，相互杀戮、劫船事件不断发生。17世纪50年代至70年代，为打败日益发展的商业竞争对手荷兰，并力求保住开始建立的海上优势和争夺殖民地，英国曾三次挑起对荷兰的战争，并最终获胜，双方实力均受到不同程度伤害，而荷兰丧失海上霸主地位。

面构成和比例来看，该时期商馆建筑仍然为两层。

清道光二十年（1840年）九月八日发生的大火再一次重创十三行（一说为1841年5月22—23日火灾）。钱泳《履园丛话》记载："太平门外火灾，焚烧一万五千余户，洋行十一家"；汪鼎《雨韭盒笔记》云："烧粤省十三行七昼夜"。由于公行制度在第一次鸦片战争后被废除，再加之十三行后期行商破产加剧，西方商人逐渐取得地块或房产控制权，尤其1841年火灾后，中国行商原建商馆全部易手[1]，十三行掀起大兴土木的高潮，"在约21英亩的一个区域里，其中17英亩到末了盖满了房屋"[2]。火灾后的重建几乎一夜之间摆脱了束缚，商馆建筑被任意地加建或改建，其中大部分变为三层建筑。

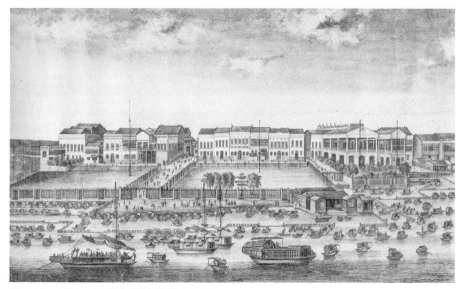

图1-32　1839—1840年间的广州十三行
图片来源：香港艺术馆.珠江风貌：澳门、广州及香港[Z].香港市政局，2002.

需要指出的是，火灾后短时期内美国馆、宝顺馆、帝国馆、瑞典馆、旧英国馆及周周馆按照1840年前的式样进行了重建，这在迄今为止唯一一幅有关十三行建筑实物的照片中得到证实（图1-33）。在1844年法国人于勒·埃及尔（Jules Itier）拍摄的这幅照片中，从左至右依次为宝顺馆、帝国馆、瑞典馆、旧英国馆和周周馆。位于靖远街与新豆栏街之间的并列六馆中，只有最西侧的美国馆未被摄入其中。1844年后，旧英国馆加建了一层平顶柱廊建筑（图1-33）。

---

❶ 王云泉.广州租界地区的来龙去脉[M]//中国人民政治协商会议广州市委员会文史资料研究委员会.广州的洋行与租界.广州：广东人民出版社，1992.

❷ （美）马士.中华帝国关系史（第1卷）[M].张汇文，等译.北京：生活·读书·新知三联书店，1962：415.

图 1-33　广州十三行部分建筑（从宝顺馆到周周馆）

图片来源：澳门历史档案馆.早期澳·穗摄影作品展 [Z].1990：15.（Jules Itier，1844 年）

　　1842 年《南京条约》的签订开启了中国"自由贸易"的历史，十三行地区也因摆脱了公行的束缚而愈加繁荣。19 世纪 40 年代后期，新英国行和荷兰行进行了重建。和以前一样，几乎同时采用了一种新的建筑形式——外廊式，庞大的体量突破了前期十三行商馆建筑谦卑恭顺的水平天际线和符合传统空间结构的小开间立面格局（图 1-34）。由于营建技术的简单易行以及对亚热带气候的适应，外廊式在后来陆续开辟的条约口岸中被广泛应用，十三行也因此成为中国内陆最早出现这种样式的地区。同一时期，美国花园、英国花园、英国圣公会教堂等建成，以完全异质和不妥协的形象昭示着西方文化的存在。所有后来在租界地区所能见到的景象，包括外廊式建筑、教堂、西式花园等在 1850 年前后的十三行地区已经完全呈现。

三、城市空间景观的嬗变

　　葡萄牙人在澳门的建设建立了一个欧洲化的城市结构，以及以西方风格为主、中西混合的城市风貌。由于来自当地的约束少之又少，葡萄牙商人及传教士得以按照其固有的生活方式、宗教礼仪建立社区，尽可能地延续其文化习俗与审美观念，并在与中国人的相处中互相影响，和谐共存，共同塑造了一个独特的城市空间景观。

　　与澳门不同，广州十三行独立于象征封建皇权的城墙体系之外，通过经济、贸易、文化等影响促进城墙外沿珠江河岸地带城市结构的变化，包括功能结构、

图 1-34　从河南眺望广州十三行（约 1852 年）
图片来源：香港艺术馆．珠江风貌：澳门、广州及香港 [Z]．香港市政局，2002.

空间结构和景观结构的嬗变。作为地方府治的中心，广州城有着完备的城墙和
适于礼制的空间结构。其筑城始自秦汉，经历代改造、扩建，至清顺治四年
（1647 年）已形成由旧城、子城及东、西翼城所组成的城市防御体系。城墙内
由南至北，有将军府、布政司、广州府、巡抚部院等官府衙门，形成城市的
权力核心。广州城内商业区被局限在狭窄的街巷中；城市街道严格按照里坊制
进行控制和管理，这种中世纪的城市结构在辛亥革命之前几乎没有实质性的
改变。虽然对于在珠江北岸滩涂上发展起来的十三行商馆区，即便是最兴旺
的 1840—1856 年，也没有突破北面的十三行街，以及同文街、靖远街所限定
的狭小区域。但是为配合十三行外贸对城市资源的调配，一些新的城市功能
区域开始出现，如十三行附近的商业街区，河南的仓栈建筑群，黄埔的码头
港口等；一些新的居住社区开始形成，如买办、富商在西关、荔湾、河南等区
域的聚集；一些自然及人文景物被发掘成为新的城市地标等。上述种种，使广
州十三行成为新的经济和外来文化的核心。得益于外贸财富的积累和多元文
化的发展，十三行所在的广州河岸区域从 18 世纪末期开始向具有控制性的城
市核心过渡，从而引发城市结构的嬗变。

　　城市结构的嬗变首先始于功能结构的调整。由于贸易和官方控制的需要，

外国商船被限令停泊在黄埔村外水域，那里设有码头、海关、仓库等，形成了世界航运贸易在亚洲的中心——黄埔港。为约束外国水手的活动，同时提供休憩场地，黄埔村及黄埔港外的多个岛屿被划定提供上述功能。如南侧的小谷围岛（今广州大学城所在地）规定由法国水手所使用，东南侧的长洲岛规定由英国水手所使用，而黄埔村的冯家花园等也因此成为接待西方人的园林空间（图1-35）。在对外贸易的促发下，十三行附近的滩涂逐渐发展成为新的商业区和码头，其中的商栈与西方商人有着直接或间接的贸易活动，如同文街十六号庭呱（关联昌经营）的外销画店等。因为通商条约的签订，河南在1840年后也有了较大发展，西方人选择这里建立仓库进行直接的贸易活动。1856年十三行遭火宅摧毁后，河南仓栈区有了更大规模的扩展，并直接影响了该区域在广州近代城市发展中的功能定位。

图 1-35 黄埔冯氏花园
图片来源：The Hongkong Pictorial Postcard Co.，P.O.Box，No.4.

垄断的公行贸易同时培养了拥有巨大财富的行商及买办群体，他们在西关、河南、花地等地建造别墅、花园，如同文行潘启、潘有度父子，以及怡和行伍秉鉴在河南和花地的花园，丽泉行潘长耀在西关的潘园等。潘仕成在荔枝湾畔建造的大型私园海上仙馆，也与河南海幢寺、花地及其他行商花园一道成为十三行西方商人经常游乐的场所 ❶，河南的伍家花园甚至一度成为英

---

❶ 参见彭长歆. 清末广州十三行行商伍氏浩官造园史录 [J]. 中国园林，2010（5）:91-95. 又见，彭长歆，王艳婷. 城外造景：清末广州景园营造与岭南园林的近代转型 [J]. 中国园林，2021，37（11）:127-132.

国访华使团驻扎地[1]。由于富商云集，城外西关为西方人所看重，并成为沙面选址的重要依据。在整个 18 世纪和 19 世纪前半期，新功能结构的酝酿和发展是广州城市发展的典型特征，它北靠城墙、南至河南，东起黄埔、西至芳村花地，形态虽然离散，却集中反映了对外贸易及中西交流对城市结构的影响，显而易见，十三行是一切变革的核心。

在功能结构出现变化的同时，城市空间开始摆脱封闭、内敛的城墙体系，向滨水开放空间过渡。长期以来，除衙署官道外，广州城内空间由濠涌水道和蜿蜒曲折的街巷交织而成，形成错综复杂的网状结构。狭窄的街巷中密布着店铺和住宅，是日常交往和公共活动的主要空间，其混乱、嘈杂令 18 世纪至 19 世纪到访广州的西方人惊讶不已。在外贸和航运的调适下，新的功能结构沿珠江两岸展开，如十三行商馆区、河南码头、仓栈区，西关买办商人社区等在远离城内政治核心的同时，也确保了滨水空间的形成。宽阔的河道成为新空间结构的核心，它以外向、开放的空间形态与城内封闭、致密的网状结构形成鲜明对比。

城市结构的嬗变为景观地理带来新的认知。一般认为，西方人对广州地理的认知始于 1655 年荷兰使团，随团画师纽荷芙按照西方传统记录了广州的城市地标，包括城墙、城门、光塔、六榕塔、粤秀山，以及山顶的镇海楼等，这也是广州传统景物的重要组成。其后，西方人纷至沓来，他们在重复描述或描绘上述景物的同时，开始标记和命名新的地标。有关城市景观的描述开始脱离以山水胜景为标记的传统模式[2]，新的景观坐标因航运和贸易的发展而被不断发掘。首先是广州南城墙南侧、珠江河道中的小岛——海珠石因为荷兰人的一度占领，被命名为荷兰炮台，其东侧的东水炮台也许因为同样的原因被命名为法国炮台。公行贸易开启后，更多的地理景物被发掘并标记，如前述黄埔附近的法国人岛和英国人岛，这两座岛上都设有墓地，埋葬了因各种原因死亡的西方人，其中包括美国第一任驻华公使义华业（Alexander Hill Everett，1790—1847）。这些墓地按照西方传统而布置，安设有方尖碑、墓碑等纪念物，在性质上已经等同于西方的纪念公园，不时有西方人造访凭吊

---

[1] 1817 年 1 月，由 Lord Amherst 率领的英国使团在出使北京返抵广州后，选择河南的伍家花园作为领事馆署所在地，历时三周。之前的 1793 年 12 月 19 日，由马嘎尔尼勋爵率领的使团曾选择海幢寺作为领事馆驻地。海幢寺即在后来的伍家花园西侧。

[2] 古代中国城市对于城市景观的描述多以诗、画方式进行归纳和总结，其表述重意象、轻实体，与西方地理地标和景观地标的表述方式形成鲜明对比。如明代羊城八景有粤秀松涛、穗石洞天、番山云气、药洲春晓、琪林苏井、珠江晴澜、象山樵歌、荔湾渔唱。清代羊城八景则有粤秀连峰、琶洲砥柱、五仙霞洞、孤兀禹山、镇海层楼、浮丘丹井、西樵云瀑、东海鱼珠。

（图 1-36）。作为外贸时期广州城市景观的重要组成，上述地标或景物通过外销画在西方世界广泛传播，其自然景观和人文景观也因此具有了"世界性"。

　　考察新的城市结构所具有的文化意义，我们发现，它明显区别于鸦片战争后单向扩张的城市文化，也区别于澳门早期以葡萄牙人为主导的"共生"文化。由于十三行的存在，新的城市结构在不触及旧的皇权体制下展开；同时，由于大量兼有中西双语标识的城市地标存在，广州城成为该时期最具国际性的中国都市。

图 1-36　位于广州黄埔长洲岛的西人墓地

图片来源：香港艺术馆.珠江风貌：澳门、广州及香港 [Z].香港市政局，2002：131.

第二章

来自农业生产的启发

在人类生产生活的发展历程中，园林与农业高度关联。以自然地理与气候条件为依托，农业生产对土地的开发在解决生计资源的同时，也塑造了独特的农耕文化景观，并呈现出地域性与文化性的衍化规律，进而影响人居环境的空间建构。其中，农业生产有关的土地管理、植物培育、动物驯化、水利灌溉等经验被广泛地应用于园林营造活动中，并最终发展成为园林艺匠的重要组成。虽然早在西汉南越国时期（公元前 204 年—前 111 年），岭南地区已有宫苑园林的存在，但园林艺术的整体性发展在宋明之后，与中原文化南输及农业技术大发展高度吻合。农业生产构成了岭南园林知识的重要来源。

第一节　治水围垦与园林理水❶

宋、明以降，为寻求土地增量并防止水患，岭南先民在北江、西江等流域大规模开展筑堤围垦的水利建设，孕育了发达的河涌体系和耕作区，并发展出基围鱼塘等新型复合的农业生产模式，形成了独特的稻作景观、水乡聚落景观等。同时期岭南园林开始勃发，并酝酿发展了极具地方特色的造园技艺，如利用自然水系构建水庭，形成方池壁岸的水庭形态，以及考虑花木培育对园林植物及其观赏的影响等。这一方面固然有经贸、人文的促发，另一方面显然与农业生产有关，岭南古代治水与水乡农耕生产为园林理水营造提供了技术基础和实践经验。随着农耕水利发展和经贸繁荣，岭南水网密布的生产性农耕景观和治水围垦经验逐渐成为园林营造的知识来源，从某种程度上看，农业生产是推动岭南园林发展并形成地域性格的重要因素和内驱动力之一。

一、治水围垦下的营造经验

宋以后随着大量人口的涌入，珠玑巷等集团性移民❷带来了圩田修筑的经验。在人力和技术两种关键要素的支持下，珠江三角洲地区沙田开发日益增多，农耕围筑技术迅速发展。早期沙田的形成主要依靠泥沙自然沉积，而明清时期三角洲地区在人工围筑沙田过程中不断积累经验，发明了围垦技术，创造出抛石、桩石及木柜加桩等多种沙田开垦方法。在龙廷槐的记载中❸，抛石法

❶　本节由彭长歆、张欣共同完成。

❷　陈乐素. 珠玑巷史事 [J]. 学术研究，1982（6）：71-77.

❸　龙廷槐. 与明中丞言粤东沙田屯田利弊书 [M]// 龙廷槐. 敬学轩文集. [出版地不详]：[出版社不详]，1842：2.

指在沙田发育的早期阶段乘船抛石，筑成几公里长的底基，用此稳固已沉积的淤泥并加速海坦淤积，多次抛石直至形成沙坦。这项技术需要投入大量时间、资金和人力，往往通过国家政策和宗族大姓合力开发。除了抛石法外，清代道光年间已发展出打桩再抛石的围垦方法，基于此法创新为先打桩，再用木柜装石这种更加高效的围垦技术，加快清末沙坦成田速度。

然而，缺乏宏观调节的沙田盲目扩张，必然导致水患等自然灾难的加剧，因围垦形成的堤围技术再次成为防治珠三角水患的有效手段。早在宋代，岭南人民便在江河水患频发处修筑堤围。因河床宽广，宋代珠三角居民普遍依靠丘陵、土墩等修筑堤围，除了番禺黄阁岛丘间平原修筑的黄阁石基外，宋代修筑的堤岸均采用泥土❶，因此较为低矮。明代珠江三角洲的堤围工程比宋元多出两倍，堤围也不局限于沿河两岸，堤围设施分布在高要、四会、三水以及清远、顺德等各地，基本形成今三角洲的全貌，海坦围垦也进入盛期。堤围修筑不仅预防和疏导水患、固定河床，还加速泥沙堆积、促进围垦沙田的扩张，为岭南农业技术的发展和创新积累大量经验。

为加固河堤并封堵决口，明清时期石堤修筑技术被广泛采纳。随着沙田的迅速扩张，明代珠三角河道堵塞且水患加剧，河堤决口毁坏农田造成大量财产流失。为封堵决口，砌筑石材这种加固河堤的方式被广泛采纳。相比低矮的土堤围，石堤可砌高加厚，且加固效果更好❷，具有更大的优势。清代岭南石堤修筑技术更加完整成熟，积累了一套土石并用的修筑方法，农耕技术的书籍也更多，如《续桑园围志》《桑园围癸巳岁修志》等详细记载了桑园围堤围的材料、修筑原则、堤围形式、修筑步骤和维护方法等（图2-1），堤围修筑技术进入成熟时期。

在修筑堤围的同时，岭南地区还发展了调控水资源及综合防范水患的技术，包括石窦、石坝和间基等。石窦又称水窦或水闸，是控制水系高度的水利设施。水窦由石材砌筑，横跨河道之上，上行车马，下通舟楫，窦闸两侧装有石门或木门控制两侧水位。水窦将较大堤围分筑小围，便于利用潮汐引入水流灌溉农田。宋元时期绝大部分堤围筑有水窦，如肇庆德庆县石龙围水窦、西江支流高明河南岸三石窦、秀丽围石窦等❸。明清为抵挡水患，石窦、石坝、间基的兴建更为普遍，如明代高明河建有西岸堤围石窦，暗珠堤外石坝，秀

❶　谭棣华.清代珠江三角洲的沙田[M].广州:广东人民出版社，1993:5-28.

❷　颜泽贤，黄世瑞.岭南科学技术史[M].广州:广东人民出版社，2002:365-370.

❸　谭棣华.清代珠江三角洲的沙田[M].广州:广东人民出版社，1993:5-28.

丽围间基等❶。明洪武二十七年（1394年）鹤山古劳兴建古劳围（当地俗称围墩），将分散堤围形成整体，各围墩之间设石窦，包括古帽窦、升平窦、双桥窦、天门窦、新窦等。作为世界灌溉工程遗产，佛山桑园围保存至今的石窦有南海简村吉水窦、民乐村民乐窦等，其中民乐窦始建于明末（图2-2），清光绪四年（1878年）重修，采用红米石和花岗岩修筑而成，结构坚固，闸门等至今保存良好，是桑园围灌溉工程的重要水利设施。

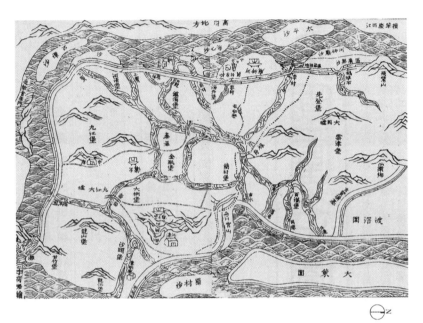

图 2-1　桑园围图（1794 年绘）
图片来源：（清）明之纲，卢维球.桑园围总志（一）[M].桂林：广西师范大学出版社，2024：110.

图 2-2　南海西樵镇民乐村民乐窦
图片来源：摄于 2023 年 11 月。

---

❶　叶显恩，周兆晴.宋代以降珠江三角洲冲积平原的开发 [J].珠江经济，2007（6）：74-80.

二、农耕水利的景观化及园林化

为综合开发围垦形成的大量田地，明清岭南发展了一种以基围鱼塘为原型的农业生态系统，并因此形成独特的农业生产景观。其中部分在明清城镇化历程中被利用作为各类建设场地，成为园林营造的天然本底。

基围鱼塘是岭南传统滨海养殖方式之一。唐代学者段公路记载南海诸郡已将水塘养鱼作为家庭劳作生产的一部分。宋明以后在治水围垦的同时，岭南滨水居民通过围河筑塘、挖塘筑基，开展池塘养殖和基面农作物种植，包括种植各类蔬菜、甘蔗、桑树、果树等，创造出桑基鱼塘、果基鱼塘、蔗基鱼塘、果基荷塘等良性循环的人工生态系统，形成珠江三角洲独特的农业生产性景观。如九江最早出现果基鱼塘，佛山西樵山通过桑基鱼塘发展缫丝业等。各地居民不断积累经验，总结出高效养殖的鱼塘与基面比例，如"四基六水"和"三基七水"[1]。围垦技术的发展促进鱼塘养殖占比的提高，至清代康熙年间，西江和北江下游的低洼乡村中鱼塘已经占耕地面积的80%[2]。

基围鱼塘的大量出现酿就了珠江三角洲独特而丰富的农业生产性景观。受海上贸易对丝绸的需求影响，清代珠江三角洲农业以栽桑养蚕为目的纷纷采用"弃田种果、养鱼植桑"的生产模式，桑基鱼塘迅速成为珠江三角洲乡村景观的重要组成部分。而鹤山古劳百姓更通过依墩建宅、架桥连墩、依基植桑等方式形成墩、基、桥连接的水乡格局，发展成村落、水网、堤围与鱼塘形成的复杂有机网状景观体系（图2-3、图2-4），具有典型的围墩传统聚落景观特征[3]。

图 2-3 鹤山市古劳水乡鸟瞰
图片来源：摄于2020年8月。

图 2-4 鹤山市古劳水乡聚落
图片来源：摄于2020年8月。

❶ 钟功甫.珠江三角洲的"桑基鱼塘"：一个水陆相互作用的人工生态系统[J].地理学报，1980（3）：200-209，277-278.

❷ 康熙《广东新语》卷二十二，鳞语。其中写："乡榴西、北江下流，地窦，鱼塘十之八，田十之二。"详见屈大均.广东新语卷二十二[M].[出版地不详]：[出版社不详]，1805：24.

❸ 潘莹，吴奇，施瑛.古劳水乡的传统聚落景观特征与价值研究[J].城市规划，2022，46（7）：108-118.

图 2-5　荔枝湾涌沿岸风光
图片来源：作者自藏历史照片"荔枝湾"。

随着明清广东城镇化浪潮兴起，一些基围农业区被纳入城郊过渡区域。经过滩涂围垦和堤围修建，广州城西荔枝湾和泮塘附近的果基荷塘和堤围面貌至明代已基本成型。据曾昭璇考证，由荔枝湾（荔枝湾涌以西地区，作者注）到今如意坊即有"五列堤围、四列池塘、一条涌"❶。作为被选择的主要农产品，荔枝被广泛种植在堤岸上。这与广州市民对果蔬需求量大、郊区将保存期较短的成熟果实直接运往墟市售卖可避免运输损耗等有关。红荔夹岸的农业景观为市民所喜爱（图 2-5），明代文人写"一湾溪水绿，两岸荔枝红"，更将"荔湾渔唱"纳入羊城八景的景观序列中，完成了从农业景观向文化景观的转型。

　　更为重要的是，基围农业孕育并发展了明清岭南的人居环境观。虽然岭南地区早在西汉时期南越国、五代十国时期南汉政权均有宫廷园林的出现，但其影响随着朝廷覆没而消匿。随着中原汉人移民在数量上超过土著越人，岭南人居环境在农业生产和经济社会发展中被重构。在定居新会桑园围区的斗米围后，庐江何氏宗族二十四世鋐清后裔营造并描绘了一个颇具代表性的聚落图式（图 2-6），其核心内容包括：环绕的竹林和池塘，各池塘被赋予养鱼等生产功能；村前大塘设榀闸（即窦闸）分隔相邻水渠、控制水位；聚落与池塘之间的土地用作花园或种植不同农产品；祖祠前庭临水一侧设望月亭，并伸出水榭于池中……实际上，这一图式空间在珠江三角洲地区广泛存在，代表了古代岭南人民对理想人居环境的想象。显然，一旦通过商品农业完成资本的积累，这一想象必将物化为新的空间实践。

❶　曾昭璇. 广州历史地理 [M]. 广州：广东人民出版社，1991：50.

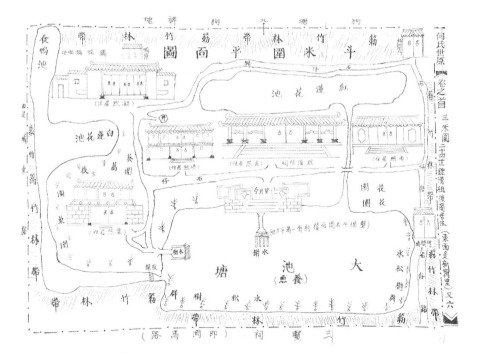

图 2-6　斗米围平面图
图片来源：庐江何氏世源新会族谱，新会景堂图书馆藏。

河涌密布、基塘交织的农耕景观也为郊园营建提供了得天独厚的地理环境。明代荔枝湾已成为园林和书院的择址佳选，如晚景园、后乐园等。晚景园又称矩洲书院，由明代中叶著名岭南诗人黄衷所建❶。黄佐曾有文载："广州出西关里许，半塘之溦……入高阁，则丹荔载道，平畴弥望，云萝烟水远混天苍，是为矩洲书院。"❷溦即堤岸，矩洲书院进园门可见水波连天，堤岸两侧遍植荔枝树。清末《广州市郊地图》还显示出晚景园的位置（图 2-7），园主将原有果基荷塘的堤岸重新砌石形成石虹湖、浩然堂、天全所、青泛轩、素华轩等，石虹湖便是园主将原有果基荷塘的堤岸重新砌石形成的园林湖景。园东为黄衷营造的后乐园，园仅一亩大小，种植各类嘉蔬美竹，也是由农圃经营而来❸。这种以果基荷塘、农圃等为基础改建为园林的方式经济适用，且符合传统园林的营造原则，在明代岭南郊园和书院的营造中十分常见。

清代以基塘为基础的园林营建方式愈加多样，包括对"果基"带状土地的利用，因地制宜地进行建筑营建及水利建设等。例如邱熙于清道光初年所建

---

❶　黄衷字子和，号矩洲，别号铁桥、铁桥病叟，明弘治九年（1496 年）进士，长于诗文，曾著有《矩洲文集》《海语》等。

❷　黄佐. 泰泉集 [M]// 陈建华. 广州大典. 广州：广州出版社，2015：402-403.

❸　黄衷. 矩洲诗集 [M]// 陈建华. 广州大典. 广州：广州出版社，2015：613.

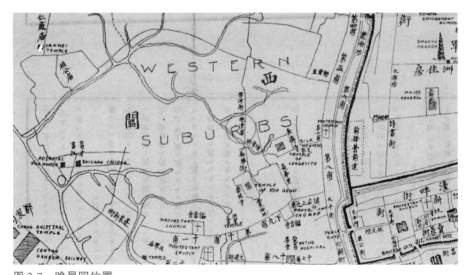

图 2-7　晚景园位置
图片来源:《广州市郊地图》(局部，1904 年)，国家图书馆藏。

的唐荔园，该园以荔荷闻名，塘中植荷，而环绕水塘的堤围（又称基围）则遍植荔枝树，其荔林景观呈现出显著的"果基"带状特征[1]。由于果基荷塘的水陆空间关系，邱熙采取了利用荔湾涌边较宽堤围作为主要建筑用地，以及利用干栏做法在水面建造亭榭桥栏的建筑策略，从而使唐荔园呈现出水域广阔、荔林夹岸，游人穿行水面赏荷啖荔的胜景。

　　荔枝湾的果基、河涌及荷塘私园共同构建的郊野景观吸引大批官商士绅等上层社会群体和西方人来此郊游，促进了"畅游""乐游"的园事活动兴起。荔枝湾以水为主，纵横交错的堤岸串联巨型荷池、带状湖泊与狭长河涌。张维屏有诗"一湾溪水碧于酒，两岸荔枝红似花"[2]，描述了荔枝湾涌河水碧绿、涌岸荔枝成熟的美景。荔枝湾河水清澈，往来舟楫，两侧堤岸培植有荔枝、龙眼等果树，景色如诗如画，引人入胜。郊野美景促进了园事活动的开展，清道光后，唐荔园及其后海山仙馆、彭园、小田园、陈园、小画舫斋、景苏园等一众园圃均分布在荔枝湾涌两岸。泛舟游览成为荔枝湾园事活动的重要组成部分，一时贤人嘉士、文人词客、山人衲子等乘船游玩，吟诗作词，歌吹相鉴，留下了诸多诗文词集。这一习俗至民国初期依然保留（图 2-8），为广州市民所热衷。

[1]　彭长歆，姜琦. 从果基鱼塘到岭南名园——清末广州海山仙馆园林空间营造机理溯源 [J]. 南方建筑，2023（3）：90-99.

[2]　（清）张维屏. 长夏杂诗 [M]//（清）张维屏撰，陈宪猷标点. 张南山全集（一）. 广州：广东高等教育出版社，1995：461.

图 2-8　民国初期的荔枝湾

图片来源：孙中山大元帅府纪念馆。

三、水庭的形成：引水入池，以堤为岸

　　基于自然地理条件和堪舆相地等择址观念，岭南园林在长期发展中形成了依托自然水系，通过引流、整形等方式梳理园林水庭的营造技法。清代广州荔枝湾、花地、河南等地的文人私园、行商园林、经营性园圃等均依水择址，引水入池并营造水庭。

　　明清园林在相地时往往考虑河涌的主次、宽窄和水流缓急等因素。沿江一带园林分布较少，原因在于江水流速较急，且受潮汐影响水位变化较大，并非造园佳地。为避水患而借水利之便，园林往往选择江河支流两岸（图 2-9），如唐荔园及其后海山仙馆、陈园、叶小田园、彭园等依托珠江支流荔枝湾涌营建，规避了珠江水患的风险；番禺南村余荫山房选在珠江后航道的分支蓼涌南岸；东莞可园西傍东江支流、东靠运河、北靠可湖；佛山梁园西接汾江支流新涌古新等。通过邻接外部水系获得水源供给，便于营造以湖池为中心的园林建筑群。

　　除在主要河涌两岸造园以外，次一级河涌的水流缓慢、水位变化更小，也颇受造园者喜好。如位于东莞的东江水道支流阮涌旁的道生园、顺德的大良河支流柳波涌南岸的清晖园，以及广州漱珠涌支流北岸的福场园、带河涌尽端的长寿寺花园等。沿次一级河涌分布的园林通过设两处水口引入水源，并修建小型水闸保障用水便利。两处水口可灵活控制水流走向，定期更换池水以保障水体洁净。从江河到园池，水体经过了两至三级水闸管控，其水位较低，

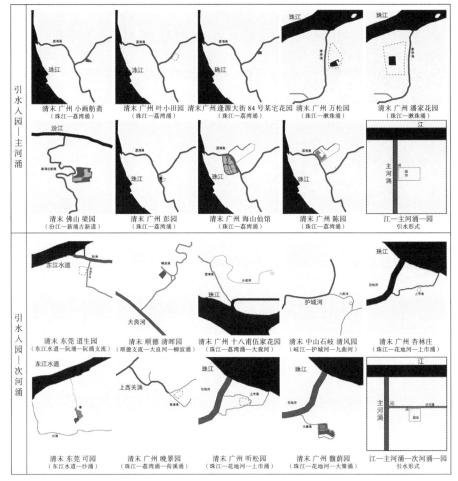

图 2-9　明清岭南园林与水网分布图

图片来源：张欣绘图。

沿涌园林设小型水口即可满足水流更换。通过江河、支涌、窦闸、园林水口
与园池形成复杂的水利系统，明清岭南园林实现了依托自然水系进行引水和
疏导这一园林理水的重要环节。

　　除了引水，水庭的形成还有赖于对原有水塘的开浚和整形。"低凹可开池
沼"❶ 是园林营造的共识，在自然水塘或农业鱼塘向园林转变过程中，园内水
体的整形、开浚和疏导成为理水营造的关键。姚文僖重浚园池记云："荒者辟
之、塞者疏之"❷，阐述了开辟池塘和疏导淤池的理水原则。清光绪广东学政
徐琪（1849—1918）《重浚药洲池筑补莲亭记》记载"……初至也，池水芜

----

❶ （明）计成著．园冶注释 [M]．陈植注释．北京：中国建筑工业出版社，1997：210-222.

❷ （清）金保权．学署喻学斋聊 [M]//（清）徐琪．粤东蕾胜记，卷七．[出版地不详]：[出版社不详]，
　　1899：1.

秽……命工浚之……余日役夫二十人历一月之久，既去池之积淤，又施……池身尽露……思欲种莲……于城南复置沃壤千斤贴池中……"❶，描述了清淤、换土、种莲、引水等详细过程。为节约成本，水庭往往结合原有池塘布置，具体包括清挖淤泥、整理池底、修整池形、开浚沟渠、砌筑水闸和引水入池等多个步骤，并培育芰荷、鱼虾等维持水体长期洁净。

作为自然景观的微缩集合，园池的浚导开阔与水位管控汲取了堤围治水经验。为引入水源，园池的出入水口常设由石材砌筑而成的水闸、水门与窦口等。如花地馥荫园的南北二池与园外大策涌之间所设水闸。荔枝湾海山仙馆湖池间设有水口，并可依荔湾涌的潮汐状况控制园林荷塘水位，以维护水质和管理园池。20世纪初，丝商陈蒲轩购下了位于荔枝湾逢源北街的一处行商旧园营造私园（今荔湾博物馆），庭池设水闸、水门与西侧荔枝湾涌相接❷。

治水围堤设施和水利管理经验也被用于精细化地管理水体质量。当时广州城水脉流经喻园，为避免市尘污水对园池的污染，喻园（即今药洲池，又名九曜园）建堤渠分隔双池与沟渠："其形如筯，下仍相通，其三面皆承以石，而弥缝其上以通行人"❸，可见明清造园师已具备组织园林沟渠、引水和排水等理水技法，并善于将城市沟渠整修并融合至园林水系中。

在基围鱼塘的农耕本底下，园林边界的围合、水庭的整修等均显示出堤岸在空间营造中的支配作用。造园师将靠近园外的河堤作为园林的边界进行营建，如荔枝湾涌边彭园既将堤岸作为园界，也作为园内水庭的边界（图2-10）。狭窄的堤岸则考虑建设园墙、花木、篱笆等隔绝外部视线，邓大林在广州花地的杏林庄不设藩垣，仅沿四面小涌建设竹林

图 2-10 广州荔枝湾涌与彭园关系图
图片来源：《广州市图》（局部，1912年），广东省档案馆藏。

❶ （清）徐琪．重浚药洲池筑补莲亭记 [M]//（清）徐琪．粤东葺胜记，卷五．[出版地不详]：[出版社不详]，1899：11-13.

❷ 夏昌世，莫伯治．岭南庭园 [M]．北京：中国建筑工业出版社，2008：37.

❸ 高旭红．药洲石刻 [M]．广州：广东人民出版社，2016：206.

形成天然屏障，巧借水系形成相互渗透的内外关系❶。广州河南潘家花园大型水体中的园路有着显著的堤围特征，堤上种树设桥，在满足通行的同时起到了分隔水面的作用。更宽的堤岸可满足主体建筑的承重需要，如馥荫园靠近大策涌的堤岸建设主楼、待客厅和船厅等建筑物，成为园事活动的重点部位。

除分隔水面和连通水体外，堤岸还承担着交通和观赏等多种功能，造就了清末岭南园林中的线性景观特征。除前述河南潘家花园外，广州荔湾海山仙馆借助堤岸与廊桥进行复合型文化空间建设❷，在串联各个园区构建水上游径体系的同时，形成了依托于堤岸的线性文化空间。堤岸营造高架廊桥、水榭、楼阁❸等（图 2-11），其中八角水榭是园主骚人墨客挥毫雅叙的地方。

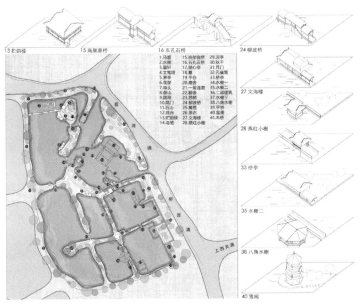

图 2-11　海山仙馆复原平面中堤岸与建筑关系示意图

堤岸被纳入园林景观序列时，沿堤植树的经验被保留下来。广州花地园林堤岸植柳，既可以加固河堤，也是园林的景观要素之一。岑澄《与介卿诸君泛舟小港过栅头花埭晚经大通寺而归》诗曰："十里松溪不觉赊，扁舟乘涨掠堤斜……临水有园皆种柳，泊船无岸不偎花。"❹江南园林素有"桃柳间植"的传统，岭南气候湿热，植物繁茂，园林池水受潮汐影响略咸，在植物选择

❶ 夏昌世，莫伯治 . 岭南庭园 [M]. 北京：中国建筑工业出版社，2008：52.

❷ 彭长歆，姜琦 . 从果基鱼塘到岭南名园：清末广州海山仙馆园林空间营造机理溯源 [J]. 南方建筑，2023（3）：90-99.

❸ 胡李燕，王艳婷，彭长歆 . 园楼之设：清末岭南园林的垂直建构 [J]. 园林，2023，40（9）：89-98.

❹ 黄任恒 . 番禺河南小志 [M]. 广州：广东人民出版社，2012：17.

上有所体现。除柳树外，水松、榕树等耐水植物也常用作防浪护堤的树种。

四、方池壁岸：堤围营造的小型化

明清岭南农业生产性景观显而易见地影响了岭南园林理水的美学观念与技术模式，其中最为显著的特征即方池壁岸。所谓方池，即以长方形为基本原型的水池形态；所谓壁岸，即水池营造多采用石材砌成垂直池壁。其中既有宋明遗制的影响[1]，又与本地区水的治理关联在一起。在某种程度上，岭南园林的理水营造在文化上是遗制与流变的结果，在营建上则是石制堤围的小型化产物，包括功能和材料的相似性、结构和形式的传承关系等。

岭南园林规整化池沼现象常见于明清，这与岭南的崇古之风密切相关。"方池"营构古即有之，西汉时期南越王御苑中长方形石构水池和曲渠联通，是岭南目前挖掘出最早的"方池"遗址，但未见于该时期的民间。岭南教化始于宋，宋人对方池的推崇随着官员贬谪、族群迁徙，与其他文化现象一道在岭南形成滞留。至明清时期岭南大开发，这一文化现象与社会崇古之风及繁荣建筑活动相叠加而大放异彩。该时期岭南城镇建筑采用适应气候及土地的集约模式，受限于土地及建筑边界形成庭园格局，以及雨水排蓄、消防洗涤等功能性需求，方池逐渐发展稳定，成为岭南园林理水的常见做法。

在长期且大规模的治水围垦中，岭南完成了堤岸工程的知识积累和工匠体系的建立。作为自然驳岸转向人工壁岸的实践产物，岭南基围堤岸常常采用麻石、红砂岩、毛石、砖等砌筑而成，剖面呈现出垂直或陡坡交接，这一做法的抗灾防洪能力较强[2]。基面因通行和种植的需要，同时为节省材料，堤岸走向裁弯取直。当基围鱼塘被利用为园池，或园池融入河涌体系之际，堤岸遗产很自然地成为园池营造的样本。李咏堂收藏的中山石岐"清风园"图中，河涌两岸分别为农田土堤和园林石岸，其园林池堤的修筑和水口的开浚明显参考了基围堤岸的材料和形制（图2-12）。工匠往往采用整齐条石和碎石砌筑成垂直坚硬的园林池壁，并在上部砌筑装饰性栏杆、点缀花卉盆景等来营造休憩之地。因与通海河涌相接，园池水位随潮汐往返涌动变化，堤的高度需与高潮水位相适应，堤岸需应对水位涨落带来的冲刷，垂直向度的深池营建逐步成为岭南园林的典型特征[3]。

---

[1] 方池在宋明时期曾有过广泛存在的历史。参见：顾凯.中国古代园林史上的方池欣赏：以明代江南园林为例[J].建筑师，2010（3）：44-51；鲍沁星.两宋园林中方池现象研究[J].中国园林，2012，28（4）：73-76.

[2] 潘建非，邱丽.岭南水乡景观空间形态的分析与营造[J].中国园林，2011，27（5）：55-59.

[3] 冯江，李睿.潮汐与广州园池[J].建筑史学刊，2023，4（1）：147-161.

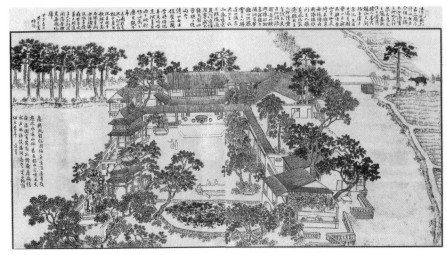

图 2-12　清风园

图片来源：夏昌世，莫伯治.岭南庭园 [M].北京：中国建筑工业出版社，2008：50-51.

　　基于水患治理的围垦技术为方池营建提供了样本。以规整的几何形态为基础，岭南园林方池形式多样，组合各异，主要有方形、L 形和组合形等（图 2-13）。其中，简洁方池普遍见于私园，小者如清末广州某买办家庭的宅园（图 2-14）：以雕梁画栋的二层楼阁围合出规整方池，埠头处的扇形平台与转角处的小桥形成有趣的变化，庭院中各要素组合成小而精巧的空间。大者如河南潘家及伍家花园等行商园林。清晖园澄漪亭与六角亭凌于水上，可登临遍观庭园景色。道生园与船厅相邻，与桥、台组合成丰富的空间层次。L 形园池常与拱桥、平桥等结合，凸显了园景观赏性与游览趣味性。东莞可园和逢源北街 84 号陈宅花园平面中，L 形园池上部筑有拱桥、装饰平台、埠头、园林建筑小品等。组合形水池由简洁几何形水池相连而成，空间层次更为丰富，游览趣味性也更强。如余荫山房方形与八角形相连，上跨画桥，拾级而上，可遍观东西二池景色。而潮州梨花梦处园内多个方池由明渠或暗道相接，共同组成空间各异且风格统一的水庭景观，其中船厅小筑两侧方池通过凸出戏亭下侧的拱形通道相连，方池与戏亭、平桥的组合既能适应潮汐涨落、调适气候，又考虑结构荷载，并起到了强化庭园主题和丰富空间序列的作用。

　　壁岸的砌筑则分为条石、毛石和砖石砌筑三种。条石池壁呈直线状，质地坚硬且结构稳定，分布在园池与建筑或走廊下侧的交界处，如余荫山房内玲珑水榭下侧池壁均为砂岩直砌。因毛石形状不规则,砌筑池壁虽不如条石坚固，但胜在砌筑的池岸曲直多变，应用于游廊、平台和游廊等下部，清末某买办家庭的扇形平台处即为毛石砌筑的池壁。平砌或斜砌的砖石池壁立面式样繁多且材料价格低廉，可灵活应用于园池各处，与园林建筑协调统一。如馥荫园的过廊、游廊等池壁大多由青砖斜砌，而池中心画桥处拱桥为满足承重需求采用条石砌筑。六松园、潘家南墅均为砖砌池岸，在栏杆处砌筑陶制漏花砖、

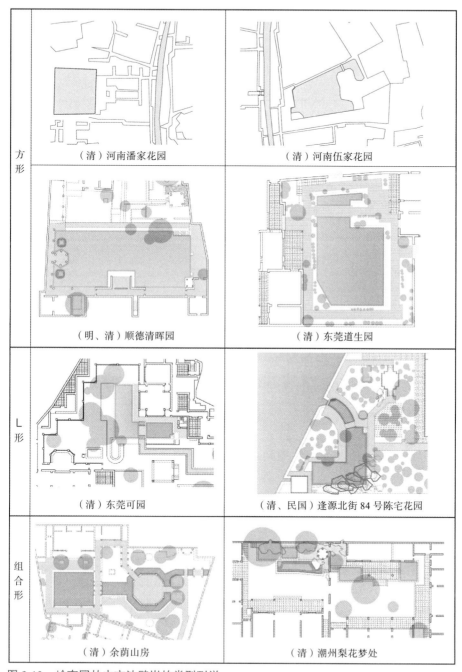

图 2-13　岭南园林中方池壁岸的类型列举
图片来源：夏昌世，莫伯治.岭南庭园 [M].北京：中国建筑工业出版社，2008.

图 2-14　清末买办家庭的房屋
图片来源：孙中山大元帅府纪念馆。

上封大阶砖，并摆放花卉盆栽等装饰。除垂直池岸外，部分园林如潮州太平
路城南书庄的池岸设为阶梯状❶。园林池壁材料的选择和砌筑方式考虑到潮汐、
防洪、承重、美观等多种要素，呈现出集约实用、灵活多变的组合形态，契
合岭南园林风格特征。

　　岭南造园师们将水利设施与水庭营造关联起来，发展出理水营造的新风格。
为将陈宅花园水闸与假山"风云际会"相融合（图 2-15），造园师于水门处装
饰窗户和铁艺栏杆，并将二层设计为中西结合的八角观景亭样式，可对望主
楼飘台和荔湾湖美景。与此类似，余荫山房通过架设平桥和孔雀亭的方式引
导游客视线，既可遮蔽通往园外水闸，亦营造别有洞天、意蕴无穷的水景。

　　总而言之，明清岭南园林理水从历史机制、技术范式、形态特征等方面都
呈现出与同时期农业围垦的紧密联系。农业垦拓推动了治田水利的发展，促
进了自然农田向农业生产性景观的过渡。随着围堤设窦等治水技术的成熟，
以及大型农耕水利设施的修筑，明清岭南大地不断发生巨变，从而引发文人
士大夫的共情与咏颂，塑造了农业生产景观的文化性。这一进程中，气候湿润、

❶ 夏昌世，莫伯治. 岭南庭园 [M]. 北京：中国建筑工业出版社，2008：28.

水网密布的自然地理环境为岭南园林营造提供了物质基础，农业水利的营造为造园理水提供了技术支撑。一方面，岭南传统农业模式如桑基鱼塘、果基荷塘等促进了广州城乃至珠三角地区的围垦技术进步和经验积累，加速了农耕水利景观的形成及其私园化进程，并引发岭南园林有关掇山引水、卜筑架桥等理水营造的长足发展。另一方面，私园营建强度的提高吸引了官商士绅等上层社会人士对郊园野筑的渴望和诉求，筑堤观水、泛舟荷塘等园事活动的开展强化了农业生产景观被利用的可能性，经由行商的开拓而成为清末珠江三角洲园林营造的重要途径。

图 2-15　广州逢源北街陈宅花园园池及堤岸剖面图（右侧园外为荔枝湾涌）
图片来源：夏昌世，莫伯治．岭南庭园 [M]．北京：中国建筑工业出版社，2008：38.

　　由于理水在明清岭南园林中的显著重要性，其始自农业垦拓的历史机制隐含了岭南传统园林在发生机制上的新的思考。不同于皇家园林、士人园林等中国古典园林的主流形态——在权力或知识精英的酝酿下，自上而下地推动并发展，明清岭南园林形成的底层逻辑是唐宋以来的移民潮、农业围垦，以及商品农业发展推动的资本积累与人居环境建设，是自下而上的、另一种形态的园林类型，也进一步说明中国古典园林的丰富性与多样性。

第二节　花木生产的繁荣与花田园艺[1]

　　花地，旧称花棣，又称花田，位于广州珠江西南岸，与西关、河南隔江相对，自古以来便是广州重要的花木培育地和传统花卉贸易市场。《嘉庆一统志·广州府》载："花田地名在广州西南郊，俗称花地，平田弥望，皆种素馨花，相

---

❶ 本节由张欣、彭长歆共同完成。主要内容出自张欣，彭长歆．花木生产与园林营造：清末广州花地的生产性景观及其公共化 [J]．广东园林，2024，46（1）：82-88.

传南汉宫人皆葬于此。"明万历时花地已成"有花园楼台数十，栽花木为业"和"海色四周无税地，香浓百亩有花田"❶的专业花木产区。清末苏州文人沈复曾来花地，感叹"渡名花地，花木甚繁。余自以为无花不识，至此仅识十之六七"❷，显见花地花木品种之繁多。除花田弥望外，花地因濒临白鹅潭，水系丰富，风景秀美，素有造园传统。南汉时为皇家寺院宝光寺所在地；宋以降，又以"大通烟雨"❸胜景著称于世。

在长期的发展历史中，花地以花田苗圃为基础，逐渐发展了一种新的园林类型。为区别起见，花地园林以"园圃"称之似乎最为合适。其形式介于园、圃之间，造园艺匠兼有花田、林榭之特色。更为特别的是，因花木展示、销售的需要，花地园圃大多对外开放。"一口通商"时期，更因清政府限制西方人活动、准游花地的政策，花地（西译 Fa-ti 或 Fa-tee）为西方商人所流连，花地花园的形象也通过外销画和各种文字记载不断流入西方。与此同时，因种植花卉品种繁多，花地成为 18 世纪至 19 世纪西方植物学家获取中国植物样本的主要来源地❹。花地为推动中国园林艺术的西渐，以及现代植物学研究作出了重要贡献。

一、花田与灌溉

历史上花地河涌密布，为花木种植提供了优越的灌溉条件。因农业生产灌溉需要，古人壅土为堰，种植果蔬并开垦水渠，花地逐渐形成水网与田地交织的农业生产景观。虽然南汉时期已广植素馨花，花地真正成为广州花木农业生产区却在明清两代。明初，广州花木种植及销售尚在城西一带。明以降，广州西关开市，包括丛桂里（今丛桂路附近）在内的西濠西岸及下西关涌两岸被占用，逐渐形成十八甫西关商业区，广州花田便由西关丛桂里迁至花地❺。两地有着相似的土壤结构，均由珠江泥沙冲积而成。但与广州城西一带相比，花地充足的土地资源与水网条件更利于规模化的农业生产。

花地河涌纵横交错，承担着花卉灌溉和运输的功能。花地水系以花地河为主脉，并联主、次河涌（图 2-16）。其中主河涌包括下市涌、中市涌、大策涌等，

---

❶ （明）郭棐.岭南名胜录 [M]// 佛山地区革命委员会《珠江三角洲农业志》编写组.珠江三角洲农业志（5）.佛山地区革命委员会，1976：91.

❷ （清）沈复.浪游记快 [M]//（清）沈复.浮生六记.武汉：长江文艺出版社，2017：111-112.

❸ 花地由冲沙堆积而成，向上连接大通烟雨井和周边河涌，形成了导热性好的地下热环境。每逢土地上下温差较大，连接地下沙与地面的烟雨井井口便会出现烟雨弥漫的效果。

❹ 彭长歆.中国近代公园之始：广州十三行美国花园和英国花园 [J].中国园林，2014，30（5）：108-114.

❺ 曾昭璇.岭南史地和民俗 [M].广州：广东人民出版社，2015：106.

形成大湾如腰带状，统称英护浦（又名腰带水）[1]。英护浦宽 3～4 米，两侧还设有 1～2 米宽的步道，可通舟楫及陆上交通（图 2-17）。园圃经营者驾船满载花卉穿过英护浦和花地河进入珠江，将花木运往广州城各处。而英护浦、花地河与珠江的相接处设有闸道，以便花农调整河涌水位以满足种植或排水防洪等需要。在主干水网之间，小涌和荷塘密集分布，形态各异且富有变化，相互交织形成错综复杂的花地水系，营造了兼备农业生产与园林营造的有利条件。

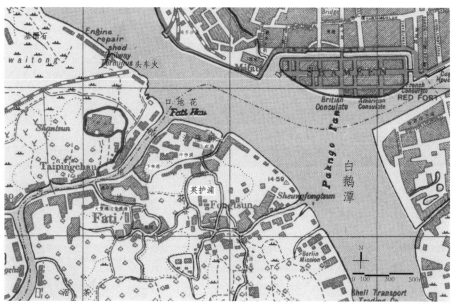

图 2-16　广州花地水系分布图

图片来源：（美）斯坦福大学图书馆。（1927 年绘制，1942 年再版）

与此同时，花木栽培及耕作技术在明清岭南已更为精细。在一幅拍摄于 19 世纪 60 年代华南地区花圃的图像中可见（图 2-18），围绕画面中央的水渠两侧，土地被整齐地划分成平行的垄带，并以垄沟相隔，每条垄上行距整齐地种植着果树或花木，水塘中种植着王莲，水渠尽端还种植着一些棕榈科植物。由此可推测，花地的花木种植呈现出相似的耕作景观，由于良好的管理和优美的田园风光而具备游览观赏的可能，并成为"一口通商"时期清政府向西方人开放花地政策的前提。

二、花木生产、销售及其公共化

据记载，清末在花地经营的园圃及大小园林有数十家。通过历史文献和实地调查，结合当地文史专家谢璋的描述，应用层次叠加法可初步还原清末花

---

[1]　广州市芳村区文化局. 芳村名胜风物 [M]. 广州：花城出版社，1998：2.

图 2-17 馥荫园外的大策涌和民居

图片来源：加拿大不列颠省档案馆。（摄影：约翰·克里兹，1858 年）

图 2-18 华南地区的一处花园荷塘

图片来源：GOODRICH L C，CAMERON N.The Face of China As Seen by Photographer & Travelers 1860-1912[M].Philadelphia Museum of Art and Aperture，1978.（摄影：佚名，约 19 世纪 60 年代）

地园圃的空间分布情况。总体上，花地园圃依水而建，已统计的 39 处园圃中有 35 处沿河涌分布（图 2-19）。从功能来看，花地园圃大致有三种类型，一是单纯生产，通过花商销售花木产品，一般规模较小，分布在花地腹地；二是兼具生产与展销功能，主要分布在花地河沿岸；三是兼具生产与接待等功能，有私园化倾向。

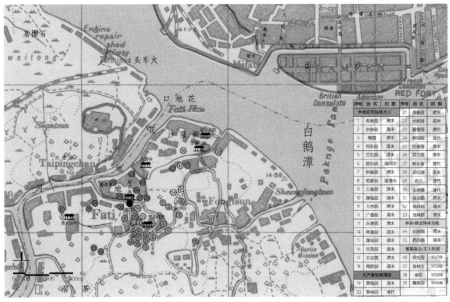

图 2-19 清末花地园圃分布示意图

图片来源：张欣标注绘图。

花地园圃均具花木种植的功能，大量生产性园圃专门种植各类莳花和杨桃等特色植物。其中，清平园、寿春园、余庆园、万生园等以栽种莳花为主，同乐园和万合园以培育杨桃为特色。这类小型园圃主要集中在花地策头村及其南侧，这里虽远离花地河，但小河涌密布，花农引水灌溉花田，并依托水系将花木等产品船运至花市出售。

兼具展销功能的园圃分布在花地河东岸。明清以来，花地河逐渐成为重要的贸易运输线路，为沿岸园圃展销花木提供了便利。相较于花地腹地的生产性园圃，沿花地河建设的园圃面积更大，可满足种植、培育、展览和销售等多种功能需求。如留芳园占地十余亩（图 2-20），以牡丹闻名广州城❶；类似的还有醉观园，即今醉观公园的前身。这类园圃十分重视特殊花木的培育，花农根据多年的培育经验将花木设计为各种造型。如翠香园园主陆学明擅长岭南盆栽；茂林园园主则以"微型盆栽"为特色吸引买家。张维屏曾有诗句"花地花农花样巧"❷，赞美花农培育花卉植物的奇思妙想，可见花农培育植物和盆景的技术高超。

图 2-20　花地留芳园
图片来源：耶鲁大学神学院图书馆。

花地园圃业者通常将花木盆景等培育成果整齐排列，便于游客在游赏花园时选购。美国医学传教士波尔（Benjamin Lincoln Ball，1820—1859）1848 年10 月 8 日曾来花地游玩，记载"花园面积很大……一排排的陶器花瓶里盛放着各种修剪得当的植物，小路边上还有灌木"❸。花木展览空间的设计多为线性，花卉均匀整齐排列在小路两侧且富有层次（图 2-21），近道路处摆放着矮小的盆栽，外侧则是修剪好的花木盆景；一般入口处设有简易的门坊，上有诸如"花园魁首"之类的题额（图 2-22），部分还设有小亭用于简单的休息和观赏。花卉的直线形展示方式具有强烈的秩序性和稳定性，低矮盆栽与较高灌木等花卉展品整齐摆放，形成主次和谐的展示效果，说明清代花地园圃经营者有意

❶ 谢璋.花地名园百年沧桑 [M]// 广州市芳村区政协文史资料委员会.芳村文史（第 3 辑）.[出版地不详]：[出版社不详]，1991：84-90.

❷ （清）张维屏，花埭.珠江集 [M]// （清）张维屏撰，陈宪猷标点.张南山全集（二）.广州：广东高等教育出版社，1995：212.

❸ BALL B L.Rambles in Eastern Asia：Including China and Manila，During Several Years' Residence[M].Boston：James French & Company，1855：105.

识地设计园林展示空间，结合园林构筑物和游径充分展示花木特色以利销售。

图 2-21　花地某花圃花卉展示
图片来源：耶鲁大学神学院图书馆。

图 2-22　花地某花园内的"花园魁首"牌坊
图片来源：耶鲁大学神学院图书馆。

少量花地园圃承担接待、种养或禅修等多种特殊功能。翠林园以种植牡丹出名，清末广州文人常于此雅集。诗人张维屏曾有"天香原自贵，不必问沉香"[1]诗句赞扬翠林园中馥郁芬芳的牡丹。该园也是广州城卸任官员的暂住地（图 2-23）。清代来广上任的官员往往沿着小北江乘船南下至花地，与居住在翠林园中的卸任官员办理移交手续。此外，部分园圃同样是种养结合或修禅悟道之所。如建于民国初年的兰圃园是佛教女众修道之所，园中遍植米兰和兰花，十分清雅。由此可见，花地园圃在具备花卉种植、居住、休闲等私园苗圃的基础上，也承担着迎接宾客、谈禅修养等多种功能，体现出其较强的开放性和包容性。

虽然各园圃不同程度地承担了花卉展销的功能，却无法替代花墟在花地花卉贸易中扮演的角色。"墟"即市集，花地古花墟始于明而盛于清，至清代已形成固定的花木交易地点。花地花墟位于观音庙前一片白麻石板铺就的广场（图 2-24）。张维屏曾写"花市栅头花聚处，斑斓五色各盈筐"[2]。可见花市位于策头村附近。结合谢璋在清代花地园林示意图中"花墟"的位置，可推测花市位于花地大策直街和东郊北路附近。

作为花地最大的花木销售市场，花墟的花木交易十分繁荣。花农将在小型园圃中培育的花卉进行加工，收集并到花市上贩卖，大批花卉则被运至广州城内销售。张维屏对此景象大为赞叹，曾作诗云："花市朝朝水一方，目迷五色灿成行。筠篮卖入重城去，分作千家绣阁香。"[3]除了销售给花商，园主还专

❶（清）张维屏．翠林元赏牡丹．冶春集 [M]//（清）张维屏撰，陈宪猷标点．张南山全集（二）．广州：广东高等教育出版社，1995：19．

❷（清）张维屏撰，陈宪猷标点．张南山全集（三）[M]．广州：广东高等教育出版社，1994：213．

❸（清）张维屏撰，陈宪猷标点．张南山全集（三）[M]．广州：广东高等教育出版社，1994：424-425．

图 2-23　花地翠林园
图片来源：作者自藏历史照片。（摄影：佚名，约 19 世纪末）

图 2-24　观音庙前花圩（1902 年）
图片来源：美国国会图书馆。

门遣人将菊、兰、牡丹等各类莳花送往爱花的富贵人家。谢兰生在日记中便有花埭老云、盼春园和静香堂主人等送花卉到其宅院的记载❶。多样的花卉品种和便捷的水路运输使花地花卉贸易更加兴盛，花地被称为"岭南第一花乡"。

　　随着花卉贸易的繁盛，花地还出现了具有联谊、赛会性质的花局。"局"在粤语中有自我组织、会集同道之意，而花局因花而设，又称"摆花局""斗花局"，炫耀、竞争之意更浓。作为一种特殊的花卉展销活动，花局往往于每月神诞日如正月十五、二月二日、三月北帝诞等日，由留芳园、醉观园、纫香园、群芳园、新长春园、翠林园、余香圃园和合记园八大园圃轮流举办❷。花局的展览空间设计层次丰富，主次分明。每次花局园主赋予不同的主题，吸引大批游客驻足观赏。与此同时，园圃主人还纷纷建设楼榭，为游赏和购买花卉提供展示空间。美国医学传教士嘉约翰（John Glasgow Kerr，1824—1901）曾记载："它以前完全由花果园组成，但现在正在迅速建设中。"❸前述翠林园即属此类。花局的举办扩大了花地园圃的影响力，激发各个园圃之间花卉培育、生产和品位的良性竞争，进一步推动清末岭南花木种植技艺与消费市场的发展。

三、花地的私园营造与文化生产

　　花地优美的自然景观与农业景观吸引了大批游客，其中不乏官商士绅等社会上层人士。随着同文行潘有为在花地策溪村购地建园，广州绅商纷纷效仿，著名园林包括伍氏馥荫园、听松园、杏林庄、康园等，推动花地的文化生产。

---

❶　（清）谢兰生.常惺惺斋日记（外四种）[M].广州：广东人民出版社，2014.

❷　谢埔.花地园林沧桑录[M]//广州市芳村区地方志编纂委员会.岭南第一花乡.广州：花城出版社，1993.

❸　KERR J G.A Guide to the City and Suburbs of Canton[M].Hong Kong：Kelly & Walsh Ltd，1904：18.

行商中最早有同文行潘氏来花地建园，后有怡和行伍氏继之。清乾隆五十六年（1791年），潘有为从京中返回广州后，在花地策溪村建东园，一为侍奉母亲，二为寄寓情怀。不同于普通的宅地园林，东园尤以花木胜。因兼具行商园宅和花卉种植及贸易的功能，东园中遍植松、柏、木棉等植物，四季林木葱郁，时花如菊、桂、金铃花、丁香等依时盛放。1846年潘家出售东园，北部主景区被辟为群芳园，园南部宅院区由怡和行伍氏购入并进行改建，易名馥荫园，又称福荫园。馥荫园的改建与拓建以服务伍氏奢华生活及接待宾客为主要目的，园林布局适宜公共游览，而室内则中西交汇，为西方人来粤必游之地。

一些私园如杏林庄则将花木培育与个人赏玩结合，形成新的园林形态。杏林庄由香山人邓大林（1767—1857）于清道光二十四年（1844年）所筑（图2-25），位于花地大通寺旁。邓大林字卓茂，号荫泉，《番禺县续志》称其"善炼药，园名杏林，本取董奉丹药济人之意，实未有杏也"。作为传统雅士，邓大林不仅悬壶济世，且好林泉花木。其园地虽不大，但幽深雅洁，不设藩垣，园内有八景：竹亭烟雨、通津晓渡、蕉林夜雨、荷池赏夏、板桥风柳、隔岸钟声、桂径通潮、梅窗咏雪。其八景巧借大通寺钟声、溪边渡头及潮通珠江等花地传统人文景观，在很大程度上反映了中国古典园林对意境的追求。

图2-25　花地杏林庄

张维屏不但赏花、种花，更有大量相关的景物描绘。因曾在潘氏东园长居九年，张维屏十分喜爱花地的自然、人文之美。1847年春，与杏林庄一河相隔，张的次子张祥瀛在花地上市涌北侧（今松基直街旁）建园供其养老。因园中松风阵阵，取名"听松园"。张维屏写"五亩烟波三亩屋，留将二亩好栽花" ❶。可见十余亩的园林中一半为池塘，围绕池塘建有海天阁、松心草堂、听松庐等主体建筑，另外设有花木培育种植的场地。听松园深受张维屏的喜爱，他曾在《听松园有序》《园中杂咏》《海天阁》等诗中，详细描写水榭歌台、楼阁堂轩及松树、红棉等园景。

与花圃等生产性园林不同，私园园主通常也是文化艺术的赞助人，十分乐意召集文人举办雅集。其中有记载的花地雅集包括曲水流觞、品茗赏花、吟诗作曲等。杏林庄自建成以来便是文人雅集和宴会之地。诗人张维屏，学者陈澧、黄培芳等人结为"杏林庄诗社"，所著诗文结集包括《杏林庄竹亭记》❷《春日游杏林庄五首》❸《题杏林庄八景》❹《观杏林庄图跋》❺等，提高了以杏林庄为基础的园林文化影响力。张维屏十分喜爱听松园，有关该园的诗歌达23首。《松心草堂》等诗文记载了园主宴请宾客和举办文人雅集等活动，其中花筒、焰火等戏剧表演引得周围居民爬树观看。

作为花地著名行商花园，潘氏东园及其后伍氏馥荫园具有空间延续与递进关系，但两者在文化生产方面有着明显的不同 ❻。东园园主潘有为以文人自居，频繁雅集，聚集了一大批有影响力的文人士大夫。他们在东园中吟诗作画，创作了大量诗歌、文集，使东园成为清末广州文化生产的空间。而随后馥荫园因承担外贸接待的功能，各类西方人也纷纷来园赏玩，并通过外销画家定制馥荫园的景物画作。自摄影术传入后，更有多位中外摄影师来园拍摄。外销画、摄影及铜版画等各类图像作品将馥荫园的视觉形象以一种前所未有的方式向世界传播，成为馥荫园不同于东园时期的重要文化输出。

游园和雅集同时激发了花地园圃经营者的艺术审美和鉴赏能力。受文人建

❶ （清）张维屏.园中杂咏 [M]//（清）张维屏撰，陈宪猷标点.张南山全集（二）.广州：广东高等教育出版社，1995：503-504.

❷ 吴时敏.杏林庄竹亭记 [M]// 广州市芳村区政协文史资料委员会.芳村文史（第9辑）.[出版地不详]：[出版者不详]，2004：105-106.

❸ 陈澧.春日游杏林庄五首 [M]// 陈澧.陈澧集.上海：上海古籍出版社，2008：597.

❹ 李蔼芳.题杏林庄八景 [M]// 广州市芳村区政协文史资料委员会.芳村文史（第9辑）.[出版地不详]：[出版者不详]，2004：103-106.

❺ 林昌彝.海天琴思录·卷七 [Z].哈佛大学汉和图书馆藏，1864：5-6.

❻ 彭长歆，张欣.从空间营造到文化生产：清末广州花地馥荫园再考 [J].风景园林，2022，29（9）：128-134.

园并举办郊游修禊活动的影响，花地园圃主人纷纷效仿文人私园，在园圃中修筑游赏建筑吸引游客。如纫香园园主——顺德人欧全，他在栽花之余颇风雅，热衷于与诗人词客交往。1885 年他请广东德庆举人梁修颂咏园中一百多种花木，名为"百花诗社"❶，纫香园因而声名大增。随着花地园主的文化水平和审美意趣不断提升，促进了花地园圃中花木赏玩、诗词鉴赏和弹琴作画等多种游赏和雅集活动的举办，极大地丰富了花地的园事活动，使花地成为清末广州的重要文化空间。

四、花地植物研究与知识生产

花地园圃众多、品种丰富，受到 18 世纪至 19 世纪来华欧洲研究者的青睐。该时期西方博物学家已形成了从当地市场寻求物种的经验性认知，一本旅行博物学家的手册直接强调说："必须经常拜访和搜寻当地市场"❷，花地因此成为来华博物学研究者最重要的田野工作场地。美国植物学家蒂法尼（Osmond Tiffany，1823—1895）、英国传教士米怜（William Milne，1785—1822），以及各洋行大班及职员等纷纷来花地花市搜集植物，作进一步研究并将植物活株、标本、植物图解和种子等运回国内，英国丘园（Kew Garden）内相当一部分植物是从中国运输而来。在尝试带回活体样本的同时，西方研究者还训练中国画匠按照西方近代植物学方法对植物样本进行绘画，留下了大量中国植物的图谱。花地成为 18 世纪至 19 世纪来华西方植物学家的重点研究场所。

通过引种、改良花地植物，丰富了欧洲植物培育品种。欧洲原产蔷薇（*Rosa multiflora Thunb*）香味宜人，但是花形矮小且多刺，花瓣层次单调，一年只开一次花。拿破仑的夫人约瑟芬皇后，在巴黎郊区建立了在花卉史上著名的马尔梅森月季园（Josephine's Garden at Malmaison），但月季的杂交育种工作没有任何突破，直到他们发现了"花地苗圃"里的中国古老月季（*Rosa Chinensis Jacq*）。根据英国园艺师李凡斯通（John Livingstone，1770—1829）的记载，18 世纪与 19 世纪之交，欧洲人从"花地苗圃"先后起运了"中国四大名种"月季，分别是：斯氏中国朱红（*Slater's Crimson China*）、柏氏中国粉（*Parson's Pink China*）、中国黄色茶香月季（*Park's Yellow Tea-scented China*）和中国绯红茶香月季（*Hume's Blush Tea-scented China*）。中国月季花期长，花瓣层次多，花朵大的特点，给欧洲月季花注入了新的基因。

---

❶ 谢璋. 花地名园百年沧桑 [M]// 广州市芳村区政协文史资料委员会. 芳村文史（第 3 辑）.[出版地不详]：[出版社不详]，1991：84-90.

❷ ADAMS A，BAIKIE W B，BARRON C.A Manual of Natural History for the Use of Travellers[M]. London：John Van Voorst，1854：656-662.

西方人还十分留意花地行商花园中的景园艺术。行商花园在营造时广泛采用本地物种，并注重食用果树、遮阳乔木与观赏花木的结合。英国博物学家福芎（Robert Fortune，1812—1880）1857 年到访花地馥荫园时说道："（园中）植物包含有许多为英格兰所熟悉的华南地区的优良标本，例如大花蕙兰（*Cymbidium faberi cv.Hybrida*）、桂花（*Osmanthus fragrans*）、柑橘（*Citrus reticulata Blanco*）、玫瑰花（*Rosa rugosa Thunb*）、茶花（*Camellia japonica Linn*）、木兰（*Magnolia denudata Desr*）等，当然还有大量的盆景树，没有哪一个中国花园考虑得这样周全。"[1] 英国人对牡丹这种温带植物表现出极大的兴趣，他们在私园中漫步商谈时会询问培育牡丹的方法。为了更顺利从中国运走植物，西方人也带来一些植物用来交换，如商人托马斯·比尔（Thomas Beale，1775—1842）就曾把好几种玉兰分赠广州的中国商人[2]。清光绪年间广州已经常见西方花木，潘珍堂在《广州灯夕词》诗注云："近来外洋花木入中愈多，园林处处皆是。"[3] 可见清末中西方植物交流已渗透到花田苗圃的植物种类中。

花地花农制作盆景的技术十分精巧，西方人为此大为惊叹。作为中国传统园艺，盆景（西译 Dwarf Potted Trees）在园林植物造景中频繁采用，迎合了中国的传统艺术审美。19 世纪 20 年代，李凡斯通在花地小型花圃游玩期间注意到配景植物[4]，并详细介绍了关于微缩盆景及植物矮化技术的操作方法，植物包括香橙（*Citrus junos Sieb.ex Tanaka*）、桃子（*Amygdalus persica L.var. Persica*）、杨桃（*Averrhoa carambola*）、葡萄（*Vitis vinifera L*）等[5]。同文行行商潘有度向班克斯赠送过一株树龄极老的盆栽矮树，描述道："这一盆栽献给女王，以便于她能观察中国人能将森林中最高大的树种矮化成盆中美景的特殊艺术。"[6] 虽然并不认同中国传统园艺对树木的加工，费弗尔女士也对馥荫园中的盆景运用留下深刻印象："中国人十分擅长缩微的艺术，……这些盆景树

---

❶ FORTUNE R.A Residence among the Chinese: Inland, on the coast, and at sea[M].London: J.Murray, 1857: 214-215.

❷ J C.LOUDON，F L S H S &C.Gardener's Magazine[M].London: A Spottiswoode，1835: 437-438.

❸ 潘珍堂.广州灯夕词 [M]// 陈澧，金锡龄.学海堂四集（卷 28）.清光绪十二年（1886 年）刻本，1886: 31.

❹ John L. "Observations on the Difficulties which have existed in the Transportation of Plants from China to England，and suggestions for obviating them," Transactions of the Horticultural Society of London，Vol. III .1819: 421-429.

❺ John L. "Account of the Method of Dwarfing Trees and Shrubs，as practised by the Chinese，including their Plan of Propagation from Branches" .Transactions of the Horticultural Society of London，Vol. IV .1822: 224-231.

❻ 范发迪.知识帝国：清代在华的英国植物学家 [M].北京：中国人民大学出版社，2018: 38.

木在花园中随处可见，……最值得留意的是那细小的枝头上满载的果实。"❶ 矮化盆景技术是长期研究和实践的结果（图 2-26），也是中国传统园艺师引以为傲的传统技艺。

图 2-26　花地花园中微缩的花木盆景
图片来源：美国国会图书馆。

　　西方人还注意到花地独特的花卉储存技术。花地培育出的优良花卉通过水路船运往广州各地，为方便储存和保鲜，花商们采用一种独特的包装形式进行储存，西方植物学家蒂法尼记录下这种储存方式："如果上船，把小尺寸的橘子树放进装满肥沃泥土的箱子里，箱子的顶部做成屋顶形状，可以随意打开和关闭。在这个盖子里……珍珠牡蛎壳薄片代替玻璃……能为植物提供光

❶ PFEIFFER I.A Woman's Journey Round the World, From Vienna to Brazil, Chili, Tahiti, China, Hindostan, Persia, and Asiaminor[M].London：Ward Lock & Co.1856.

线。"❶ 这种巧妙的设计便于花卉的储存和长期运输,也能保证植物在极端天气下自然生长。

总而言之,凭借良好的土壤、灌溉及水运条件,花木种植园主在花地建立了具有相当规模且良好的生产系统,并通过花圩、花局等花木贸易及展销系统,推进形成清末广州花木农业的良性发展。更因"一口通商"清政府准游花地的政策,以及广州本地绅商阶层的推动,花地迅速从单纯的花木生产地上升为以花木为载体,整合生产、销售、研发、鉴赏及游览为一体的复合型农业系统。

在多种因素推动下,花地逐渐超脱其早期的花木培育及生产功能,呈现出公共性。至少表现在三方面:其一,作为公共活动的空间。在以文人士大夫为代表的广州市民,以及西方商人频繁开展的游览活动中,清末花地构建了雅俗共赏、兼济天下的风情与景致,以及以园事为核心的公共活动场所。如果没有后来西方公共园林空间的进入,清末广州或能在公园的建构上发展出另一种路径。其二,作为文化生产的空间。在对花地的游览中,广州文人士人夫与西方游客以各自的方式输出文化产品。前者在传统知识精英的主导下,产生大量诗文;而后者伴随着外销画家、中西摄影师的进入,产生影响及画作,并以公共视觉产品的形式快速传播。其三,作为知识生产的空间。西方博物学家及植物学家对花地苗木的品种、栽培及园艺等各方面进行了全方位的考察,并据此产生有关华南植物栽培与园艺的知识系统。从 19 世纪俄国汉学家布雷特施奈德(Emil V.Bretschneider,1833—1901)有关欧洲人对中国植物研究的著述中可以发现,花地是 18 世纪至 19 世纪近代植物学研究的重要空间节点。将花地置于世界植物交流的背景下去考察,更能反映其历史价值和科学价值。

---

❶ TIFFANY O.The canton Chinese or the American's sojourn in the celestials emprice[M].Boston and Cambridge:James Munroe and Company,1849:160.

第三章

行商花园的兴起与文化生产的转向

行商花园，亦称行商庭园❶，是清末广州十三行行商所建私园之统称。"一口通商"时期，十三行行商因贸易垄断取得巨大财富，为联谊洋商及奢华生活的需要，行商们大多以省河北岸十三行商馆区为核心，在广州西关、河南、花地等地开基立宅、营造私园。在雄厚财力的支持下，行商花园无论在造园数量、规模，还是技艺水平等方面均达到本地区传统园林发展的巅峰，其造园思想也因近代前期广州对外贸易的开展和中西文化交流而流布西方，极大地影响了 18 世纪欧洲宫廷的审美意趣，在世界景园发展史中留下了一抹浓彩。

第一节　广州西关的行商宅园❷

行商花园最早出现在广州西关一带。得益于早期城市化及全球贸易的推动，西关至清已具备较为完整的城市结构和成熟的街道网络。广州十三行的建立和清乾隆"一口通商"政策的推行，进一步推动西关以商业为核心的功能化与商人社会的形成。围绕商人居住空间的建设，造园活动开始在西关地区出现，其中尤以行商府第为甚，推动了住宅与花园合二为一的宅园空间形态的形成。

一、大观河附近的商人居住区

广州西关的城市化明显受到国际商贸的影响。宋元时期，广州城西一带尚属荒芜，但通过围垦造田已从沼泽变为陆地，并且因航运码头而出现了繁荣的市镇。明代珠江三角洲的商品经济蓬勃发展，广州城西关厢的规划建设持续扩张。同一时期，为接待南洋使臣，广州市舶司在城西蚬子埗（步）码头设怀远驿，进一步推动周边地区的城市化。至清康熙年间效仿明代怀远驿设十三行，外国商馆、各类市场、手工作坊及商人住宅等纷纷选址于此，广州西关遂成为以国际贸易为核心的商品生产与交换的复合化功能中心。商业街区分布在以浆栏街、十七甫、十八甫为东西主轴，东抵高第街、西至莱栏街、北达长寿寺、南临珠江的区域内❸。其中店铺成行成市，或销售工业原料、药材和香料等进口商品，或主营茶叶、陶瓷、丝绸和其他外销手工业制品。高度聚集的商人群体及财富一方面推动了西关商业空间的蔓延，另一方面也推动了会馆和府第的建设。

总体而言，广州西关的商人们在营建宅第时采取了接近商业市街但又有所

❶ 行商庭园一说由莫伯治先生提出。依据中文史料和部分外销画，莫先生对广州行商庭园作出了初步研究。见：莫伯治.广州行商庭园（18 世纪中期至 19 世纪中期）[M]// 莫伯治.莫伯治文集.广州：广东科技出版社，2003.

❷ 本节内容由彭长歆、顾雪萍共同完成。

❸ 顾雪萍.广州西关城市空间史研究 [D].广州：华南理工大学，2023：199.

区分的原则。他们白天在商业市街营业，夜晚则回家居住，一些西方游客在游记中描述了西关商人们的这种状况："一些商人在一个房中设几个商店，相互距离很近地排在一条直线上，但后面很少有住所，他们晚上离开这些商店，回家与妻子们团聚。"❶ 法国人伊凡也注意到："结束白天的生意后，商人清算账目、关闭商店，留下一两个伙计看店，进入城内或郊区的边远街道，与妻子和孩子团聚。"❷ 除了入城，西关最适合建造住屋的地段不外商业街区的北面和西面，即大观河以北的区域，以南则是清中期以来被不断开发的商业街区。

大观河大致上呈东西走向，从功能上是为了解决从城内向西的运输通道。明成化八年（1472 年）大观河开始凿建，尽头设于十四甫码头，即今瑞兴里土地庙处，并从十四甫东面的太平桥接西濠进入城内水系，对外则通过柳波涌流入珠江。清嘉庆十五年（1810 年），因大观河逐渐淤积，西关士绅何太清等曾呈请疏浚："东南起濠口，西南尽柳波涌，塞者通之，断者续之，涸者浚之，弇者廓之室之。"❸ 为此，十三行公所还将乾隆五十九年（1794 年）被查封的义丰行行商蔡昭复位于下九甫的旧宅捐出，成立修濠公所，创建文澜书院，进而成为西关绅商社会的中心。其方位也说明大观河以北的区域存在公共利益及共同建设的需要，而不同于商业街区趋利的建设。

清光绪十七年（1891 年）吕鉴煌编撰的《文澜书院绅士科名录》证实了清末西关商人居住区的范围。该名录收录了清嘉庆十六年（1811 年）至清光绪十七年（1891 年）入院绅士名单。鉴于西关商绅一体的历史事实，顾雪萍通过解读收录信息包括功名与住址等，基本廓清了两次鸦片战争期间广州西关商人居住的空间范围大致在西关商业市街以西，以大观桥为起点，西至蓬莱、南抵丛桂、北至宝源，部分向东延伸至下九甫与十七甫的区域内❹（图 3-1）。

因便利交通且邻近十三行，早期行商大多选择在大观河附近的这片区域建立宅第。其中，义丰行蔡昭复、天宝行梁经国的宅第位于下九甫，同文行潘氏族人潘仕成的宅第位于十七甫，怡和行伍崇曜的宅第位于十八甫，卢广利行家族宅第位于十七甫，叶大观家族世居十六甫（另有泮塘住处）。实际上，由于十三行历史上屡有行商破产与更替，行商群体内部转让产业也屡有发生，伍崇曜府第的前身可追溯到清乾隆年间泰和行颜时瑛的磊园。清乾隆

---

❶ OSBECK P.A Voyage to China and East Indies，Vol.1，218.

❷ YVAN M.Inside Canton[M].London：Henry Vizetelly Gough Square，1858：71.

❸ （清）潘尚楫，邓士宪．南海县志 [M]// 清道光十五年（1835 年）修，同治八年（1869 年）重刻本．广东省地方史志办公室．广东历代地方志集成．广州：岭南美术出版社，2007：210.

❹ 顾雪萍．广州西关城市空间史研究 [D]．广州：华南理工大学，2023：207.

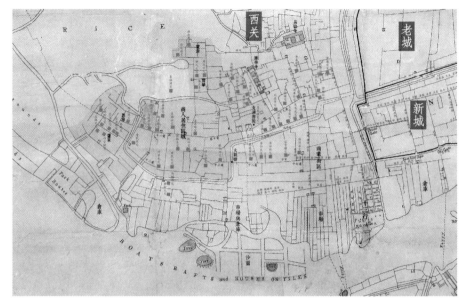

图 3-1　清末广州西关士绅居住点分布图
图片来源：广州地图（Rev.Daniel Vrooman，1855）。（顾雪萍标注）

四十五年（1780 年），颜时瑛因拖欠外商巨额货款，被革去职衔，充军伊犁，
磊园亦被官府拍卖。其后磊园一度为丽泉行潘长耀（官名昆水官，Conseque）
所有，最后为伍崇曜所得，如颜氏后人颜嵩年所言："旧日雅观荡然无存，今
归伍紫垣方伯（即行商伍崇曜）。抚今追昔，不胜乌衣巷口之感。"[1] 无论如何，
众多绅商，尤其是十三行行商的聚集，使大观河两岸成为所谓"西关大屋"的
发源地，借由园林营造与接待外商的需要，进一步推动行商花园的形成。

二、西关大屋与花园植入

西关的行商府第往往规模宏大，通常采用大家庭共同生活的居住模式。格
雷夫人在到访西关伍家后发现，浩官和他的兄弟住在一起。浩官的房子和他哥
哥的房子在同一处，但布置不同，各自有厨房、套房、客厅，事实上，各自是
一个单独的房子。兄弟、妻妾、长幼共处，加之仆人众多，行商宅第动辄占用
一个街面，如伍家所在的十八甫又被称为"浩官街"（Howqua Street）。鉴于清
末珠江三角洲地区城乡居住建筑的类型化特征，这些宅第的建筑形态通常为多
重庭院建筑单元的组合，各居住单元之间以冷巷相隔以组织交通和调节气候。

园林是调节大家族高密度居住的必备要素。由于岭南庭院尺度普遍较小，
大型府第一般另设花园以供家人聚会游憩、增进家族和睦与凝聚力。前述蔡

---

[1]（清）颜嵩年.越台杂记 [M]//（清）吴绮，罗天尺，李调元，等.清代广东笔记五种.广州：广东人
民出版社，2015：475-476.

昭复"其下九甫南向住屋一所，平排九间，各深六进，估值价银八千两，又花园书厅一所，平排四间，各深四进，估值价银三千八百二十两"❶。可见蔡氏宅第是由平排九间过的大屋和平排四间的花园书厅所组成，花园部分占了十三间总面宽近三分之一。改设清濠公所与文澜书院后，"共十三间，内清濠公所一间、深三进，文澜书院平排三间、各深四大进，另后座右边余地一段，书院左旁巷一条；右边公所出租房屋一连排八间，各深六大进；计得屋式十二间，尚少一间，现在徽州会馆改作旁巷，未经取回"❷。从文澜书院和清濠公所的公产房屋布局（图3-2）来看，西侧的文澜书院和清濠公所及其后座余地显然是利用了原蔡宅的花园空间，而右侧部分则保留了蔡宅原址，这也基本廓清了蔡宅居住部分密集排列、花园左侧并列的空间格局（图3-3）。蔡氏作为早期行商，其宅第的营建相信具有普遍性。

潘仕成宅第也采用了宅园分列的空间布局。他在十七甫的府第东邻明代怀远驿旧址，其前身甚至有可能为驿馆所在，北侧与伍崇曜的花园隔墙相对。法国人伊凡造访后称"这座宅第显然属于一位大人物，由被房子围绕的三个内庭院组成，房子都是两层的。每一个庭院都有合适的用途：在一个与我们里沃利大街相似的拱廊的环绕下，主人雇用的匠人和工人在庭院里工作；第二个

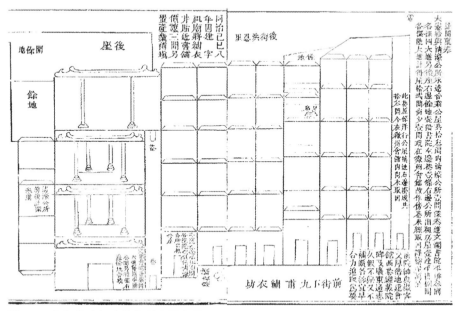

图 3-2 文澜书院与清濠公所房屋布局
图片来源：吕鑑煌《文澜书院绅士科名录》。

❶ 周珊. 文澜书院与广州十三行行商 [J]. 华南理工大学学报（社会科学版），2014（4）：108-112.
❷ 周珊. 文澜书院与广州十三行行商 [J]. 华南理工大学学报（社会科学版），2014（4）：108-112.

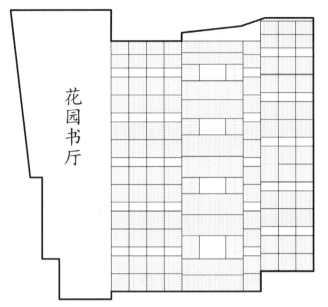

图 3-3 蔡昭复宅园复原示意图
图片来源：顾雪萍绘制。

庭院朝着议事的接待厅开放，访客被欢迎来到这里；第三个庭院是女人的领地，有餐厅和所有的家庭用房，这个空间被华丽地装饰，更像一个花园而非内庭，中间有一方种满了莲花的小水池"[1]。潘仕成破产后，其西关的宅第被爱育堂购入，除部分用作办公外，其余改建为商铺出租，收取租金作为善举所用[2]。从清光绪乙卯年《爱育堂征信录》所反映的情况来看，爱育善堂改造潘仕成府第的时间不会晚于 1879 年。

爱育堂的地基全图大致反映了原潘氏宅第的空间格局。图中可见爱育西街从十七甫大街入、从怀远驿街出，呈曲尺形贯穿整个地块，反映出爱育堂为整理土地、容纳更多的商铺出租而开设内街的举措（图 3-4）。爱育堂入口设于十七甫，由标注为头门、大厅、后座及两处天井的三开间三进建筑组成，其东侧则由标注为花厅与后座的二进建筑组成，显然为潘宅旧址，只是花厅头门处改建成了商铺；爱育堂西侧以爱育西街与五列纵向商铺相隔，其总宽几同东侧，可以推测原本也由类似于东侧的两座三开间三进建筑组成。据此，可大致推断

❶ YVAN M.Inside Canton[M].London：Henry Vizetelly Gough Square，1858：180.
❷ 清同治十年（1871 年）农历三月，爱育善堂成立，暂时租借十三行洋行会馆办公。潘仕成破产后，其位于十七甫（今十八甫）的大宅被盐运使没收抵债。是年冬，善堂用三万八千多两银子购入。见：陈晓平.近代慈善先锋爱育善堂[M]// 朱建刚.广府慈善文化拼图.北京：中国社会科学出版社，2020：23-32.

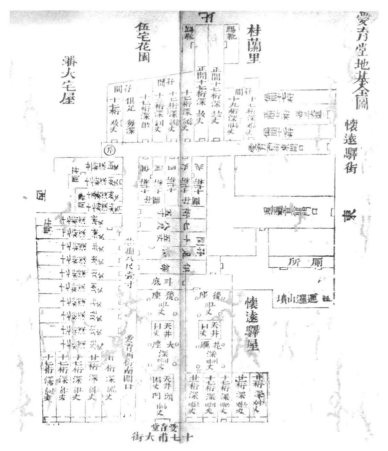

图 3-4　爱育堂地基全图（1879 年）
图片来源：光绪乙卯年《爱育堂征信录》。

潘仕成在十七甫的宅第为平排四座总
计十三间三进建筑，而花园设于大宅
的北侧，与伍家毗邻（图 3-5）。而
伊凡所说第一座庭院是拆除后改建
为商铺的西侧部分；第二座庭院则是
拥有接待厅的东侧部分；而带有水庭
及家庭住所的女眷花园则位于前排
建筑的北侧。

　　蔡昭复与潘仕成宅第代表了西关
广州富商的营建策略。其一是门面，
通常用连排过的大屋占据整个沿街
面，连续重复的立面显示出豪门的壮

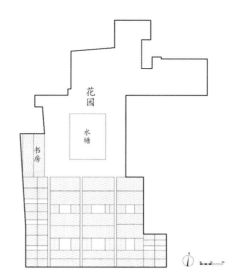

图 3-5　潘仕成宅园复原图
图片来源：顾雪萍绘制。

阔；其二是大屋，每间大屋大多进深相同，该布局一方面可以取得整齐划一的组群形象，另一方面则可能对应了大家族各房空间划分的均衡；其三则是花园，该时期"园林"一词尚不多见，广州富商也并未将各进之间的天井或庭院视为花园营造的空间，花园被独立设置在宅院外，形成宅、园分离的状态，显示出花园为家族成员尤其是各房所共有，这一局面直到行商们前往花地、泮塘营造郊野别墅后才有所改变。

实际上，西关行商宅第的宅、园分离布局模式在清末广东城镇地区具有代表性。位于澳门龙头左巷的郑家大屋于1859年由郑文瑞开始修建，其子郑观应协助，同样采取了居住部分联排并列、花园旁置的宅园分离模式（图3-6）。虽然花园部分也有建筑围合，但整体布局较为自由，与宅的严整有序形成对比。在一定程度上可见，这是一种具有共性的清末广东城市宅园模式，行商以此为基础开展系统建设，使花园从宅的配属转变为日常生活的中心。

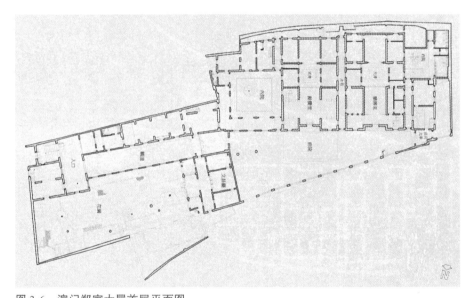

图3-6　澳门郑家大屋首层平面图
图片来源：张鹊桥.澳门文物建筑活化的故事 [M].香港：三联书店（香港）有限公司，2020：35.

清末小说《廿载繁华梦》中作者对粤海关库书周庸佑（原型即周东生）所居宝华正中约的西关大屋 ❶ 的描写，亦为讨论广州西关大屋及园林状况提供了线索。

---

❶ 文中周宅真实存在，位于广州西关宝华正中约，邓又同先生在其《西关话旧》一文中记载的周宅情况与小说基本一致。周宅于清光绪末年被查抄，作为粤汉铁路公司办公处，后改建为民房与茶楼酒馆，戏台于1919年前后改建成宝华戏院，现大屋已无迹可寻。

"偏是那间大屋，十三面过相连，中间又隔一间，是姓梁的管业……因此一并买了姓梁的宅子，统共相连，差不多把宝华正中约一条长街，占了一半。又将前面分开两个门面，左边的是京卿第，右边的是荣禄第，东西两门面，两个金字匾额，好不辉煌！"

"……两边头门，设有门房轿厅，从两边正门进去，便是一个花局，分两旁甬道，中间一个水池，水池上都是石砌栏杆。自东角墙至西角墙，地上俱用雕花阶砖砌成。对着花局，就是几座倒厅，中分几条白石路，直进正厅。正厅内两旁，便是厢房；正厅左右，又是两座大厅，倒与正厅一式。左边厢厅，就是男书房；右边厢厅，却是管家人等居住。从正厅再进，又分五面大宅，女厅及女书房都在其内。再进也是上房，正中的是马氏居住。"

"从斜角穿过，即是一座大大的花园，园内正中新建一座洋楼，四面自上盖至墙角，都粉作白色；四面墙角，俱作圆形。共分两层，上下皆开窗门，中垂白纱，碎花莲幕。里面摆设的自然是洋式台椅。从洋楼直出，却建一座戏台，都是重新另筑的，戏台上预备油饰得金碧辉煌。台前左右，共是三间听戏得座位，正中得如东横旧宅得戏台一般；中间特设一所房子，好备马氏听戏时睡着好抽得洋膏子。花园另有几座亭台楼阁，都十分幽雅。其中如假山水景，自然齐备。至四时花草，如牡丹庄、莲花池、兰花榭、菊花轩，不一而足。直进又是几座花厅，都朝着洋楼，是闲时消遣的所在。凡设宴会客，都在洋楼款待。"❶

根据《廿载繁华梦》对周东生宅第的描写，以及《广州市经界图》中描绘的周东生宅园旧址轮廓（图 3-7），可复原其宅园平面图（图 3-8）。该大型宅第由规模宏大的西关大屋和花园组成，大屋位于西侧，建筑群总面阔十三开间，进深四进；花园位于东侧，内设戏楼和花园。

三、宅园营造与园居生活

与郊野别墅不同，西关行商宅园主要承担了家族居住功能，宅的部分占据很大比例。怡和行伍崇曜在西关的宅第位于西关十八甫，其前身为颜时瑛的磊园，曾短暂为丽泉行潘长耀所有，1822 年后归伍崇曜所有。格雷夫人的日记称其至少可容纳 500 族人共同居住，除伍崇曜一家外，他的哥哥也住在此处，但他们房屋的布置有所不同："……他的房子和他哥哥的房子在同一个屋顶下，

---

❶ 引自《廿载繁华梦》第二十七回"繁华世界极侈穷奢，冷暖人情因财失义"。《廿载繁华梦》于清光绪三十三年（1907 年）出版，作者黄世仲，小说以清末为叙事背景，取材于广东海关库书周东生从发迹到败逃的真事。

图 3-7　广州市经界图中的周东生宅园
图片来源：广州市经界图，1936 年。

图 3-8　周东生宅园复原示意图
图片来源：顾雪萍绘制。

但它的布置不同，有自己的厨房、套房、客厅，事实上，它是一个单独的房子。我们在一个非常漂亮的房间里用餐，有漂亮的装饰，配有雕刻的黑色木制家具……房间周围有一些迷人的雕刻，从天花板上形成了一个半屏。"❶ 因房屋鳞次栉比，体形颇大，占据大部分街面，十八甫大街因此被西方人称为浩官街（Howqua Street）。

　　十八甫大街上还分布有其他行商族人的住宅，这些住宅与伍宅布置相似，虽为族人共同居住，但均有各自家庭的空间界限。格雷夫人称："在同一条街上，是潘明呱大屋和李仲良大屋。由于李家住宅的接待室相互隔开，由大量的小玻璃组成，因此，房子具有明亮和通风的外观。这个家族的首领目前在浙江省以高级官员的身份为他的君主服务。由于他的家族成员都陪同他进入

❶　GRAY J H.Walks in the City of Canton[M].Hong Kong：De Souza & Co，1875：168.

职责范围，因此这个房子主要由他的仆人掌管。"

伍崇曜西关宅园同样为宅、园合一的组合。据颜嵩年（1815—1865）《越台杂记》载，伍宅前身磊园西侧为住宅区，东侧为园池区❶。磊园抵卖后，伍崇曜以旧园为基础改建，宅园格局得到保持。基于以上描述及历史地图，结合《爱育堂地基全图》（1879 年）（参见图 3-4）所反映的伍家花园与潘大宅屋、潘仕成宅第（爱育善堂）的相对位置，伍崇曜的花园应该位于园宅东侧偏后沿大观河所在（图 3-9）。除了东侧大花园外，伍家大宅后方也有庭园。蒂法尼（Osmond Tiffany）造访伍宅后称："这座大宅第由三或四排房子组成，每一栋房子背后都是种有各种植物、花卉和高大树木的花园。"❷

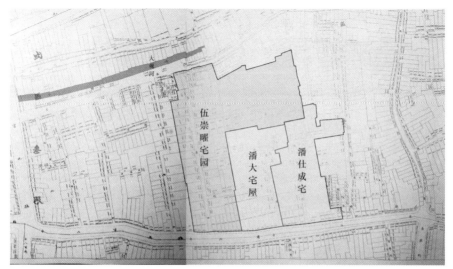

图 3-9　伍崇曜宅园区位图
图片来源：广州市经界图（1933 年）。（顾雪萍标注）

西关伍家宅园的核心为水庭。其水源显然来自北侧的大观河——颜时瑛及潘长耀时期甚至用作水路，可乘船抵达宅园。英国画家阿罗姆（Thomas Allom，1804—1872）依据他人画稿绘制"潘长耀花园"（House of Conseequa, a Chinese Merchant in the suburbs of Canton）铜版画，画中可见小船航向埠头、家人相迎的场景，以及水庭周边亭台楼榭鳞次栉比的景象（图 3-10）。法国摄影师罗斯菲尔德（Emil Rusfeldt）1872 年的摄影真实地展现了这一空间趣

❶ （清）颜嵩年.越台杂记 [M]// （清）吴绮，罗天尺，李调元，等.清代广东笔记五种.广州：广东人民出版社，2015：475-476.

❷ TIFFANY O.The Canton Chinese，or The American's Sojourn in The Celestial Empire[M].Boston：James and Company，1849：168.

味的延续。在水庭的营造上，伍家花园呈现出岛礁迂回相连的自然景观特征，以及临池而立的水乡建筑特征。大小不一的水榭楼台建造在石山上、池岸中，相互之间由双层复式廊桥相连，并以干栏形式立于水中，既方便不同楼层之间的水平联系，又提供临水而立和俯瞰全园的视觉体验（图3-11）。

图 3-10　铜版画潘长耀（昆水官）花园
图片来源：London：Fisher & Son.（circa 1845）.（绘图：Thomas Allom）

图 3-11　广州西关十八甫伍家花园
图片来源：法国国家图书馆。（Emil Rusfeldt 摄影，1872 年）

从罗斯菲尔德的摄影中，也可看到以磊园（伍园）为代表，山石景在水庭营造中的纯熟运用。水庭布置石景对于园林景观营造有着举足轻重的作用，但这并不意味着将大型山体直接缩小放置在水庭，而是通过与建筑取得一定的比例尺度，统一协调地布置在建筑与水面周围，寻求"一峰则太华千寻，一勺则江湖万里”的意境❶。康有为曾记载伍宅景观，称："其屋深十八层、广十一座……其后园石山十余亩奇秀,皆太湖石为之。"❷山石构成了伍宅景观的主要内容，而其构筑技艺尤其体现在水石景的营造上。造园者选择将山石置于池岸，沿池岸布置石景可构成巉岩水穴，易营造出一种身临自然水池的感觉；与此同时，造园者还使用了附着墙壁贴砌石景的技艺，在建筑伸入池中的墙基、桥洞两侧、柱廊一旁堆叠石景，形成山石驳岸、强化池中岛礁的园池意象。伍家水庭中的月桥连接着水庭的其他部分，也暗示了相互连通的水体以及行船的可能，这与阿罗姆的描绘有着内在的关联。而干枯的池底或与潮汐有关，但更大程度上应系大观河日渐淤塞的结果。

动植物景观在行商宅园中也尤为突出。格雷夫人参观伍宅后称："这些花园不仅包含各种植物和鲜花，而且生长着高大的树木，其宽阔的树枝可以抵御热带阳光的强烈照射。这里还有些闺房和凉亭，在炎热的夏季，家族成员的大部分时间都在这里度过。"❸她也记述了花园内的荷花："（伍家花园）的荷花已经开花了，是花园的一大装饰品。"❹该时期广州绅商还流行在宅园中豢养动物，格雷夫人对此留下深刻印象："浩官带我们参观了花园，并向我们展示了花园房屋，这些房屋被中国人用作夏季的度假胜地。我惊讶地看到两只鹿被关在院子里，还有一些天鹅被关在小路对面的笼子里。亨利告诉我，鹿、雄孔雀和天鹅之所以被保留，是因为它们被认为会带来好运，而且你会在大多数绅士的园林中找到它们。"❺实际上，在同时期潘仕成海山仙馆等园林中均可发现这类动物的身影。行商们通过搜罗来自世界各地的器物及各种珍稀动植物装点他们的花园，在悦己悦人的同时，拓展了中国传统园林景观构建的边界。

四、西关绅商宅园的空间遗产

近代广州社会变迁推动经济转型，在对外贸易中获取财富的城市绅商群体随之沉浮不定，直接影响了作为重要资产的城市宅园。以行商园林为代表，随着园主家族的衰败而进入市场，遭遇拆分、变卖和改建，至今鲜少遗存。如蔡昭复位于西关下九甫的宅园在其破产后被发卖抵账，花园部分被改建为文澜书院和修濠公所，大屋部分被出租收银作为修濠经费；潘仕成位于西关十七甫的宅园在其破产后被查抄发卖，部分被改建为爱育善堂公所，部分被

❶ 夏昌世，莫伯治.岭南庭园[M].曾昭奋整理.北京:中国建筑工业出版社，2008:194.

❷ 黎润辉.广州十三行伍氏粤雅堂考[M]// 王元林.广州十三行与海上丝绸之路研究.北京:科学文献出版社，2019:148-161.

❸ GRAY J H.Walks in the City of Canton[M].Hong Kong: De Souza & Company，1875: 168.

❹ 格雷夫人.在广州的十四个月[M]李国庆整理.桂林:广西师范大学出版社，2008:194.

❺ 格雷夫人.在广州的十四个月[M]李国庆整理.桂林:广西师范大学出版社，2008:136.

改建为爱育西街，两侧建造店铺以收取租金；伍崇曜位于西关十八甫的宅园在其家族衰落后被分割发卖，开辟为富善东、富善西等街巷。

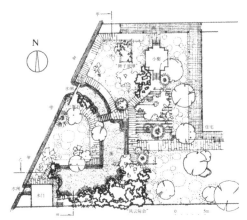

图 3-12　逢源北街 86 号陈家花园平面图
图片来源：夏昌世，莫伯治.岭南庭园 [M].北京：中国建筑工业出版社，2008：38.

图 3-13　陈蒲轩宅园中的石山
（图中垂钓者为陈蒲轩，石山上有陈氏三兄弟及家眷，右下方为假山建造者"石山四"）
图片来源：陈氏家族档案，陈安薇女士提供。

在变卖流转中，部分行商宅园得以存续，并推动营造技艺的传承。因机器缫丝致富的陈启沅家族进入西关，成为城市宅园的主人和经营者。作为清末著名实业家，陈启沅1873 年在广东省南海县西樵创办了中国最早的机器缫丝厂之一——继昌隆，接着在广州西关杨仁南街开设昌栈丝庄。为主持丝庄业务，陈启沅次子陈蒲轩在西关购下位于荔枝湾涌旁原叶氏行商的小田园部分园地建造家宅。1914 年，位于今逢源北街 86 号的陈家宅第建成，这是一片包含了两座西式洋楼和大片园林的建筑群，成为陈氏家族在广州西关的祖宅[1]。园林营造延续了山石景在水庭中的运用，底部设有涵洞与荔枝湾涌水系相通，外设水门，供小船进入（图 3-12）。为确保石山塑造的艺术性，陈蒲轩聘请了来自苏杭的匠师"石山四"[2]。石山建成后园主及家人与匠师的合影（图 3-13），显示了对园林技艺的重视和褒奖。

---

❶ 宣旲君，彭长歆.广州陈廉伯公馆旧址花园复原研究 [J].广东园林，2021（4）：47.

❷ 陈氏后人陈安薇女士提供上述信息。

　　一些城市宅园则转变为城市中的宴饮空间。清代广州以其便利的农贸商品市场、茶叶贸易的中心地位和汇通华洋的饮食交流，逐渐形成颇具本土特色的饮食风尚。鸦片战争以后，酒楼在城市消费的激发下被建立起来，成为街区中重要的休闲场所。它们分布在经济发达的城市区域，尤其以绅商聚居的西关住宅区最为密集。清末西关酒家林立，如普济桥的金华酒家、观音桥的福馨酒家、太平门外的太平酒家、十一甫的颐苑酒家、十八甫的玉波酒楼、宝华正中约的谟觞酒家、第十甫的陶陶居等，尤其以大观桥和义兴桥为酒楼聚集地，《羊城竹枝词》云："桥心月色灿流霞，桥外东西四大家。宴罢画堂归

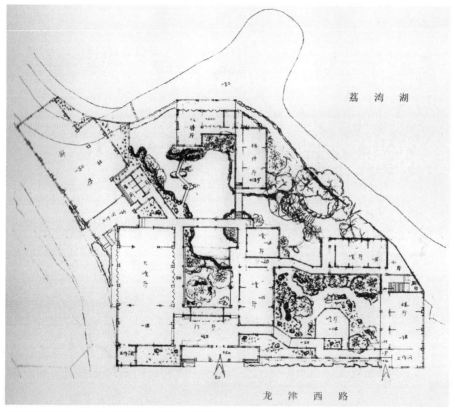

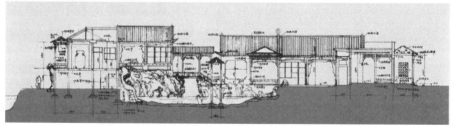

图 3-14　泮溪酒家设计图（上：首层平面；下：剖面图）

图片来源：石安海.岭南近现代优秀建筑.1949—1990 卷 [M]. 北京：中国建筑工业出版社，2010：134-139.
（莫伯治，1961 年）

去晚，红灯双导绛舆纱。"❶酒楼建筑最初是购买绅商旧宅，借助西关大屋的空间格局布置的，如南园酒家利用孔氏大屋改建而成。周东生位于宝华正中约的宅园被查抄后，也被大量改建为茶楼、酒馆和戏院，原有的园林成为招揽、接待顾客的重要空间。

在改造利用宅园的过程中，广州的酒家建筑继承了"花园宅第"的空间形式，形成了极具本地特征的园林酒家模式。西关谟觞酒家原位于第十甫，后购买宝华正中约的钟氏花园宅第，借旧园之亭台楼阁、池沼花木，营造雅致清幽的饮食环境。园林酒家的营造思想显然也影响了 20 世纪岭南学派代表人物莫伯治。通过与夏昌世共同开展的粤中庭园调查，莫伯治完成了有关岭南园林的知识建构，并施用于 20 世纪 50 年代至 60 年代北园、泮溪（图 3-14）、南园等园林酒家的设计。其中如泮溪，因与荔湾湖水体相通，泮溪酒家的水石景在构造方法上几乎与西关伍园如出一辙，再现了石山建楼、桥洞行船、连廊逶迤的水庭景象。

第二节　广州河南漱珠涌两岸的建设

在西关高密度开发的背景下，一些行商选择郊外建造私园，其中包括珠江南岸的河南岛。在海幢寺周边，先有黎氏、陈氏，后有潘氏、伍氏建造私园。至 19 世纪初形成了以漱珠涌为界，西有同文行潘园、东有怡和行伍园的大型行商园林格局，对河南发展有非常重要的影响。潘园、伍园因占地极多，在空间布局上与西关宅园有明显的不同，呈现出空间开阔、布局较为自由的空间特征。因地处城郊，其郊野园的特性十分明显，而成为行商园林中的一种独特类型。

一、行商在河南的早期造园活动

河南位于珠江南岸，因珠江前航道与后航道水系环绕，又称河南岛，与广州城隔江相对。其地名一说因汉章帝时议郎杨孚移植洛阳松柏于宅前而得名❷。河南岛为珠江三角洲冲积平原，地势平坦，分布着万松山（亦称万松岗）、漱珠冈、凤凰冈等山丘，以及鸡鸭滘❸（又名漱珠涌）、鉴空处等河涌（图 3-15）。早期的河南以农田为主，有少量村庄。明代开始，便有富人于此筑

---

❶　（清）黄佛颐撰．钟文点校．广州城坊志 [M]．广州：暨南大学出版社，1994：313.

❷　（清）仇巨川纂，陈宪猷校注．羊城古钞 [M]．卷七，129 条．广州：广东人民出版社，1993：625.

❸　鸡鸭滘原称鸭墩水，其水由珠江入漱珠桥至凤安桥出白鹅潭者，应为漱珠涌（南溪）．

园，现存海幢寺即明末郭家花园（又称郭老园）所在❶。

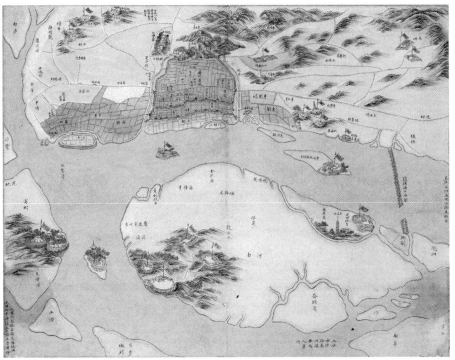

图 3-15　广东海防图（清光绪十年）
图片来源：中国国家图书馆。

　　作为清代广州佛教四大丛林之一，海幢寺虽建造时间较晚，却规模宏大、
风格壮丽。其所在地相传为南汉时期的千秋寺，至明末光牟、池月二僧向郭
龙岳募缘得地兴建佛堂、准提堂，创海幢寺。清初海幢寺得到藩王耿精忠、尚
可希的帮助，自清康熙元年（1662 年），今无和尚（1633—1681）主持寺庙建
设，相继建成佛殿、僧堂、楼阁、诸宝像、山门等，奠定基本格局（图 3-16）。
因临江而建，且营造时注重园林营造，海幢寺空间宏阔，成为清代广州河南
最为重要的人文景观。清康熙十八年（1679 年），广东都察使王令《创建海幢
寺碑记》云："海幢之壮丽不独甲于粤东，抑且雄视宇内……碧瓦朱甍，侵霄
烁汉，丛林创建之盛，至是盖无以加矣。"经由广州士大夫精英阶层的美学建
构，海幢寺逐渐形成了"花田春晓""竹韵幽钟""飞泉卓锡""古寺参云""珠
江破月""海日映霞""江城夜雨""石磴丛兰"等海幢八景，成为广州重要的
参佛与游览空间。清乾隆五十八年（1793 年），两广总督长麟首次在海幢寺接

❶ 黄佛颐. 广州城坊志 [M]. 扬州：广陵书社，2003：694.

待英国马戛尔尼使团，次年又在此会晤荷兰使团，海幢寺得以进一步拓展其功能，在近代中西交流方面扮演了重要角色。

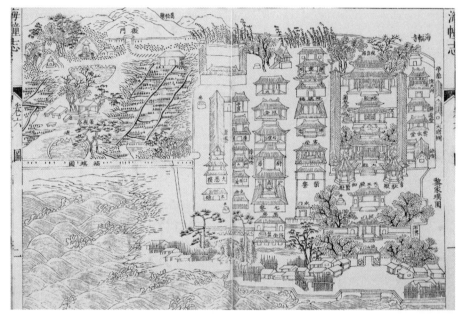

图 3-16　海幢寺图（右侧可见"黎家璞园"）（1790 年）
图片来源：（清）陈兰芝增辑.岭海名胜记·海幢志 [M].卷六.

行商花园相信于 18 世纪中叶在河南出现。据李睿考证，行商黎光华或是河南行商花园的开创者。黎光华自 1726 年起便在广州开展贸易，6 年后成为重要行商，曾担任英国东印度公司保商，积累了大量财富，进而建置房产，其中包括位于海幢寺西侧的黎氏璞园。《番禺河南小志》称"黎氏璞园，即南溪小筑。西邻海幢寺，旧为郭老园。内有二小山，亭榭数十，最为幽趣"，并注"南溪今名溪峡，此园建于乾隆初年"[1]。结合黎光华 1758 年去世，其园建造当在 18 世纪 40 年代。因无以为继，黎家璞园被变卖，接手者为行商陈文扩[2]。

陈文扩显然在璞园的基础上进行了扩建，以使其兼有自然与奢华的气息。美国驻广州领事山茂召（Samuel Shaw，1754—1794）参观陈家花园后称："陈祖官的花园面积很大，为了使他们看起来更有乡野意味，花费了大量的艺术和劳动。在某些情况下，花园对大自然的模仿也不差。森林、人造岩石、山峦和

❶　黄任恒.番禺河南小志 [M].广州：广东人民出版社，2012：134.

❷　陈文扩，即陈祖官（Chowqua，又称 Young Quiqua），1720 年左右加入海上贸易，后以源泉行加入公行。范岱克（Paul A.Van Dyke）的研究显示，陈文扩承担了黎光华的债务。李睿据此及相关记载综合判断，陈氏同时接手了黎氏璞园。

瀑布都被巧妙地运用，在丰富场景方面起到了令人愉悦的效果。然而，中国人对水十分喜爱，每个花园都必须有丰富的水元素。而在水不能自然流动的地方，中间建有避暑山庄的大型积水池塘便弥补了这一不足。陈祖官说他的房子和花园花了他十万两以上。"❶

　　18 世纪 90 年代末，荷兰德胜使团来华曾游览陈家花园。使团翻译小德经（Chrétien- Louis-Joseph de Guignes，1759—1845）绘制了当时陈家花园的平面图（图 3-17）。图中上方为河涌（Canal），结合漱珠涌南北走向的地理特征，以及陈家花园位于河涌东岸的区位特征，可以判断小德经所绘花园的空间方位。从图 3-17 可知，陈家花园南北两侧均有出入口直通河涌，其中，北侧入口穿越建筑，与八角亭相对；南侧入口乘船进入，河水与院内池塘相通，入口上设桥确保林荫道（应为河堤）南北贯通。园内水池面积广大，被池中小岛一分为二。岛上布置着三座大小不一的亭馆，并通过两处廊桥与南北两侧的宅地相连。西侧水池临近林荫道有一船舫，围绕东、西两个水池布置了小姐楼、花园、建筑、连廊、园亭及绿地等，显示出典型的水庭特征。

　　小德经还有两段与上述平面图相关的文字描述。他称："在这个平面中，建筑占据了很大一部分场地：园径很窄，但对于很少走路的中国女性来

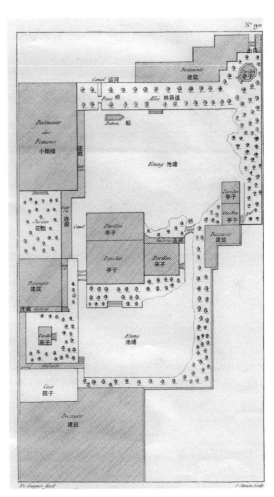

图 3-17　小德经绘制的陈家花园平面图

图片来源：GUIGNES J D.Voyages à Peking，Manille et l'île de France faits dans l'intervalle des années 1784 à 1801[M]. Paris：Imprimerie impériale，1808.

---

❶　SHAW S，QUINCY J.Journals of Samuel Shaw[M].Boston：Wm.Crosby and H.P.Nichols，1847：179.

说已经足够了，她们很容易疲劳，经常不得不在亭子中休息，这些亭子显然是成倍增加的，以便她们可以停下来。这座房子位于广州的郊区，主人维护得很好；但现在它已经废弃了，一部分正面临垮塌的危险；几个亭子已经坍塌，是由于中国人在沿水建造的房屋的地基支撑上大意了。"又称："广州的行商在河对岸，河南拥有许多花园。其中一个很窄，只有一个池塘，河堤上有小路，两旁是很高的竹子，以遮挡园墙；另一个则大得多，园主人在园林中央建了一个大亭子来安放他父亲的遗体，并用一条水渠环绕，这条水渠穿过花园，流入一个相当大的池塘；园林的其余部分是亭台楼阁、桥梁，装饰着树木和花卉；蜿蜒的小径上是不同颜色的石头铺成不同的图案；在园中一处，他将一些两英尺长、八英寸高的石头放在地上，彼此相距一英尺，以防潮。"❶ 通过这些片段，结合小德经所绘平面图，可大致想象陈家花园的空间与景致。

河南行商花园的进一步发展得益于清朝地方政府管理十三行贸易的需要。"一口通商"时期，广东官府对西方商人居住、生活采取了严苛的管理政策。清乾隆二十四年（1759 年）李侍尧制订《防范外夷规条》包括：禁止外商在广东过冬；外人到广东只能居住行商馆内，并有行商负责管束稽查等五条禁令。不久，清政府又颁九条禁令，包括夷妇不得携带入馆；交易季节过后，外商不得在省城过冬等 ❷。为安抚在粤西人并提供必要的活动空间，清乾隆五十九年至六十年间（1794—1795 年），两广总督长麟批准："该夷等锢处夷馆，或困倦生病，亦属至情。嗣后应于每月初三，十八两日，夷人若要略微为散解，应令赴报，派人带送海幢寺、陈家花园，听其游散，以示体恤。"与公共的海幢寺一样，行商花园可接待西人的制度由此开启。后因陈家花园荒废，清嘉庆二十一年（1816 年）两广总督蒋攸铦奏云"酌定于每月初八、十八、二十八日三次，每次十人，人数无多……准其前赴海幢寺、花地游散解"❸。利用这一规定，中国行商在海幢寺周边的河南地带及花地建造了许多私家花园，包括后来的潘家花园、伍家花园等（图 3-18），从制度上推动了海幢寺所在河南地区的建筑及园事活动 ❹。

❶ GUIGNES J D.Voyages à Peking, Manille et l'île de France faits dans l'intervalle des années 1784 à 1801[M].Paris：Imprimerie impériale，1808：192-193. 译文转自：李睿. 广州十三行行商园林研究 [D]. 广州：华南理工大学，2023：192.

❷ 梁嘉彬. 广东十三行考 [M]. 广州：广东人民出版社，1999：101.

❸ （清）梁廷枏. 粤海关志 [M]. 广州：广东人民出版社，2014.

❹ 彭长歆. 清末广州十三行行商伍氏浩官造园史录 [J]. 中国园林，2010（5）：91-95.

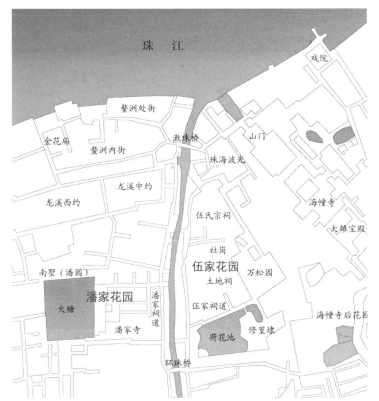

图 3-18　河南潘园与伍园分布图
图片来源：作者绘制。

二、同文行潘氏与河南潘家花园

　　与行商的府第宅园或郊野园不同，十三行行商同文行潘氏家族在河南的
建设是以开基立祠的方式进行。约在清乾隆五年（1740 年），生于福建泉州龙
溪乡的潘振承（1714—1788）便率族人迁居广州，从事国际商贸，所设同文
行业务兴旺，逐渐成为十三行行首，时称潘启官（Puankhequa），历经潘振承
（Puankhequa Ⅰ）、潘有度（Puankhequa Ⅱ）及潘正炜（Puankhequa Ⅲ）三代。
在成为巨商后，潘氏开始在河南置地开乡，构建祠堂宅园。为纪念自己的家乡，
潘振承将所选地带取名龙溪乡。龙溪乡与万松山相对，四面环水，其东、南
两面为漱珠涌。漱珠涌直通珠江，风光秀丽。为方便航运并贡献地方，潘振
承于漱珠涌上修筑漱珠、环珠和跃龙三座石桥，带动沿岸建设（图 3-19）。《番
禺河南小志》载，潘家花园"半在陂陀半溪里……千丛万树成桑梓"，靠近
"酒楼临江，红窗四照"的漱珠桥畔。优越的地理环境为潘家花园的持续营造
奠定了基础，潘氏家族后代持续扩建，最终成为广州河南的大型私家园林别
墅群。

自开基立宗后，潘振承次子潘有为（1744—1821）开始营建园舍。《番禺河南小志》记载了自潘振承开始家族六代人的造园活动（图 3-20）。潘有为居处近万松山麓，相传为东汉议郎杨孚故宅，于是将自己在漱珠桥畔的居室题匾"南雪巢"，又称"橘绿橙黄山馆"，以表仰慕之意。门外"陂塘数顷，且多种藕花"。潘有为将所造庭园取名"六松园"❶（图 3-21），园内设方池，

图 3-19　繁华的漱珠涌

图片来源：中国国家图书馆．1860—1930：英国藏中国历史照片（上）[M]．北京：国家图书馆出版社，2008.

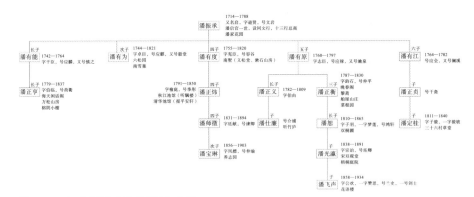

图 3-20　河南潘氏家族造园谱系图

资料来源：黄任恒．番禺河南小志 [M]．广东人民出版社，2012；潘剑芬．广州十三行行商潘振承家族研究（1714—1911 年）[M]．北京：社会科学文献出版社，2018.（王艳婷绘制）

❶ 潘有为所建六松园一共有两处，一处在花地，建于清乾隆三十五年（1770 年），为其父养老之所；一处在河南漱珠桥畔龙溪栖栅一带，是潘有为致仕后建。

环池植有竹松花木，置顽石"偏藏璞"；临池建六松亭，亭柱楹联题有"明月风清""茂林修竹"等字样。

图 3-21　潘家花园之六松园
图片来源：王次澄，吴芳思，等.大英图书馆特藏中国清代外销画精华（第三卷）[M].广州：广东人民出版社，2011.

潘有为之弟潘有度（1755—1820）掌管同文行后，潘家花园得到大规模兴建。潘有度增建"南墅"，园内开始出现大型水体（图 3-22）。《番禺河南小志》称南墅占地面积广大，有方塘数亩、松柳成林、野鹤飞荡，景色格外绮丽。潘有度所居之处名"漱石山房"，旁有小室"芥舟"，还有一堂因"植水松数十株，有两松交干而生"，名"义松堂"。文人温汝遂描述了义松堂的园林景致："松古成连理，兰滋苗两丫。圆荷兼竹净，流水入池哗。日御姿拖永，窗撑了鸟斜。"潘有度因贾而好儒，十分重视家庭的文化教育与环境熏陶，还在南墅增修私塾，用于教化子弟。

潘有为、潘有度两兄弟的经营为潘园奠定基本格局，后续族人在此基础上继续扩建。如潘有度之侄潘正亨（1779—1837）于园中增建了万松山房和海天闲话阁。两座楼阁均建于山丘之上，登临其中，可近赏"丰姿掩映纷照眼"的植物景观，远眺"霞光潋滟深浮杯"的壮阔景象。又如潘正衡（1787—1830），因酷爱顺德黎简书画，增修房舍"黎斋"，用于静心潜阅并收藏书画。

黎斋园内花竹秀野，景色清越，室内四壁悬书，有"图轴黎斋富"一说。黎斋在清末广州文人中颇有声誉，有谢兰生为之绘图，高士钊为之作记，吴嵩梁、陈昙花等名儒均有诗云等。黎斋之外，潘正衡还辟建了菜根园，修筑了晚春阁和船屋山庄。菜根园依仗荷塘，设菜圃，潘正衡诗称"荒园半亩堪容膝，种菜浇花此避喧"。而晚春阁依山而建，有较好的观景视点，可俯瞰繁盛的花木和幽深的曲径。船屋山庄枕江而立，园内芳草碧如烟。

图 3-22　潘家花园水庭

图片来源：王次澄，吴芳思，等.大英图书馆特藏中国清代外销画精华（第三卷）[M].广州：广东人民出版社，2011.

至潘有度四子潘正炜（1791—1850）继任行商，同文行生意蒸蒸日上，富甲一方。为接待洋商，潘正炜耗费大量财力增筑清华池馆、秋江池馆等楼阁。清华池馆依傍茂林，环境清越，内建报平安轩，文人雅士常于此挥洒笔墨。潘正炜有诗曰："小筑清华傍茂林，笙簧隔水奏佳音。敢夸墨妙供幽赏。"《番禺河南小志》载，秋江池馆建在潘正衡的菜根园内，位于荷塘之上，有水石鸟木相拥，月榭风廊相伴，馆内建有听骢（帆）楼，为潘氏研学、收藏之处。听骢（帆）楼为制高点，可俯瞰白鹅潭水，赏江上往来帆影。

随着家族繁衍，土地无法满足辟建新园的需要，对旧园尤其是具有较大规模的南墅的改造成为必然。潘正衡去世后，其长子潘恕（1810—1865）好书画、好乐吟、好花木、好待客，对园林有着现实的需要，遂扩建黎斋故地，于南墅增建"双桐圃"。双桐圃内浓荫满庭、山石数峰，又富藏书万卷。清末学者许玉彬诗载："芳圃留双桐，交荫覆帘碧。浅水通陂池，幽花照几席。鱼鸟情堪怡，图史手不释。"潘恕之子潘光瀛在"南墅"中也建有园林，名为"梧桐庭院"。梧桐庭院一角设有太湖石假山，有一座朱红色园亭与之相对，环亭植有翠竹与蓊郁的梧桐，弥漫着"一庭香雾"。优雅的园宅环境使双桐圃和梧桐庭院成为广州士大夫流连忘返之地，陈东塾、陈梅窝、吕拔湖、颜紫墟等在此均有集而修禊的经历。《番禺河南小志》还提到潘仕廉、潘定桂、潘飞声和潘宝琳等潘氏后人的造园活动。

总体来看，潘氏历代均有园事，因前后叠加形成园中园。如潘园中不仅有潘有为营建的六松园、潘有度修筑的南墅，还有潘正衡扩建的菜根园等。在南墅内又有双桐圃、梧桐庭院等园宅分布其中。这些园中园的兴建丰富了潘园内部的空间组织和功能布局，各园之间相互嵌套而又紧密联系。因建筑迭代生长，使潘园在空间密度和深度两方面都呈现出新的变化，相信在很大程度上启发了岭南园林的庭园营造。

三、怡和行伍氏与河南伍家花园

在西方文献有关行商花园的记载中，浩官及浩官花园（Howqua's garden）是出现频率较高的名称之一。浩官（Howqua），是清末广州十三行西方商人对怡和行伍氏的尊称。伍氏先祖原居福建莆田溪峡乡，康熙年间因广州对外贸易兴旺，自闽入粤并定籍南海。清乾隆四十八年（1783 年），伍国莹（1731—1810）创办怡和行，取其子秉鉴乳名亚浩为商名，西人称之为浩官，并沿用至伍氏后代，而其中最著名者为伍秉鉴（1769—1843）和伍崇曜[1]。

伍氏在广州河南开基立宗始于伍国莹。在开展国际商贸完成资本的积累后，伍国莹于清嘉庆八年（1803 年）在海幢寺旁购得土地 2000 余井（约 31 亩），并着力兴建伍氏宗祠和宅第[2]。因伍氏居河南为开基之始，祠堂在伍园中具有非常重要的地位，并与宅第一道形成大规模建筑群。美国动物学家、作家及博物学家莫士（Edward S.Morse，1838—1925）曾以伍家宅第为例说明中国传统建筑特色，其中选用图例包括伍氏宗祠大门。通过该插图，可以

---

[1]　章文钦.十三行行商首领伍秉鉴和伍崇曜 [M]// 广州历史文化名城研究会，广州市荔湾区地方志编纂委员会.广州十三行沧桑.广州：广东省地图出版社，2001：206.

[2]　伍国莹之子伍秉鉴记载："我姓由闽入粤百余年，嘉庆癸亥，先大夫始得地于河南之溪峡乡，崇奉我泽祖以下两代栗主，盖祭法有先河后海之意。"见伍子伟.安海伍氏入粤族谱（1956 年），卷一.

图 3-23　河南伍园伍氏宗祠入口

图片来源：GARRETT VM.Heaven is High，the Emperor Far Away：Merchants and Mandarins in Old China[M].Oxford University Press（China）Ltd，2002：136.

证实另一幅广州早期建筑影像"伍氏宗祠"为河南伍园无疑（图 3-23）。其建筑形式为广东广府地区典型祠堂形制：大门两侧有鼓乐台、鼓石及门神图案，这些特征在澳大利亚旅行家费弗尔（Ida Pfeiffer，1797—1858）女士 1846 年的游记中也有清晰表述。为容纳家人及数以百计的家仆，伍园中建筑规模庞大，令费弗尔留下深刻印象："建筑本身非常大，有着宽阔、精致的平台。透过窗户能看到内部的庭院……"[1] 根据岭南传统宗祠建筑的平面形制与空间特征，河南伍园在祠、宅部分应以庭园为主要空间形态。

伍氏所购土地包括陈家花园，但早期建设显然没有触及花园。清嘉庆二十一年（1816 年），两广总督蒋攸铦因陈园荒废甚至修改了准许外国人前往游览的规定。从史料记载来看，伍国莹之子伍秉镛（1764—1824）最早开始经营万松园，是河南伍家园林营造之始。伍秉镛早年投身科举仕途不利，后返乡经营万松园，或正是蒋攸铦改例所致。至少在清嘉庆二十三年（1818 年）秋，伍秉镛已在万松园中招待客人赏菊，并作《集万松园赏菊》诗曰："一年容易得秋光，香遍西风到草堂。清爽最宜闲处抱，萧疏如此淡相忘。狂生酒后花应笑，影写篱东月正忙。时过重阳今几日，亭皋木落费瞻望。"[2] 说明该时期万松园已基本建设妥当。

万松园由园门进入，内以荷塘为中心布局。伍绰余《万松园杂感诗》注云："万松园额，刘石庵石；藏春深处额，张南山书，有太湖石屹立园门内，云头两脚，洞穴玲珑，高丈余，有米元章题名。池广数亩，曲通溪涧，架以长短石桥。旁倚楼阁，倒影如画。水口有闸，与溪峡相通。昔时池中常泊画舫。有水月宫，上踞山巅。垣外海幢大雄宝殿。内外古木参天，仿如仙山楼阁，

❶　PFEIFFER I.A Woman's Journey Round the World，From Vienna to Brazil，Chili，Tahiti，China，Hindostan，Persia，and Asia Minor[M].London：N.Cooke，1854.

❷　（清）伍秉镛.集万松园赏菊 [M]// 黄任恒.番禺河南小志（卷三）.广州：广东人民出版社，2012：139.

倒影池中，别饶佳趣。"[1] 据诗中所写，可大致判断园内景物（图3-24），包括荷塘水榭、画舫、水月宫、太湖石山、长短石桥两座等。因毗邻海幢寺大殿，园内外互为借景。加之以名士书法题景，万松园展现了豪雅共赏的园林特征。

图3-24　伍家花园荷塘
图片来源：Ripley Collection 专辑，美国贝洛伊特学院数字馆藏。

伍氏家族大规模造园始于伍秉鉴。1801年，伍秉鉴接替其兄掌管家业，怡和行在他的经营下迅速崛起，并于清嘉庆十八年（1813年）取代潘氏同文行成为行商之首。为奢华生活并招揽西商，伍秉鉴于清道光八年（1828年）在万松园东边的荷花深处增筑清晖池馆（图3-25），池馆左侧为镜蓉舫。与此同时，伍秉鉴爱好植被花卉，清晖池馆周边呈现出细腻的植物景观。《番禺河南小志》称"（清晖池馆）池中莲皆十八瓣种"，池馆旁紫藤、枣花相继开放，有"百尺乔柯""桐花糁径""柳絮飞园"，有"榕翳日已成荫、棉漫山而似火"，亦有槐桑"浓荫覆画堂"。繁盛的花木配置为伍家花园营造了良好的视觉景观，文人谭莹称清晖池馆"落英则香覆鸳鸯，树深则色藏鹦鹉。万松磊砢，错以芬菲。一水萦回，荡成金碧"。伍秉镛、伍秉鉴的建设基本确定了伍家花园的空间格局。在雄厚财力的支持下，伍氏族人也相继开展了大量的造园活动（图3-26）。

[1]　（清）伍绰余．万松园杂感诗 [M]// 黄任恒．番禺河南小志（卷三）．广州：广东人民出版社，2012：139．

图 3-25　伍家花园之清晖池馆（牌匾题有"清晖池馆"字样）

图片来源：《近代中国分省人文地理影像采集与研究》编委会.近代中国分省人文地理影像采集与研究：广东 [M].太原：山西人民出版社，2019.

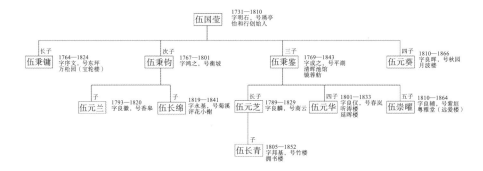

图 3-26　河南伍氏家族造园谱系图❶

资料来源：伍氏莆田房安海符龙公，广州十三行支脉族引谱。（王艳婷绘制）

　　清道光六年（1826 年），伍秉鉴将怡和行行务交与第四子伍元华掌管。伍元华饱腹诗书，酷爱文物，在园中增筑听涛楼和延晖楼。听涛楼主要用于收藏诗书、金石、鼎彝和字画，该楼临近万松园，景色绝佳，尤其在万松山的衬托下宛如仙境。若身处其地，定能感受松涛的惬意、赏水波的涟漪、听竹泉的错鸣。延晖楼是伍元华招饮之处，从徐良琛一诗"人烟如画接平桥，薄

---

❶　伍秉鉴次子伍元兰入嗣伍秉钧；伍元芝次子伍长绵入嗣伍秉钧。

暮欣闻折简招。一带绮楼斜傍水，数声鸟榜缓乘潮"可知，延晖楼临水而建，且依仗楼榭，有平桥倒映水中，风景如画。因资助典籍印刷及收藏书画甚多，清乾嘉庆、道光年间，河南伍家与本地文人交往频繁，城中官绅名流多有造访两家花园的经历，其中包括谢兰生、张如芝、罗文俊、黄乔松、梁梅、李秉绶、钟启韶、蔡锦泉等。从某种程度上看，伍元华听涛楼的修建进一步加强了伍家与知识分子精英的联系，而使伍家花园成为重要的公共与文化空间。

清道光十三年（1833 年），伍崇曜（1810—1864）接替其兄伍元华为怡和行商和公行总商，他于花园北部增修了粤雅堂。粤雅堂南眺万松山，四面环水，内设庭院。庭院内有竹洲、花坞、石桥、书库和琴亭，极具园林之胜。谭莹记录了"粤雅堂"名的由来："洞房连阁，半郭半郊。傍山带江，绕水富竹。构斯堂而榜曰'粤雅'焉。"伍崇曜一生"嗜好弥专"，于粤雅堂藏宋、辽、金、元四史之书，增添了厅堂的文人风气。粤雅堂之上是"远爱楼"，取"远望亦可爱"之意。远爱楼"三面临江，万状入览"，能观万丈层楼，一览珠江，过眼千百风帆。

伍氏族人在伍家花园的营建颇为丰富，《番禺河南小志》还记载到浮碧亭、百竹梅轩、揖山楼、月波楼、拥书楼、枕流室、评花小榭、桐荫书屋、红棉山馆以及滴翠轩等楼阁。其中，浮碧亭位于万松园西池，与清晖池馆相对，为伍绰余的五叔懿庄作画之处。浮碧亭八面曲槛，连以水榭，每至月明风清之夜，便可于亭中听潺潺水声，构思别是一番巧智；百竹梅轩亦建于万松园，该园为"园中园"，内设几间楼阁，曲径通幽，有大小石桥架于小溪之上。《万松园记》描述了园内的景色："四时不谢之花，遍地朱兰之草，芬芳馥郁，果木丛林，梅花早放，满园春色"；月波楼建于道光中，园主为伍秉鉴之弟伍元葵，元葵有园林之乐，遂于月波楼旁植花辟竹，并邀友人观花、赋诗、畅饮其中。

伍家不仅重视园林建设，室内陈设也极为奢华。1817 年，英国阿美士德使团副使埃利斯（Henry Ellis）造访河南伍园——从时间上看应系伍秉镛万松园，称："浩官的别墅尽管还没有全部完成，价值已达 200 万元，其规模与其财富相匹配。这座别墅，或称为宫殿，分为几个组团，以一年四季的不同题材大量采用镀金和雕刻装饰，显得极有品位。"[1] 由于长期对外贸易的开展和联谊西方商人的需要，西方器物或装饰用品如钟、灯具、彩色玻璃、油

---

❶ ELLIS H.Journal of the Proceedings of the Late Embassy to China[M].London：John Murray，1817：416.

画、西式家具或餐具等在清末广州城内颇有市场。旅行家马尔科姆（Howard Malcom）称伍家室内"除华丽的中式灯笼，还悬挂着不同规格和款式的荷式、英式和中式枝形吊灯。意大利的油画、中国的挂轴、法国的钟、日内瓦的箱子、不列颠的碟子等装饰着同一个房间，并点缀着来自世界各地的自然珍品、蜡制水果模型和造价不菲的白镴制品" [1]。正如在花园中豢养珍稀禽鸟动物一样，行商们搜罗天下器物装点房间，通过稀缺性展示呈现财富，满足对世界的想象，并向来访的西方商人展现出友好的姿态，这种异国风情的展示恰好也顺应了 18 世纪至 19 世纪西方人的趣味。

两次鸦片战争后，随着公行制度结束及伍崇曜去世，怡和行商贸活动迅速衰落。伍家花园更在民初时期遭遇火灾而一蹶不振，园中景物或遗失，或变卖，存世者有广州河南海幢公园内"猛虎回头石"，澳门卢廉若花园中的石山据传也购自该园。

第三节　从荔湾果基鱼塘到海山仙馆 [2]

海山仙馆，又称潘园，西人亦称潘庭官花园（Poon-Ting-Qua's Garden），系晚清广州富商潘仕成所建私园。潘仕成于清道光十年（1830 年）购入邱熙的唐荔园（虬珠圃）开始经营海山仙馆，至清同治年间，因盐业亏累破产，园产等被抄没入官并被拆分拍卖 [3]。海山仙馆存世仅四十余年，却因风华意趣著称于世，本地士绅及到粤西人均以造访该园为幸。中国最早的影像记录也发生在该园中，1844 年法国拉萼尼使团首席海关监督埃及尔（Jules Itier，1802—1877）携问世不久的银版照相机拍摄了数帧园内照片 [4]。其后，包括汤姆逊（John Thomason，1837—1921）、黎芳（1839—1890）在内的中西摄影家从多个角度拍摄了海山仙馆的建筑与园林。另外，1848 年夏銮（1820—1854）所绘《海山仙馆图》长卷、1846 年田豫所绘《海山仙馆》扇面，以及阿伦姆（Thomas Allom，1804—1872）的铜版画和庭呱（Tinqua，1809—？）的外销画等也以该园为对象。在中西交汇的 19 世纪，海山仙馆向世界展现了一个典

---

❶ MALCOM H.Travels in Hindustan and China[M].Edinburg：W.& R.Chambers，1840：48.

❷ 本节由彭长歆、姜琦共同完成，主要内容出自：彭长歆，姜琦.从果基鱼塘到岭南名园：清末广州海山仙馆园林空间营造机理溯源 [J].南方建筑，2023（3）：90-99.

❸ 邱捷.潘仕成的身份及末路 [J].近代史研究，2018（6）：111-121.

❹ ITIER J.Journal d'un Voyage en Chine en 1843，1844，1845，1846[M].vol.2.Paris：Chez Dauvin Et Fontaine，1848：41-44.

型中国风格的园林形象。

一、潘仕成的交往与游历

潘仕成（1804—1873），字德畬，十三行同文行潘氏族人。据潘氏族谱记载，潘仕成的曾祖父潘振联与十三行巨贾同文行创始人潘振承为亲兄弟，曾官至内阁中书的潘有为（潘振承次子）即其堂叔。[1] 自清乾隆末期始，同文行潘氏对行商贸易渐生厌倦，潘氏后人逐渐转向仕途。潘有度（潘启官二世）去世后，潘正炜因朝廷强令出任同孚行行商，但真正业务由堂兄潘正威（潘仕成之父）代为经营。借由家族财富的支持，潘仕成开始从地方走向朝堂。清道光十二年（1832 年）潘仕成获选副榜贡生，因在京捐款济灾，获赐举人，特授刑部郎中，后再授两广盐运使及江浙盐运使（未赴任），并因盐商生意积累大量财富。

潘仕成商旅仕途显然也受益于士大夫精英阶层的帮助。清道光八年（1828年），潘仕成来到北京，通过开设牛痘局施种牛痘及赈济灾民获得良好的公共声誉。清道光十一年（1831 年），潘仕成买下了龚自珍在北京的旧宅，或因此结识了龚的密友林则徐等人，并通过赈济灾民等善举最终进入道光朝重臣的视野。潘仕成至少与 119 位朝野人士保持了书信来往，其中不乏林则徐、爱新觉罗·耆英等钦命大臣，以及郭尚先、程恩泽、周祖培、江国霖、许乃普、张祥河、程矞采、毛鸿宾、黄宗汉、谢兰生、张岳崧等朝廷重臣，书信内容则涉及军务、夷务、政务、商务等[2]。受到苏州沧浪亭园主刻石名人像的影响，潘仕成由长子潘桂、次子潘国荣校勘，选择其中已辞世者笔墨 130 余篇，从清咸丰丁巳（1857 年）至清同治甲子（1864 年），历时八年完成，取名"尺素遗芬"，并以自像刻石"德畬七十小像"（图 3-27）说明缘由[3]，在反映潘氏追思过往、怀念故人的同时，承载了他对墨宝余芬韵传后世的希冀。从石刻"尺素遗芬"这种形式来看，19 世纪前期晚清官僚阶层仍然盛行的"崇古"之风必然在很大程度上影响着潘仕成的空间观念和审美意趣。同时，为迎合共同的趣味，潘园的经营也必将远离同时期广州以行商花园为代表的变革之风。

潘仕成本人显然也接触了大量岭北，尤其是京杭大运河沿线的文人私园。历史上潘仕成曾多次自粤北上，如清道光十二年（1832 年）赴京应试，以及

---

❶ 潘刚儿. 广州十三行之一潘同文（孚）行 [M]. 广州：华南理工大学出版社，2006：3.

❷ 陈玉兰. 尺素遗芬史考 [M]. 广州：花城出版社，2003：6-30.

❸ "德畬七十小像"刻石中道："前在姑苏见沧浪亭所刻诸名人像，觉遗迹空留，时多感慨。今阅所存各友遗芬并此像其意将毋同。"详见：陈玉兰. 尺素遗芬史考 [M]. 广州：花城出版社，2003：3.

图 3-27 "德畲七十小像"石刻
图片来源：广州艺术博物馆。

清咸丰八年（1858 年）随钦差大臣伍弥特·花沙纳等前往江苏、上海"会洋税章程"等❶。从当时水路及陆路条件来看，通过京杭大运河中转返回广州是最便捷安全的水上通道，1793 年英国马戛尔尼使团也选择了这条路径。作为南北经济、文化与社会交往的重要通道，京杭大运河沿线，包括天津、济宁、徐州、淮安、扬州、苏州等地，至明清两代出现了大量的私家园林集群。清康熙、乾隆帝南巡，更进一步推动风景名胜行宫与私家园林的发展❷。

在沧浪亭中，潘仕成显然清楚林则徐为看山楼下石院题写的门额。林在担任江苏巡抚期间（1832—1836 年），有感于石院主人沈复、陈芸的爱情故事，为其遗迹题写了"圆灵证盟"四字额。虽然证盟的对象与性质有不同，通过感怀风物寻求共鸣是中国古代造园之于精神世界的最高追求。也在很大程度上决定了园林作为政治交往空间的存在。1839 年，当林则徐以钦差大臣之名来粤禁烟，潘仕成给予了财力及军备方面的大力支持。从海山仙馆模仿苏州沧浪亭刻石遗芬来看，潘仕成有意识地通过游历名园建构自己有关园林营造的知识图谱与空间想象，并将其与朝中官员共同游历的名园视为一种空间符号和共同记忆，以使海山仙馆有延续发展的可能。

---

❶ 戴肇辰，史澄．广州府志 [M]．卷一百三十一．广州：粤秀书院，1879 年（清光绪五年）．
❷ 赵昌智．扬州文化通论 [M]．扬州：广陵书社，2011：260．

二、果基荷塘与唐荔园

从 19 世纪中期至 19 世纪 80 年代末，几乎每一幅广州地图都标注了海山仙馆的位置和园界。其中主要版本有四幅（图 3-28），最早为 1855 年美国公理会传教士富文牧师（Rev.D.Vrooman）所绘《广州及城郊全图》。图中标注了"Puntinqua's garden"（潘庭官花园），并且绘制了园林边界：北界与东界紧邻荔湾涌，南界大约在荔枝湾三丫涌口处，西侧距离珠江大约 250 米，且园林西侧还绘有一座三层高的宝塔（pagoda）。1860 年，《广州及城郊全图》由富文修订，所绘园林范围大致相同，西侧也以西文"pagoda"标注宝塔之所在。其后，中文标识的广州地图广泛出现。清同治年间（约 1862 年以前）所绘《广州府志·省城图》在此处标注"潘园"；清光绪十四年（1888 年）《广东省城全图·陈氏书院地图》中此处尚有"潘园"标记，继起者陈园、彭园、刘园和小田园也出现在荔枝湾一带。结合历史地图和文字记录可知，潘园主体在荔湾涌以西无疑，园内利用了场地中原有的河涌水塘进行园林营造。

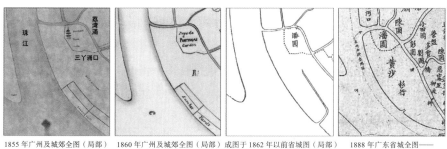

1855 年广州及城郊全图（局部）　1860 年广州及城郊全图（局部）　成图于 1862 年以前省城图（局部）　1888 年广东省城全图——陈氏书院地图（局部）

图 3-28　不同年代广州地图中海山仙馆区位

海山仙馆前身为清嘉庆、道光年间邱熙所建"虬珠圃"。邱熙（1800—1862），南海人，字浩川，为英国东印度公司买办 ❶。清道光初年，邱熙在荔枝湾构筑竹亭瓦房"擘荔亭"，供游人啖荔赏荷，题名"虬珠圃" ❷。时两广总督阮元及其子阮福来此游玩，称其可与唐代荔枝湾的荔园比美，又"惜唐迹之不彰"，特此更名为"唐荔园"。更名之后重加修葺，增设景点，最终于清道光甲申年（1824 年）落成 ❸。同年，画家陈务滋应主人之请绘制《唐荔园图》两幅，其中一幅较为完整地描绘了唐荔园全貌（图 3-29），以此为基础可大致

❶　何司彦. 明清时期岭南园林布局对艺术园事活动的促进研究 [J]. 中国园艺文摘，2017，33（1）：81-85.

❷　"荔枝湾中有南海丘氏所构竹亭瓦屋，为游人擘荔之所，外护短墙，题曰虬珠圃。"

❸　阮福款识中有载："甲申（1824 年）夏唐荔园落成，偕同人来游。"

勾勒出唐荔园时期的空间结构（图 3-30）。图中可见荔湾涌上舟楫往来，园内大小不等的水塘堤岸上密布荔枝林，一些亭榭桥栏穿越在水面上，形成了颇具田野气息的园林风光。

图 3-29 《唐荔园图》
图片来源：广州艺术博物馆。（陈务滋，1824 年）

图 3-30 唐荔园空间结构想象图
图片来源：姜琦绘图。

《唐荔园图》所呈现的空间结构在某种程度上并非邱熙有意识地建造，而是宋明以降珠江三角洲地区对河岸滩涂进行筑堤围垦的结果。岭南地区江河众多，珠江水系的西江、北江、东江夹泥沙而下，陆续沉淀于河湾及江海交界之处。为扩大耕作面积，岭南先民通过筑堤围垦以造田地，并以此为基础创造出桑基鱼塘、果基鱼塘、蔗基鱼塘等互为补充、良性循环的农业生产系统[1]。而广州西关一带原为珠江水面，仅部分台地岭丘露出，宋代始有筑堤围田，至明清基本成型。鉴于西关平原形成的历史机制，邱熙所经营的实际上是通过堤围造塘、植以荔枝所形成的果基荷塘。

陈务滋忠实地描绘了唐荔园的农业景观本底。画面中唐荔园由一系列水塘与基围所组成，向荔湾涌一侧设水口以控制围内水量蓄泄。即使在潘仕成经营时期，这些水口仍被保留以发挥既有的功能（图 3-31）。唐荔园以荔荷闻名，塘中植荷，而环绕水塘的堤围（又称基围）则遍植荔枝树。由于堤围的线性特征，《唐荔园图》中的荔林景观也呈现出显著的"果基"带状特征。由于果基荷塘的水陆空间关系，邱熙采取了利用荔湾涌边较宽堤围作为主要建筑用地，以及利用干栏做法在水面建造亭榭桥栏的建筑策略，从而使唐荔园呈现出水域广阔，荔林夹岸，游人穿行水面赏荷啖荔的胜景。

❶ 谭棣华. 清代珠江三角洲的沙田 [M]. 广州：广东人民出版社，1993.

图 3-31　海山仙馆中的水口
图片来源：荷兰莱顿大学图书馆藏。

三、潘仕成对海山仙馆的空间构想

　　清道光十年（1830 年），英国东印度公司在华贸易日渐艰难[1]，邱熙力不从心，唐荔园终由潘仕成所得。潘仕成在唐荔园的基础上加以修葺，不断扩建，最终形成占地百亩的南粤名园，因园门楹联"海上神山，仙人旧馆"，取园名"海山仙馆"。"海上神山"及"仙人旧馆"之说显然来自蓬莱神话对于仙人境地的描述，在长期的发展历程中，中国古典园林营造也因此发展了"一池三山"的蓬莱模式。潘仕成以此命名，传递了通过园林营造探寻蓬莱仙境的空间意志。

　　因来访中西客人众多，海山仙馆留下了许多文字与图像记录。其中以俞洵庆[2]《荷廊笔记》和夏銮《海山仙馆图》长卷（图 3-32）最为全面，两者互证比较可以大致勾勒园中的海山格局及仙馆全貌。

　　虽然载体不同，俞洵庆文字记园与夏銮图像记园均以中国文人共同的思想逻辑进行写画，其叙述方式呈现出一致性，即以片段化、散点式场景进行组

---

[1]　马克思在《资本论》中写道："1830 年，市场商品充斥，境况艰难。1831 年到 1833 年，连续不振；东印度公司对东亚印度和中国贸易的垄断权被取消。"

[2]　俞洵庆，清末文人，字薄臣，祖籍浙江，长期在粤生活，精于诗画，曾有《荷廊笔记》描写海山仙馆。

图 3-32 《海山仙馆图》
图片来源：广州艺术博物院藏。（夏銮，1848 年，作者标注）

合叙述。俞洵庆记录的顺序显然与其游览的路径或视线的轨迹相吻合，大致由西向东，依次为山、池、堂、台、桥、榭、塔等，均可在夏銮所绘长卷中找到相应之处。后者的视角从东南向西北，画面左侧烟波浩瀚处为珠江，右侧水域左右夹岸，为荔湾涌无疑。沿涌一侧可见院墙，园内以广袤水塘为中心，楼榭两侧以连廊伸出，蜿蜒曲折，小桥、楼榭分布其间。有意思的是，俞洵庆的文字最后也以同样的视角回顾，指出园西北一带"高楼层阁，曲房密室，复有十余处"，与夏銮图像相呼应，显然就是海山仙馆的主园区所在。

以唐荔园为基础，潘仕成对园区进行了拓展，以实现"海"的广袤。唐荔园时期的园区及营造重点集中在荔湾涌一侧，因此由陈务滋所绘从荔湾涌北侧向南俯瞰，集中反映以擘荔亭和湖中水榭为中心的园区。海山仙馆的西北主园区与唐荔园在空间方位上大致重叠，前者主楼贮韵楼与唐荔园水榭等核心建筑均位于毗邻荔湾涌的同一荷塘中，入口方位也大致相同。潘氏接手后，一方面以荔湾涌为北界向东南进行了扩展，另一方面加大了西北核心区的建设强度。由于西关沙田围垦所形成的较为稳定的堤围系统，拓展部分仍然保持了基围水塘的场地特征。从唐荔园到海山仙馆再到民国及新中国初期这一百五十多年间，荔湾一带的空间格局大致相同，其水塘和堤岸关系几乎没有太大变化（图 3-33）。借由堤围数量的扩大，以及掘开部分堤围实现水塘的贯通，潘仕成获得了更大面积的"海"，以呈现烟波浩渺的空灵仙境。

潘仕成对场地的最大改造在于山的营造。西关一带原本就有一些岗丘，在筑堤围垦初期即被利用作为堤围建设的支点❶。潘仕成恰当地利用了园内西侧

---

❶ 谭棣华 . 清代珠江三角洲的沙田 [M]. 广州 : 广东人民出版社，1993；曾昭璇 . 广州历史地理 [M]. 广州 : 广东人民出版社，1991 : 50.

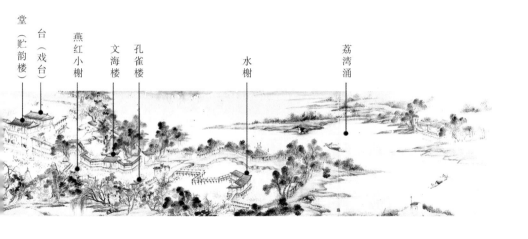

堂（贮韵楼）　台（戏台）　燕红小榭　文海楼　孔雀楼　水榭　荔湾涌

1920 年广州市街图

—— 海山仙馆园界

1948 年广州市马路计划图

1950—1953 年广州市下水道现有
及计划干渠与出水口位置图

图 3-33　不同历史时期的河涌和水塘

的岗丘，并通过堆高形成更大尺度的山体，即俞洵庆称"园有一山，冈坡峻坦，松桧翁蔚。石径一道，可以拾级而登。闻此山本一高阜耳，当创建斯园时，相度地势，担土取石，壅而崇之。朝烟暮雨之余，俨然苍岩翠岫矣"❶。其方位大约在荔湾涌西向转弯的三涌交汇处，此地筑山显系关锁水口、以求形胜。从夏銮长卷还可看到，除了俞洵庆提到的"苍岩翠岫"外，贮韵楼隔水相对的堤围上也有石山的营造，并因掘开堤围、架设五孔石桥实现假山绿洲的岛屿化。通过山的系统性建设及水绕山转空间关系的确立，潘仕成完成"海上神山"的实体建构，并进一步指向仙人境界的营造。

　　看似随意、自由，海山仙馆建筑布局却有着清晰的结构逻辑（图 3-34）。一是建构主体建筑对园林环境的控制性，实现完形的空间构图；二是不占或少占堤围，采用干栏式或桥涵式营建策略，形成从水面展开的游径系统。作为

❶　（清）俞洵庆 . 潘氏园 [M]// 俞洵庆 . 荷廊笔记 . 卷二，清光绪十一年（1885 年）刊本 .

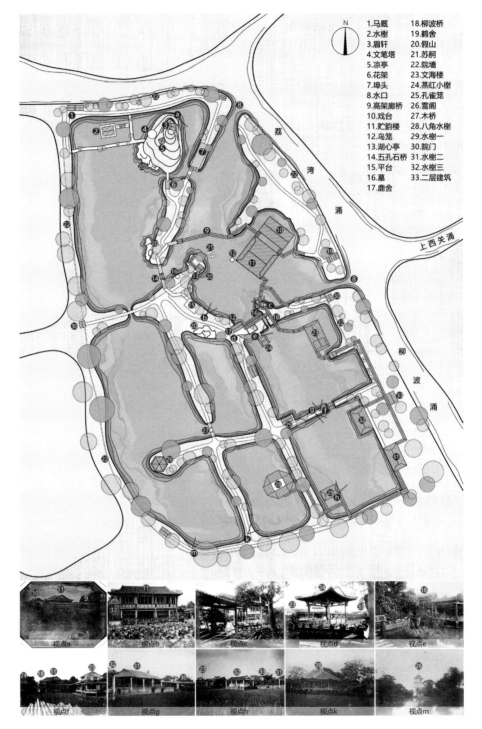

1.马厩　　18.柳波桥
2.水榭　　19.鹤舍
3.眉轩　　20.假山
4.文笔塔　21.苏舸
5.凉亭　　22.院墙
6.花架　　23.文海楼
7.埠头　　24.燕红小榭
8.水口　　25.孔雀笼
9.高架廊桥 26.雪阁
10.戏台　　27.木桥
11.贮韵楼　28.八角水榭
12.鸟笼　　29.水榭一
13.湖心亭　30.院门
14.五孔石桥 31.水榭二
15.平台　　32.水榭三
16.墓　　　33.二层建筑
17.鹿舍

图 3-34　海山仙馆平面复原
图片来源：姜琦、彭长歆绘图。

全园的中心，贮韵楼承担了海山仙馆礼仪性接待和日常游乐等核心功能。为集中反映"海上神山，仙人旧馆"的园林意象，潘仕成建构了以贮韵楼为中心，左塔右山的空间构图。塔高五层，显然是为了平衡西北侧利用岗丘堆高的山体。其空间构图一方面来源于视觉景观的需要，另一方面显然与明清时期广东堪舆术的盛行有关。在由两侧发出的抄手廊，以及柳波桥等前景的衬托下，贮韵楼与塔、山之间实现了富含意义的对话。

海山仙馆的主要游径系统依托水面而建设。潘仕成的工匠们充分地利用了岭南人民长期治水及水中建造的经验，其游廊从贮韵楼两侧抄手发出，右抄以干栏式建设，与贮韵楼二层相接，廊下可通游船，说明访客乘船可经由荔湾涌直接进入园内。左抄以桥涵法建于水面，蜿蜒东南，接文海楼，出月门，另有平栏、水榭与月门相对。虽然要承受更高的造价，水中游径却使堤围有限的陆地面积及原有的果基系统得以最大限度的保留，并因此形成了游廊（栏）、果基两套结构清晰、相互交错的游径体系。

通过建筑与环境的系统化建设，海山仙馆完成了从唐荔园时期果基荷塘的农耕景观向岭南名园的蝶变。所谓"宏规巨构，独擅台榭水石之胜"，潘仕成仕商交织的文化本底与交游南北的知识储备得到最完整的体现。自然与人文，风雅与世俗，仙境与凡界，海山仙馆园门楹联明喻了潘仕成对仙境的向往，更隐含了"旧馆新人"的主体意识。

四、空间营造与日常生活

在构建"海上神山"的同时，"仙人"之用成为潘仕成空间营造的动力。围绕联谊、听戏、藏书、风雅等喜好，潘仕成建造了贮韵楼、文海楼、雪阁、亭榭回廊等建筑，从而将"仙人"之用内化为日常生活的空间，并因此获得了该时期广州上层人士的共鸣。

（一）宴集听戏——贮韵楼

无论从空间构图，还是日常使用，贮韵楼均为海山仙馆的中心。作为园内主体建筑，贮韵楼上悬广州将军奕湘所题匾额"云岛瑶台"。其用典显然来自《史记》有关蓬莱神话的记载，唐代画家李思训曾据此绘"一池三山"，其画意"仙山楼阁"也被用于清圆明园四十景之一"蓬岛瑶台"❶等园林空间的营造，而成为中国古典园林的经典范式。潘氏在京期间是否游历圆明园不可考，但族人中有堂叔潘有为北上为官多年，曾自述游览圆明园等皇家园林，后于广

---

❶　蓬岛瑶台 [C]// 中国圆明园学会 .《圆明园》学刊第十八期 .[出版者不详]，2015：104-107.

州花地造东园，成为清末广州文人园林的典范❶。潘仕成以"云岛瑶台"题记贮韵楼，在很大程度上反映了古代造园将典故、画意与空间体验综合施用的技术路线。

潘仕成构想的云岛上有两座建筑，即前座的贮韵楼和后座的戏台。从埃及尔 1844 年最早的影像来看，贮韵楼为两层卷棚歇山顶建筑，戏台为单层硬山顶（图 3-35）。在黎芳等人的照片或外销画中，贮韵楼面阔五间、进深四间，其中，正面明间较大，两梢间底层用于通廊（图 3-36）；横券前间较小，

图 3-35　1844 年埃及尔所摄主楼和戏台

图片来源：广州市荔湾区文化局，广州美术馆.海山仙馆名园拾萃 [M].广州：花城出版社，1999：8.

起到了前廊的作用。据西人记载推断，贮韵楼底层明间为敞厅式空间，用于会客接待来宾；二层中间为休息室，两侧为展览室，陈列着图画、武器和外国船只模型等❷。在贮韵楼后方、隔水相望 10 ～ 12 英尺的地方即戏台❸。戏台和主楼之间有廊桥用以通行，斐列勒（Ferriére le Vayer）称戏台是一个"浸在水里的有着瓷质绿龙装饰屋顶和彩绘金漆柱子的剧院"❹。于水上构筑戏台一方面受限于有限的堤岸面积，另一方面可能得益于潘早年在苏扬地区的交游经历。江南一带河网密布，水系繁多，故民间常利用水面或河岸构筑戏台，俗称"水乡舞台"或"河台"，戏班"班箱"（戏装、道具）可直接从船上搬进厢房❺。海山仙馆的水上戏台有可能借鉴了这种做法。俞洵庆称"音出水面"，贮韵楼与戏台所形成的前后座关系显然也考虑了声音传播的问题。

❶　彭长歆，张欣.从空间营造到文化生产：清末广州花地馥荫园再考 [J].风景园林，2022，29（9）：128-134.

❷　TIFFANY O.The Canton Chinese or The American's Sojourn in the Celestial Empire[M].Boston：J Munroe and Co.，1849：166-168.

❸　根据《理查德·亨利·达纳的传记》的记载。RICHARD H D.A biography[M].Boston：Houghton Mifflin and Company，1890.

❹　LE VAYER T F.Une Ambassade Française en Chine[M].Paris：Librairie D'Amyot，1854：287-288.

❺　中国戏曲志编辑委员会.中国戏曲志浙江卷 [M].北京：中国 ISBN 中心，2000：613-614.

图 3-36　海山仙馆贮韵楼
图片来源：中国国家图书馆 . 大英图书馆 .1860—1930：英国藏中国历史照片 [M]. 北京：国家图书馆出版社，
2008：235.（摄影：黎芳，约 1870 年）

　　贮韵楼承担了宴会接待、雅集娱乐等功能，其兴盛期当在两次鸦片战争
期间。清道光壬寅年（1842 年）、戊申年（1848 年），潘仕成两度邀请好友
亲朋宴集贮韵楼，夏銮长卷即在第二次雅集中绘成，并有诸友作诗韵题图上。
除了雅集，贮韵楼也是潘仕成接待外宾的场所。1842 年，奕山、祁贡假座
贮韵楼接待法国使者真盛意（Adolphe Dubois de Jancigny，1795—1860）；次
年，拉地蒙冬（Théodore de Lagrené，1800—1862）在此受接见；1844 年，潘
仕成又于贮韵楼先后宴请顾盛（Caleb Cushing，1800—1879）使团、拉萼尼
（éodore de Lagrené，1800—1862）使团等人，摄影师埃及尔就是借此际遇拍
摄了主楼的照片；1846 年，两广总督耆英于海山仙馆设宴接待首位美国驻华
公使义华业❶。1844 年 11 月，拉萼尼使团受邀来海山仙馆参加晚宴，埃及尔详
细记录了晚宴所听的三部戏曲❷。其中第二部从内容上推断，为折子戏《平贵

❶　中央研究院近代史研究所 . 中美关系史料（嘉庆道光咸丰朝）[Z]. 北京：中央研究院近代史研究所，
　　1968：241.
❷　ITIER J.Journal d'un Voyage en Chine en 1843，1844，1845，1846（Vol.2）[M].Paris：Chez Dauvin Et
　　Fontaine，1848：75-78.

《回窑》无疑 ❶。频繁的聚会建构了潘氏的日常生活，他曾诗云"花府艳神仙，丘壑经纶，应借荔湾留韵事；梨园新乐谱，池台风月，合从麴部补传奇"。该诗最为恰当地描述了潘仕成以贮韵楼为中心、以社会交往为核心的日常生活。

（二）贮藏古物典籍——文海楼

潘仕成好收藏。明清两代广东文教兴盛、经贸繁荣，推动收藏发展，清中期以后广东已成国内主要的典籍收藏地 ❷。作为清末广东文化艺术的主要赞助人，潘、伍、叶、颜四大行商家族均热衷于收藏，尤以潘家独占鳌头。为鉴藏典籍，潘氏族人热衷于藏书楼的营建，如潘有为建看篆楼，潘正亨建风月琴樽舫，潘正衡建黎斋，潘正炜建听帆楼，潘仕扬建三长物斋等。在社会风气与嗜藏家风的影响下，潘仕成以科举晋身，虽一介商人，仍追求文人风尚。他广收古籍、古帖、金石、古器、书画，冼玉清评其"所藏推为粤东第一" ❸。为贮藏典籍文玩，潘仕成在海山仙馆中专辟文海楼，斋号"周敦商彝秦镜汉剑唐琴宋元明书画墨迹长物之楼"，与伍崇曜、康有为、孔广陶并称"粤省四家"。

文海楼以内敛的姿态出现。它被设置在贮韵楼南侧相邻的一处水园中，两者相对疏远的空间距离确保了各自空间氛围的差异性（图3-37）。从佚名画家的画作（图3-38）中可见，文海楼与远处的贮韵楼遥相呼应，左右廊庑环绕，水园两侧堤围上分别有燕红小榭与孔雀亭（用于豢养孔雀），而近处桥涵则再次证实了前文对堤围营造的判断。文海楼是一座横向五开间、局部二层硬山顶的建筑，19世纪70年代黎芳的摄影在反映凋零时期残败景象的同时，依稀可见文海楼刻意为之的古拙（图3-39）。潘仕成似乎有意塑造清修朴实的空间氛围，以暗合文海楼存古访古的功能属性。

（三）堪舆营造——白塔与雪阁

海山仙馆东、西有塔。夏銮长卷中一塔背靠西侧假山，通体雪白，呈圆柱形；一塔位于水中央，为楼阁式塔。参考前文推定，两塔存于以贮韵楼为中心、左塔右山的空间构图中。其建造时间当在1844—1846年间，埃及尔1844年登上假山拍摄主楼照片，只字未提假山脚下及东侧的塔，至清道光丙午年（1846年）才在田豫所绘扇面中出现。

西塔为文笔风水塔无疑。该塔实心，塔身光洁无分层，塔顶圆锥形，整

❶ 该戏讲述了一个男人离家二十年，妻子在家乡苦苦等待，男人立下赫赫战功后归来，夫妻相见团聚的故事。

❷ 屈万里，昌彼得．图书版本学要略 [M]．台北：中国文化大学出版社，1986：62-63．

❸ 广东省文史馆．冼玉清文集 [M]．广州：中山大学出版社，1995：7-18．

图 3-37 从燕红小榭看文海楼

图片来源：（澳）George Ernest Morrison.Views of China. 卷 1 第 55 页 .（摄影：汤姆逊，时间不详）

图 3-38 海山仙馆文海楼外销画

图片来源：香港艺术馆 . 晚清中国外销画 [Z]. 香港市政局，1982：75.（画家：佚名）

图 3-39　海山仙馆文海楼

图片来源：中国国家图书馆，大英图书馆.1860—1930：英国藏中国历史照 [M].北京：国家图书馆出版社，2008：236.（摄影：黎芳，约 1870 年）

体形似文笔。潘仕成热心地方公益，对堪舆营造尤为重视。1844 年，潘仕成与怡和行伍崇曜等捐资重修赤岗、琶洲塔❶。二塔与莲花塔一道均始建于明万历年间，选址于广州城珠江沿岸水流交汇变向之处，在形胜上有镇水锁江之意。海山仙馆有着相似的地理区位，因位于荔湾涌与珠江交汇处，潘仕成在园林营造时就有意在西北角"相度地势，担土取石，壅而崇之"，后又在山脚加建宝塔，通过假山、宝塔关锁水口使地理形势获得平衡。潘仕成以文人自居，文笔塔之设又有兴文运、壮科举之意，隐含了对家族文运的期待。

　　东塔为六边形楼阁式塔，其所载文献较多，但在高度上却有不同。俞洵庆称"东有白塔，高五级，悉用白石堆砌而成"，奥利弗（Samuel Pasfield Oliver，1838—1907）的笔记称"穿越一个奇异的门和桥梁，我们来到了一座白色三层宝塔前。它坐落在一个小海角上……"❷ 而从历史照片判断（图 3-40），东塔为四层，首层开敞，二至四层逐层收分，层间设披檐，墙面设竖向窗扇。与传统楼阁式塔的结构不同，该塔各角点端部疑为西方柱式造型，向心伸出俞文所称的白石墙体，在承托楼面荷载的同时确保了外向立面的开放性。因屋顶攒尖高峻，又有七层宝珠塔刹，俞文五级之说相信是混淆了塔身与屋顶的结果。

❶　（清）谭莹.代潘德畬廉访伍紫垣察请同修赤岗、琶洲两文塔启 [M]//（清）谭莹.乐志堂文续集.卷二.清咸丰十年（1860 年）吏隐园刻本.

❷　OLIVER S P.On and off Duty，being Leaves from an Officer's Note-book[M].London：W.H.Allen & Co.，1881：9-12.

图 3-40　海山仙馆雪阁
图片来源：澳大利亚国家图书馆藏。（摄影：佚名）

东塔名雪阁，即白色楼阁之意。由于采用了放射形墙体布置，雪阁室内空间有限，其功能主要是登高望远。张维屏《荔湾行》诗云"雪阁三层矗海天"，自注潘园雪阁可以远眺；《游荔湾诗》又云"诗人指点潘园里，万绿丛中一阁尊。别有亭台堪远眺，叶家新筑小田园。"并注潘园有雪阁，高数百尺。该记述也说明了雪阁与小田园的对望关系，验证了前者的空间方位。总体来看，雪阁被视为潘园内风情之物，何绍基有诗"看眉轩写黛，雪阁凝霜"，将雪阁与眉轩并列；潘氏后人在《番禺潘氏诗略》中也有"雪阁风廊，荷塘花漱"的描述。登临雪阁，轩窗四开，景色壮美，奥利弗回忆称"我们登上白塔顶层，从那里可以看到珠江景色"❶，可见雪阁作为海山仙馆的最高点，拓展和延伸了园林的空间与视野。对于游览荔枝湾的中、西游客而言，雪阁是进入海山仙馆园界的重要地标。

（四）刻石遗芬——回廊三百间

面对广阔的园区与原有果基荷塘的空间结构，游廊成为串联海山仙馆各景区、建筑的基本策略。夏銮长卷中，这些游廊蜿蜒曲折贯穿整个园区。蒂法尼生动地描述了行走其间的体验："这些桥梁（游廊）无边无际，有的有顶，有的没顶，有的在高空中，有的几乎低至水面。"❷ 曲折高低的游廊沟通串联

---

❶　OLIVER S P.On and off Duty，being Leaves from an Officer's Note-book[M].London：W.H.Allen & Co.，1881：9-12.

❷　TIFFANY O.The Canton Chinese；or，The American's Sojourn in the Celestial Empire[M].Boston：J.Munroe and Co.，1849：168.

图 3-41　游廊所串联的水榭

图片来源：荷兰莱顿大学图书馆藏。

起一个又一个的荷塘水面，与亭台、楼阁、轩榭等园林建筑一道营造出丰富多变的园林空间，形成海山仙馆完整的水上游径系统（图 3-41）。

潘仕成并不满足于游廊便捷的交通功能，受苏州沧浪亭影响，潘氏建园伊始即将游廊视为展示所藏、怀念故友的空间。清道光九年（1829 年）至清同治四年（1865 年），潘仕成历时 36 年，将《海山仙馆丛书》461 卷、《海山仙馆丛贴》68 卷、楔序 2 卷等刻石上千版，陆续镶嵌于海山仙馆的 300 多间回廊中。其中《尺素遗芬》刻石形成于清咸丰七年（1857 年）至清同治四年（1865 年）间。潘仕成在园林空间中展示这些石刻的记录最早见于 1844 年蒂法尼游记："主楼内部和周边都放置着几块石碑，它们见证了潘与显赫人物之间的友谊"[1]；1848 年何绍基到访园中并作诗自注："文海楼下壁间嵌所摹勒古帖，碧纱笼处留过客诗。"[2] 其所见甚至还让他联想到袁枚的随园，后者将友人和自作诗文刻碑藏于自宅随园中，何绍基因此评价海山仙馆"园景淡雅，略似随园、邢园"[3]，并称"海山随地有经纶"。

这一系统性的文化建设也持续推动了海山仙馆的空间建设。奥利弗 1860 年 9 月游园时发现："游廊里有几个工人正在把碑文拓印在纸上……这些石碑装饰在游廊一侧……"[4] 为容纳更多的石刻，潘仕成不得不增建游廊。清同治癸亥年（1863 年）四月朔日，两广盐运使方濬颐过海山仙馆还发现"新

[1] TIFFANY O.The Canton Chinese or The American's Sojourn in the Celestial Empire[M].Boston：J.Munroe and Co.，1849：168.

[2] （清）何绍基.九月二十日潘德舆招饮海山仙馆即事有作（其一）[M]//（清）何绍基.东洲草堂诗钞卷十三.上海：上海古籍出版社，2012.

[3] （清）何绍基.九月二十日潘德舆招饮海山仙馆即事有作（其四）[M]//（清）何绍基.东洲草堂诗钞卷十三.上海：上海古籍出版社，2012.

[4] OLIVER S P.On and off Duty，being Leaves from an Officer's Note-book[M].London：W.H.Allen & Co.，1881：9-10.

筑回廊三百间以嵌石刻"❶。鉴于海山仙馆的空间格局，这一新的建设使园林空间向南拓展，即文海楼以南的荷塘在 19 世纪 60 年代后被拓展为新的建设场地。新的图像史料证实了这种可能性，一些在夏銮长卷和田豫扇面中未出现过的建筑出现在这片水域中，包括两处毗邻的带有前廊的亭馆（图 3-42、图 3-43）。海山仙馆刻石上千版，以现存每版刻石长 88 至 90 厘米，宽 33 至 40 厘米计❷，首尾相连接近千米，海山仙馆之宏大壮观可见一斑。有鉴于此，游廊在海山仙馆中不仅是传统意义的园林交通设施，更是体现潘仕成园林思想的重要文化空间。

图 3-42　夏銮长卷右侧水塘中的建筑其一
图片来源：荷兰莱顿大学图书馆藏。

图 3-43　夏銮长卷右侧水塘中的建筑其二
图片来源：洛杉矶盖蒂研究所藏《广州影集》。

　　在 19 世纪广州行商园林中西交融、蓬勃发展的背景下，海山仙馆展现了独特的空间生产方式与营造路径。一方面，潘仕成海山仙馆继承了明清以来围垦造田对场地的深刻影响，延续了唐荔园的水陆空间格局与果基荷塘的农业景观特色，呈现出与同时期行商花园卓然不同的野趣与自然；另一方面，早期交游南北、遍访名园的经历为潘仕成建海山仙馆提供了参照，其空间营造目标明确，重视个体审美与情感表达，从而使园林空间呈现出极高的整体性与精神追求。

　　为实现从唐荔园果基鱼塘农业景观向岭南名园的转变，潘仕成采取了综合性的空间营造策略。主要包括：借鉴蓬莱神话衍生的园林模式，结合传统环境思想，以"海上神山"为目标对果基鱼塘进行空间改造，实现以主体建筑贮韵楼为中心的景观空间构图；结合基塘围合并联的分布特征，以"仙人旧馆"

❶ （清）方濬颐. 同治癸亥四月朔日过海山仙馆得七律一首奉德畲二兄大人槃正 [M]// （清）方濬颐. 二知轩诗钞 .（清）同治五年（1866 年）刻本 .

❷ 大多石碑在海山仙馆被入馆拍卖后散失毁坏，目前仅剩石刻 200 余石，其中 118 石被选出收藏于广州艺术博物馆碑廊。

为宗旨进行园内建筑的营造，形成了贮韵楼、文海楼、雪阁等多个具有控制性的园林建筑，建构了以基塘为单元、不同功能的场域，以点带面控制全局；对游廊进行复合型文化空间建设，通过廊内镶嵌石刻，在串联各个园区建构水上游径体系的同时，建构了一种岭南园林从未出现过的线性文化空间。总而言之，借由系统性空间营造，潘仕成海山仙馆实现了造园意志与果基鱼塘农业生产景观的高度整合，并由此涵化出一种新的园林模式，而异于同时期以方整水院及奢华装饰为特色的行商园林。

第四节　花地馥荫园的空间营造与文化生产❶

私园营造向有赓续传统，即以前人所造园林为基础，后人续造形成新园，清末广州花地馥荫园即属此类。由于前后园主意趣品位及对宅园功能需求的不同，园林营造在保持相似空间结构的同时，在不同时期呈现不同特点。作为广州十三行时期行商私家园林的典型代表，东园由潘有为所造，后售予行商伍崇曜，改名馥荫园，又称福荫园❷。无论东园还是馥荫园，均有着十分显著的岭南园林特色，在清末广州经贸与社会活动中扮演了重要角色，19 世纪初广州许多文人雅士都曾到访此园，尤其在馥荫园时期该园更以接待西方商人著称。这些中外人士留下了大量中西文字史料与图像史料，为考证二园历史变迁与空间营造提供了文献基础。

一、同文行潘氏东园

潘氏东园位于广州花地策头村，由清末广州十三行之一同文行家族成员潘有为建造。潘有为，字毅堂，同文行创办人潘振承的次子，清乾隆三十七年（1772 年）中正榜进士，曾官至内阁中书，后从京中返粤不再复出，著有《南雪巢诗钞》❸。其个人意趣丰富，晚年好林泉声乐，诗名藉甚，善设色花卉，收藏书画鼎彝甚富，是传统文人士大夫的典型。潘有为喜爱园林胜景，曾于广州河南潘家祖业建南雪巢为居所，园外陂塘数顷，多种藕花，诗云"半郭半村供卧隐，藕塘三月鹡鸰飞"❹。后又于广州河南潘园筑六松园，于花地建东

❶　本节由彭长歆、张欣共同完成，主要内容出自：彭长歆，张欣.从空间营造到文化生产：清末广州花地馥荫园再考 [J].风景园林，2022，29（9）：128-134.

❷　彭长歆.清末广州十三行行商伍氏浩官造园史录 [J].中国园林，2010，26（5）：91-95.

❸　潘仪增（伯澄）辑，潘飞声（兰史）校.番禺潘氏诗略 [M].广州：广州图书馆藏.清光绪二十年（1894年）刻本.

❹　张维屏.国朝诗人征略 [M].广州：中山大学出版社，2004：23.

园，均以园林花竹为胜❶。

　　潘有为建东园一为侍奉母亲，二为寄寓情怀。作为孝子，潘有为谨遵礼节，早晚侍奉母亲长达十年，自称"册头村旧辟东园，选树莳花，为先大夫莫年怡情之所。自庚寅北上，迄遭讳南还，辛亥奉母版舆来停于此"❷。所谓"版舆"即晋人潘岳奉母典故，潘有为借指辞官奉养母亲。而辛亥年即清乾隆五十六年（1791年），说明东园建成不会晚于1791年。友人张维屏（1780—1859）也记述潘氏晚年好声乐，曾在园中排演戏剧以娱乐母亲❸。

　　东园紧邻策溪涌。谢兰生（1760—1831）诗有"东园啖荔……遂与泛舟策溪"❹，说明了东园与策溪的关系。另外，该地北有大通寺，即花地名胜"大通烟雨"所在，周边环境清幽，景致迷人，不仅是潘有为侍奉母亲暮年养老的居所，亦是抒发文人意趣所在。因北上为官多年，潘有为积累了十分丰富的游园赏玩经验，其中包括清漪园（颐和园）等皇家园林，曾自述"昆明湖畔筑堤植柳，夹以桃杏，春时红绿相间成荫，纡回十馀里"❺❻，描述游赏清漪园昆明湖畔春季美景的情况。南归广州后他闲居于河南潘园并营建六松园。其诗云"野竹锁烟移槛远，长萝牵翠补篱疏"❼，与潘氏崇尚高雅的审美观念与避世隐居的士人情节高度吻合。

　　不同于普通的宅地园林，东园尤以花木胜。花地自古为广州花卉生产与贸易的集散地，东园园外即"花市"（又称"花圩"），为花地重要的花卉市场❽。因兼具行商园宅和花卉种植及贸易的功能，东园中遍植松、柏、木棉等植物，四季林木葱郁，时花如菊、桂、金铃花、丁香等依时盛放，潘氏有诗"日给园丁卖碎花"❾，即描写每日清晨园丁采集园中花木进行买卖交易的场景。园

❶ 潘仪增（伯澄）辑，潘飞声（兰史）校.番禺潘氏诗略 [M].广州：广州图书馆藏.清光绪二十年（1894年）刻本.

❷ 潘有为.南雪巢诗钞 [M]// 广东省立中山图书馆，中山大学图书馆.清代稿钞本：第26册.广州：广东人民出版社，2007.

❸ 张维屏.国朝诗人征略 [M].广州：中山大学出版社，2004：23.

❹ 谢兰生.常惺惺斋日记（外四种）[M].广州：广东人民出版社，2014：341.

❺ "纡"意为弯曲、绕弯，纡回指曲折回环。"馀"同"余"。

❻ 潘有为.南雪巢诗钞 [M]// 广东省立中山图书馆，中山大学图书馆.清代稿钞本：第26册.广州：广东人民出版社，2007.

❼ 潘有为.南雪巢诗钞 [M]// 广东省立中山图书馆，中山大学图书馆.清代稿钞本：第26册.广州：广东人民出版社，2007.

❽ 彭长歆，王艳婷.城外造景：清末广州景园营造与岭南园林的近代转型 [J].中国园林，2021，37（11）：127-132.

❾ 谢璋.花地名园百年沧桑 [M]// 广州市芳村区政协文史资料委员会.芳村文史（第三辑）.[出版地不详]：[出版社不详]，1991：86-90.

中还颇多果树，潘有为称"园中香荔种极佳……夏至收其实……"❶另有枣和梅树于园中，可供赏玩食用。

东园因景色清幽雅致备受士大夫、文人、画家等青睐。潘有为赏园绝句"水榭风来面面亲，中央何地可容尘。轻蓑画舫绘竿影，却讶空潭映着人"❷，描写了风景优美宁静、亲朋相聚的场景。谢兰生在 1819 年至 1820 年多次往返花地东园游玩，赏玩桂花、秋菊、牡丹和杜鹃等❸。张维屏于 1837 年至 1846 年间长期借住东园，其间著书《花地集》等，中有《东园杂诗序》描写东园景色："虽无台榭美观，颇有林泉幽趣。"❹他沉醉于东园的自然趣味，曾作春夏秋冬之诗，描写园林四季景观。借住期间他还在东园内举办各类活动，如曲水流觞、宴请宾客、饮酒赋诗、高歌击节、赏花啖荔等。游赏东园之兴在很大程度上激发了官商士绅在花地造园的热潮，著名园林有杏林庄、康园等，张维屏本人也在花地建听松园作为养老之所。

二、东园易主与空间流变

东园的衰落始于同文行潘氏对行商贸易的疏远。潘有度（潘有为之弟）、潘有为相继去世后，同文行由潘有度之子潘正炜主持，潘振承之侄孙潘正威协理。此时潘氏对行商贸易渐生厌倦，潘氏后人逐渐转向仕途❺。其中，潘振承一脉后人和潘正威居住于广州河南潘园，诗文歌赋也集中此处，而潘正威之子潘仕成在荔湾泮塘修建著名园林海山仙馆❻。据此可以推测潘氏园宅营造逐渐转向河南潘园和荔湾泮塘附近，对花地东园则疏于管理，东园的变卖成为必然。

东园的变卖分为两部分。据广州芳村人谢璋介绍，北部主景区被辟为群芳园❼，园南部宅院区于 1846 年由伍氏购入并进行改建，易名"馥荫园"，又称福荫园。伍氏在旧园基础上拓建营造并用于接待、商谈、休憩和居住等，园

❶ 谢璋.花地名园百年沧桑[M]//广州市芳村区政协文史资料委员会.芳村文史(第三辑).[出版地不详]:[出版社不详]，1991：86-90.
❷ 谢璋.花地名园百年沧桑[M]//广州市芳村区政协文史资料委员会.芳村文史(第三辑).[出版地不详]:[出版社不详]，1991：86-90.
❸ KERR J G.A Guide to the City and Suburbs of Canton[M].Hong Kong：Kelly & Walsh Ltd.，1904：47.
❹ (清)张维屏.花地集[M]//(清)张维屏撰，陈宪猷标点.张南山全集(二).广州：广东高等教育出版社，1995：407-470.
❺ 潘刚儿，黄启臣，陈国栋.潘同文(孚)行：广州十三行之一[M].广州：华南理工大学出版社，2006：191.
❻ 李睿，冯江.广州海山仙馆的遗痕与遗产[J].建筑遗产，2021（4）：9-19.
❼ 谢璋.花地名园百年沧桑[M]//广州市芳村区政协文史资料委员会.芳村文史(第三辑).[出版地不详]:[出版社不详]，1991：86-90.

林名声较东园更甚，馥荫园成为西方人来粤必游之地[1]。1887 年春，广东南海人康有为在此著书《人类公理》，其日记中有"春居花埭伍氏之恒春园"[2]并作诗"假寓花埭伍氏福荫园两月……哀感徘何而去"[3]，其中"恒春园"和"福荫园"皆指伍氏馥荫园。随着 19 世纪末期行商贸易衰落，花地罗氏"罗时思堂"集资购入馥荫园，并将园林辟作六园用于出售花卉的苗圃，1938 年广州沦陷后被毁（图 3-44）。新中国成立后，馥荫园部分园林构筑物被纳入今醉观公园内，其中六松园石桥据称为馥荫园遗物。

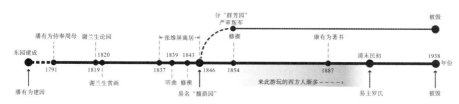

图 3-44　潘氏东园—伍氏馥荫园历史沿革

　　关于馥荫园的具体地点与园界范围，英国牧师格雷（John Henry Gray，1830—1884）曾描述进入馥荫园的路径："这块地位于一条小溪入口的左边，该小溪连着花地河和伍家的花园"[4]，可见这条小溪连接着花地河和馥荫园，是游览花地风光的必经路线，与谢兰生所称"策溪"对应。东园位于策溪北岸，谢璋记载东园易主被拆分为两部分——馥荫园和群芳园，依据它们的位置可以反推潘氏东园的大致园址。

　　比对历史地图和谢璋所画示意图（图 3-45），根据实地调研情况并应用层次叠加法，可以确定花地水系分布状况（图 3-46）。结合格雷的"大通烟雨码头—鹫峰寺—翠林园—群芳园—馥荫园"[5]水路游线等文献材料，可以进一步确定策溪为现今涌岸街与东漖北路一带。馥荫园处在策溪北岸，位于东漖北路、大策直街和瓦土地直街一带。在英国学者梅耶斯（William S.Frederick Mayers，1831—1878）著书中所指馥荫园位于花地策头村之东[6]。历史记载、地理图册和图像资料的综合叠加，可基本确定东园园址大致范围。

❶　KERR J G.A Guide to the City and Suburbs of Canton[M].Hong Kong：Kelly & Walsh Ltd.，1904：47.

❷　康有为.康有为选集 [M].舒芜，陈迩冬，王利器，选注.北京：人民文学出版社，2004：246.

❸　康有为.康有为全集·第十二 [M].姜义华，张荣华，编校.北京：中国人民大学出版社，2007：148.

❹　格雷.广州七天 [M].李国庆，邓赛，译.广州：广东人民出版社，2019：289-298.

❺　格雷.广州七天 [M].李国庆，邓赛，译.广州：广东人民出版社，2019：289-298.

❻　WILLIAM S F M.The Treaty Ports of China and Japan.A Complete Guide to the Open Ports of those Countries，together with Peking，Yedo，Hongkong and Macao[M].London：Trübner and Company，1867：197.

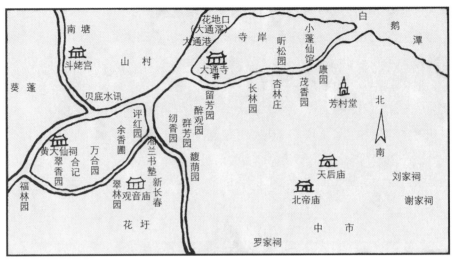

图 3-45　谢璋《清代花地园林示意图》

图片来源：广州市芳村区政协文史资料委员会.芳村文史（第三辑）[M].[出版地不详]:[出版社不详],
1991: 86-90.

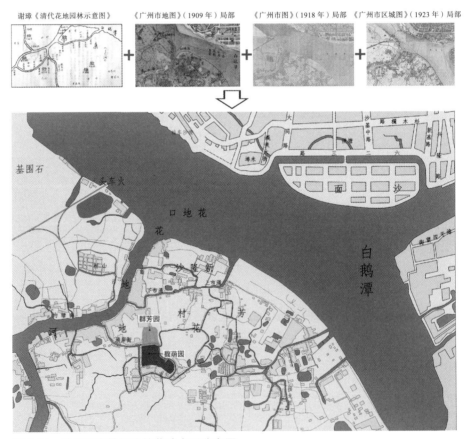

图 3-46　基于层次叠加法的花地水系分布图

图片来源：张欣绘制。

群芳园选址在馥荫园西北侧。根据 1854—1855 年间广东按察使在花地群芳园审问叛匪的记载❶，可以确定群芳园早在 1854 年之前已经建成。参考谢璋绘图可以确定群芳园位于现今合约街的北部，毗邻花地河和策溪涌。综上，东园园址范围在策溪涌北侧西面、花地河东到现今瓦土地直街一带（图 3-47）。

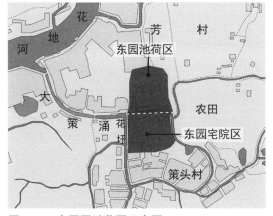

图 3-47　东园园址范围示意图

图片来源：张欣绘制。

三、伍氏馥荫园的改造与续建

馥荫园从整体格局上分为南、北两部分，清代蜀中画家田豫❷曾作《馥荫园图》对园林全貌进行描绘。田豫自称石友，清咸丰、同治年间寓居广州，曾为多个广州名园绘画，自述受伍氏所邀做客园中并绘制《馥荫园图》（图 3-48）。画中可见：馥荫园全园以西侧主入口和桥堤为界分为南北两部分。北侧园区为围合式布局，建筑环绕大荷塘紧密布置，分别布置回廊、曲桥、平台等串联主楼、画舫和六角亭等主体建筑，并在塘边加筑假山、台榭等景观节点。南侧园区以园墙为界分辟三处小园。其中，与北侧园区相邻为长方形水塘，有桥洞相通，上设桥亭；另两处小园较为隐秘，均以水池为中心构建，

图 3-48　田豫《馥荫园图》（纵 54.5 厘米、横 131 厘米，纸本设色）

图片来源：广东省博物馆。

❶ 格雷．广州七天 [M]．李国庆，邓赛，译．广州：广东人民出版社，2019：289-298.

❷ 《馥荫园图》题记："田豫，字石友，四川人，工界画，咸同间流寓广州甚久……又客伍氏为绘馥荫园图，即此图是也。"

并设草屋、亭、榭等建筑物。从园外策溪涌的走向及各园关系来看，馥荫园北侧园区由潘氏东园南部宅院区改建而来，南侧三园则为易主后由伍氏改造拓建而成。

东园格局以堂为界，分北侧池荷区和南侧宅院区，潘有为有诗"堂北池宽卷万荷，堂南觞咏一亭多"❶。可见堂北以水面为主，荷塘一望无际；南侧以堂为中心形成宅院区，有桥亭可做觞咏之所，即北堂南亭格局。易主后，馥荫园转变为伍氏家族娱乐消闲以及接待西方商人的场所，空间的娱乐化、公共化成为必然。

1846年东园易主后，伍崇曜对东园进行了改造。伍崇曜原名元薇，字良辅，号紫垣，商名绍荣，清末广东南海人，后接替其父主掌伍氏怡和行（怡和行为广州十三行之一）。他被西方人称为伍浩官，故而馥荫园也被称为"浩官花园"（Howqua's Garden）。清道光丙午年（1846年）春珠江宴会，包括张维屏在内的60余位本地文人雅士泛舟珠江，吟诗作赋，番禺人刘湘华以诗《春游次南山先生韵》唱和张维屏，诗中题记"先生东园，著书之所，今易为船厅"❷，说明东园内张维屏曾经的寓居治学之所在易主后迅速改建为船厅的史实。广州外销画家煜呱曾绘制《浩官花园》（图3-49），详细描绘了馥荫园北侧园区。从画中船厅建于水中及水面西绕的细节，可大致判断：船厅是在改造旧堂的基础上，向南侧水面加建而成，曲栏平桥显然也是这次改建的成果，而与船厅相对的桥亭则为东园旧物（图3-50）。至田豫绘画馥荫园当在19世纪50年代中后期，此时船厅东侧水面已被填埋平整，并营造了巨大的石山。

伍氏的改建使馥荫园具备了更加完善的接待与居住功能。1857年3月3日，馥荫园举行修禊雅集❸，张维屏受邀再访旧地，有诗"四面楼台三面水，摊书人坐百花中"❹，可见馥荫园围绕原有方形池塘加建了更多亭台楼榭。伍氏于入口旁设二层主楼用于园主居住，便于及时接待来客，甚至还可接纳贵宾暂住。除加建建筑外，伍氏加入更多景观要素。如见于田豫所绘、设于旧园东北角的大假山（图3-51），可供人停留并有曲折洞天之感，丰富了园林北侧的空间层次；而曲栏平桥呈对角线穿越水面，串联画舫与中路，丰富了游园动线。

❶ 潘有为.南雪巢诗钞[M]//广东省立中山图书馆，中山大学图书馆.清代稿钞本：第26册.广州：广东人民出版社，2007.

❷ （清）张维屏.新春宴游唱和诗[M]//（清）张维屏撰，陈宪猷标点.张南山全集（三）.广州：广东高等教育出版社，1994：582.

❸ 雅集就是以诗群乐、以文会友、相约酬唱往来的集会。

❹ （清）张维屏.草堂集[M]//（清）张维屏撰，陈宪猷标点.张南山全集（二）.广州：广东高等教育出版社，1995：648.

图 3-49　浩官花园

图片来源：VALERY M G.Heaven is High，the Emperor Far Away：Merchants and Mandarins in Old China[M]. Oxford：Oxford University Press（China）Ltd，2002：97.（煜呱绘制，约 1850 年）

图 3-50　从船厅一侧望向桥亭

图片来源：作者自藏历史照片。（摄影：佚名）

而英国海军军官、业余摄影师约翰·弗雷德里克·克里兹（John Frederick Crease，1837—1907）1858 年所摄照片显示右侧为船厅，此时馥荫园北侧宅院并无曲栏平桥，仅有伸出水面的埠头（图 3-52）。

图 3-51　馥荫园石假山
图片来源：中国国家图书馆，大英图书馆.1860—1930：英国藏中国历史照片（下）[M]. 北京：国家图书馆出版社，2008.（摄影：黎芳，约 1870—1875 年，作者考辨）

图 3-52　馥荫园北侧宅院
图片来源：加拿大不列颠省档案馆。（摄影：克里兹，1858 年）

　　通过改造，馥荫园显然也具备了家眷居住的条件。行商园宅中，往往将园宅分为女眷和接待两部分，这样可以保证园主接待客人的私密性，同时给家庭成员提供较为隐蔽的休憩场所。东园早期以侍奉潘母为主要功能，注重环境清幽，园中居住人口较少。而馥荫园的大量建设均指向日常的居住与生活。美国医学传教士波尔（Benjamin Lincoln Ball，1820—1859）参观馥荫园时发现：“浩官的妻子独自在房子里，如果我们坚持进去，就会被杀死……”❶ 明确显示伍浩官将馥荫园用作安置家眷的住所。同样，大量纪实性外销画在描绘馥荫园北部宅院时，仅有女眷游赏花园也印证了这一点。从方位上看，北侧园区位于园门东北侧，视线隐蔽且较为安静，是女眷居住的佳选。

　　伍浩官对馥荫园最大的贡献在于对园区南侧的拓展。包括潘有为本人及大量到访的文人在内的记载表明，东园时期的园林主要集中在以北侧“堂”为中心的区域，南侧边界至亭而止，这说明亭以南部分在东园时期或为荒地，或在园外。伍氏造园擅长多个庭院空间组合的营造方式。18 世纪初，伍氏在广州河南建万松园，格雷在游玩该园期间，描述万松园有土丘林木、亭台楼榭和大荷塘等多个园区❷。在购入东园后，伍氏将造万松园所积累经验应用于馥荫园的营建。

❶ BALL B L.Rambles in Eastern Asia：Including China and Manila，During Several Years' Residence[M]. 2nd ed.Boston：James French And Company，1855：124.

❷ 格雷 . 广州七天 [M]. 李国庆，邓赛，译 . 广州：广东人民出版社，2019：289-298.

有理由相信，由于对外接待的需要，馥荫园重建了园区的主入口及相应的序列空间。园区主入口设于馥荫园中路，为三开间厅堂式建筑（图 3-53），与东园遗构桥亭（图 3-54）相对，强化了礼仪的需要。通过门厅进入园内，地面为石铺长甬道，然后有八边形景门，过景门即桥亭（图 3-55），亦称画桥 ❶，并指向远端东侧园区的会客厅（图 3-56）。甬道两侧以花台置盆栽，形成强烈的轴线感，同时中路轴线的设置也使馥荫园具有更加均衡的空间结构。

图 3-53　馥荫园中路空间序列
图片来源：加拿大不列颠省档案馆。（摄影：John Frederick Crease，1858 年）

图 3-54　馥荫园桥亭（画桥）
图片来源：中国国家图书馆，大英图书馆.1860—1930：英国藏中国历史照片（下）[M].北京：国家图书馆出版社,2008.（摄影：黎芳,约 1870—1875 年）

图 3-55　馥荫园景门与桥亭
图片来源：赵省伟.西洋镜：一个英国战地摄影师镜头下的第二次鸦片战争 [M].北京：台海出版社，2017：136-137.（摄影：Felice Beato，1860 年）

图 3-56　馥荫园会客厅
图片来源：加拿大不列颠省档案馆。（摄影：克里兹，1858 年）

南侧园区显然是为了客人准备的。美国传教士大卫·雅裨理（David Abeel，1804—1846）参观潘、伍两行商在河南的园宅时明确指出："园宅由一

❶ 邓其生.番禺余荫山房布局特色 [J].中国园林,1993（1）:41.北宋词人柳永所作《望海潮》有"烟柳画桥"之说。

系列的建筑组成……一套公寓是为妇女准备的,另一套是为客人准备的。"❶ 这说明行商花园在空间营造时有意识地将私人空间与公共空间区分开来。同样,在花地馥荫园中,南侧园区也是给客人准备的。围绕长方形池岸是门厅、景门、画桥等园林建筑。在田豫的画作中还可见环绕水池的园路,显示出空间设计对于游览需求的响应。水池以南至园界间更是林木葱茏,以类似自然的环境丰富了宾客尤其是西方人的游园体验。从某种程度上看,馥荫园的改造与拓展呈现出明显的公共性。

　　植物运用方面,馥荫园广泛地采用了本地物种,并注重食用果树、遮阳乔木与观赏花木的结合。由于外销画的写实风格,有关花地馥荫园的画作中均可见林木茂盛的植物景观,鲜花在花园中随处可见,并以盆栽的形式放置在池塘边的矮墙上或步道边。因为地处花地这一广州传统的花木苗圃地区,花地馥荫园在植物种类和数量等方面尤为突出。英国博物学家福芎(Robert Fortune,1812—1880)1857 年到访该园时发现:"(园中)植物包含有许多为英格兰所熟悉的华南地区的优良标本,例如大花蕙兰、桂花、橘树、玫瑰花、茶花、木兰等,当然还有大量的盆景树,没有哪一个中国花园考虑得这样周全。"❷ 虽然并不认同中国传统园艺对树木的加工,费弗尔女士也对该园中盆景的运用留下深刻印象:"中国人十分擅长缩微的艺术,……这些盆景树木在花园中随处可见,……最值得留意的是那细小的枝头上满载的果实。"❸

四、诗文与图像:文化生产的转向

　　从东园到馥荫园,不仅是营造主体与使用方式的转变,也隐含文化生产的转向。作为清末广州文化艺术的重要赞助人,潘氏、伍氏通过园林空间聚集文化群体。由于面向对象及使用方式的不同,其所生产的文化产品呈现出十分有趣的差异,并暗合了清末广州文化的转型。

　　东园频繁雅集,聚集了一大批有影响力的文人士大夫。自建园起,谢兰生三次造访东园,张维屏居住东园的 9 年间,有记载的文人雅集活动多达 11次。作为雅集赞助人与召集人,潘有为和张维屏凭借其文化特质和社会地位,在东园聚集了一大批意识形态和思想观念相似的特殊社会群体,例如官员林

❶ ABEEL D.Journal of a Residence in China and the Neighboring Countriesm, from 1829 to 1833[M].New York: LEAVITT, LORD &Co and BOSTON-CROCKER & BREWSTER, 1834: 117-118.

❷ FORTUNE R.A Residence among the Chinese: Inland, on the coast, and at sea[M].London: J.Murray, 1857: 214-215.

❸ PFEIFFER I.A Woman's Journey Round the World, From Vienna to Brazil, Chili, Tahiti, China, Hindostan, Persia, and Asia Minor.London: N.Cooke, 1854: [页码不详].

则徐、冯誉骥，举人金锡龄、陈澧，名儒黄培芳，画家谢兰生，学者许玉彬，僧人澄波上人、退谷等。这类人群普遍担任古籍校对、史哲评述、著书立学、行政管理等社会上层工作，且都擅长诗词歌赋和琴棋书画，他们在东园中吟诗作画、高歌击节、曲水流觞等，使东园成为清末广州文化生产的空间。

诗文是东园雅集最重要的文化产品。潘有为建东园后作十首绝句来咏诵东园景物，采用借物比兴等方法抒发南归隐居的复杂感情。张维屏借住东园9年间，著书《花地集》，内含诗文185首，明确记载和描写东园的诗文达17首，诗集中多次描写东园景物，并引用先贤典故暗指自己乐居郊野的避世思想，传递出仕的精神诉求。总体而言，东园所呈现的是古典时代文化生产的特征，即以空间为媒介、以文字为载体，即景抒怀、慨叹人生。由于雅集所呈现的集体意识与共同追求，东园吸引了大量的志同道合之士，在壮大群体、提高凝聚力的同时，成为传播观念和意识形态的有效途径。

不同于潘氏东园的精英气质，馥荫园时代的伍氏浩官视园林为世俗的空间。因承担外贸接待的功能，馥荫园天然具备了外向、开放的属性。伍崇曜乐于在馥荫园接待宾客，外国游客如商人、植物学家、传教士、画家等也纷纷来馥荫园赏玩。伍氏需要一个传递其富有商人身份的空间，正如波尔所说，"伍浩官是为了有一个漂亮的地方来招待他的外国朋友"❶。馥荫园时常在重要节假日接待西方游客，为西方人观察、研究广州上层社会生活提供了绝佳的空间。

19世纪新的图像技术的出现为西方人观察、记录馥荫园提供了最好的工具。早期经过西方透视技法训练的外销画画家如庭呱、煜呱等，受西方人委托创作各种广州风景及人文画作❷，对外开放的馥荫园自然成为重要的题材。自摄影技术传入中国以来，更有英国人克里兹、意大利人比托（Felice Beato，1832—1909）、瑞士人罗西耶（Pierre Joseph Rossier，1829—1886）等，以及中国摄影师黎芳来园拍摄。作为一种跨文字、跨种族，乃至跨国家的传媒媒介，外销画、摄影及铜版画等各类图像作品将馥荫园的视觉形象以一种前所未有的方式向世界传播，成为馥荫园不同于东园时期的重要文化输出。

馥荫园的图像制作也影响到清末广州公共视觉产品的生产。在19世纪末广州南华医学堂的一幅师生合影中，西方女教师与女学生端坐于照相馆的油画布景前（图3-57）。有意思的是，虽然有修改及再创作的成分，布景显示的正

---

❶ BALL B L.Rambles in Eastern Asia：Including China and Manila，During Several Years' Residence[M]. 2nd ed.Boston：James French And Company，1855：124.

❷ 王雪睿，李翔宁.18世纪中国外销壁纸中的岭南园林：建筑文化的他者想象 [J].建筑学报，2020（12）：57-63.

是馥荫园园景一角，说明馥荫园的图像化视觉产品已经参与到摄影等社会行业中，成为公众喜闻乐见的视觉文化符号。仍需指出的是，有关馥荫园的图像生产无形中也起到了传播园林营造技艺的作用。清同治十年（1871年）邬氏在番禺南村建成余荫山房，即现存岭南四大名园之一，考察画桥（图3-58）等园林建筑原型，很难不将其与馥荫园的桥亭等联系在一起。

图 3-57　19 世纪末南华医学堂西方女教师与女学生合影

图片来源：HARRIET N N.A Light in the Land of Sinim：Forty-five Years in the True Light Seminary（1872—1917）[M].New York：Fleming H.Revell Company，1919：88-89.

图 3-58　番禺余荫山房画桥（摄于 2021 年）

同为行商，潘有为、伍崇曜两位园林赞助人在不同时期介入同一空间的营造中，这为比较两人的园林趣味提供了可能。潘氏与伍氏的共识建立在园址的自然条件上，花地策溪末端的这块园地引水方便、适于造塘，符合清末广州园林的普遍趣味。但潘氏视东园为郊野小筑，先奉母十年，后居停于此用以暂离商行贸易的烦扰，其造园意志当然去繁就简，无台榭之美，却有林泉幽趣。而伍氏以巨贾入主东园，大事营造以彰显赫，"馥荫"（或"福荫"）园名诠释了伍氏对祖荫福泽的感恩。心志与意志的不同决定了空间生产的强度与密度，馥荫园对宅院区的改造，以及对中路的礼仪性建设暗合了伍氏对园林性格的定位。

园林性格的塑造在很大程度上有赖于访客群体的介入、诠释与传播。由于面向对象的差异性，东园与馥荫园的口碑分别来自广州士大夫阶层与西方游客。前者在传统知识精英的主导下，以文字这种相对隐秘的方式进行传播，文化受众限于识字的上层社会；而后者伴随着外销画画家、中西摄影师的进入，访客视角下的园林图景被大量记录并制作，并以公共视觉产品的形式被快速传播。从某种意义上看，馥荫园的图像化视觉传播更能反映转型时期广州园林的现代性。

第四章

条约体系下的公共绿地建设

第一次鸦片战争后，清政府被迫与英国政府签订《南京条约》，在随后半个多世纪里，岭南地区成为条约制度影响最为深刻的地区之一。伴随着条约口岸、租界及其他西方人特权区域的开辟，以公共绿地为主要内容的西方风景园林文化、思想渐次输入，并形成了公园、城市绿化、校园绿地等多样化的风景园林实践，在改变传统城市空间的同时，推动了清末岭南园林的现代转型。

第一节　广州十三行美国花园、英国花园的创建

过去一般认为，清同治七年（1868 年）落成的，位于上海外滩北端、英美公共租界南侧的公家花园（Public Garden，后依次改名为外滩花园、外滩公园、黄浦公园，现已改为纪念广场）为中国出现的第一个公园。但是，当我们将眼光投向西方人活动更早的广州十三行地区后发现，在两次鸦片战争之间，英国商馆和美国商馆前的珠江河滩上也曾出现过由在粤西方商人共同使用的两处相连的园林，即当时根据出资人和所处地段的不同而被分别命名的美国花园（American Garden）和英国花园（English Garden）。其建造初步反映了西方近代公园的规划理念，其植物配置的本土化是西方植物学家对华南植物长期研究的结果；与此同时，在广州的西方商人还引入教堂等公共活动空间，并组建管理机构等，从而使美国花园、英国花园真正成为中国近代最早出现的、具有现代意义的西式公园，在中国近代公园史上具有开创性意义。十三行美国花园、英国花园的创建也是 19 世纪中期全球性公园建造活动的一部分，与后来的香港兵头花园、上海外滩花园一道，成为世界公园建造史中无法阁顾的重要环节。

一、十三行空间结构

虽然土地易手的情况时有发生，广州十三行商馆排列及土地利用的情况至 19 世纪基本稳定。1840 年布拉姆斯通（W.Bramston）所绘十三行总平面图反映了商馆区的布局（图 4-1）：由西向东依次为丹麦行（又称德兴行，Danish Factory）、西班牙行（Spanish Factory）、法国行（French Factory）、明官行（Mingqua's Factory）、美国行（又称广源行，American Factory）、宝顺行（Paoushun Factory）、帝国行（即德国馆，Imperial Factory）、瑞典行（Swedish Factory）、老英行（Old English Factory）、周周行（又称丰泰行，Chow Chow Factory）、新英行（又称宝和行，New English Factory）、荷兰行（又称集义行，

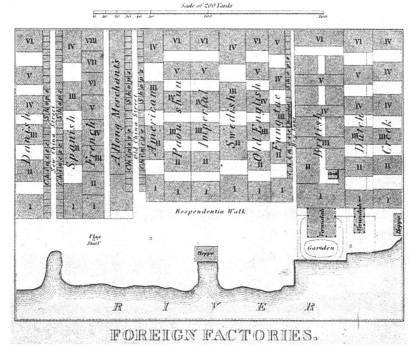

图 4-1 1840 年十三行总平面图

图中右侧英国馆前部已出现"Garden"标注，中部前广场则标注为"Walk"区域。

图片来源：香港艺术馆.珠江风貌：澳门、广州及香港 [Z]. 香港市政局，2002：143.（测绘：W.Bramston）

Dutch Factory）、小溪行（又称怡和行，Greek Factory），共十三座洋行商馆，并被垂直于北面十三行街的同文街、靖远街（又称老中国街）、新豆栏街（又称猪巷，Hog Lare）三条街巷分成三个区域。在商馆前面几乎同样大小的土地相信是常年淤积及人为填筑的结果，这片新出现的土地在第一次鸦片战争后建造了新的商馆（主要集中在西侧），而该时期税关（Hopper）位于十三行的正前方。

　　1840 年第一次鸦片战争后，由于西方国家在华政治及经济地位的改变，十三行经历了由纯粹商馆区向符合西方模式的社区的过渡。绘于 1850 年前后的多幅外销画反映了这种变化：十三行作为第一交易场所的功能已经弱化，早期用于交易的十三行前平台大约从 1842 年前后开始被改造成美国花园❶，并按照西方模式进行建设，数年后成为树木繁盛、配植丰富的西式花园❷。而直接交易中心和装运场则迁移到了广州河南原货仓所在地。另外，两次鸦片战争之间十三行区域内出现了一座重要建筑物，即 1847 年购买了英国馆和荷兰

❶　江滢河.鸦片战争后广州十三行商馆区的西式花园 [J].海交史研究，2013（1）：111-124.

❷　彭长歆.中国近代公园之始：广州十三行美国花园和英国花园 [J].中国园林，2014（6）：108-114.

馆的部分场地而建起的英国圣公会教堂[1]。教堂和花园的出现从根本上改变了十三行商馆区作为贸易使用的原始定位，标志着广州城外西方人社区的正式形成。十三行实际成为西方各国在华的政治及经济中枢，应花园管理而成立的"广州花园基金会"更成为十三行具有自治性质的西方人社会公共事务管理机构的雏形[2]。

二、英国花园、美国花园的植入

十三行前广场最初为滩涂。早期商馆甚至采用干栏式建筑以确保不被潮汐淹没。随着常年淤积及商人们有意的拓展，十三行前广场逐渐成形，其功能主要用于临时堆放货物，后来沿珠江河岸种了几株供遮阴的大树。但从有关十三行的外销画来看，至少在1822年火灾前，除了美国馆前的广场稍大外，其他部分不足以满足大量的人流聚集，更遑论悠闲地散步。

由于来华西方人渐多，十三行区域形成了持续增加的空间压力。1834年，英国东印度公司的贸易垄断权被终止后，更多的英国商人开始进入广州。至1836年，十三行地区大约有150个英国定居者，英国人数量在所有商行中为最多，其次是美国人，人数大约有40个[3]。数百个西方人拥挤在十三行狭窄的沿江地带内，其单一男性的人口状况和严苛的活动限制使西方商人想方设法改善自己的生活环境、丰富自己的闲暇生活，除前述采用西方建筑形式建造商馆以营造熟悉的环境氛围外，西方商人还不时举办西式宴会、音乐会、划船比赛等西方上流社会的社交活动[4]，并周期性地造访中国行商在河南、花地及荔湾的花园。更多时候，西方商人们在十三行前的广场上散步。因为缺少栅栏的隔离，不时有针对西方人的暴力活动发生。

英国东印度公司最早开展花园建造的工作。在清理了因1822年火灾而堆积的垃圾后，英国人在其馆前建造了一个面积约7万平方英尺（约0.63公顷）的私家花园[5]，1831年更打算将花园向江边扩展，但遭到了广东官府的反对[6]。

---

[1] GARRETT V M.Heaven is High，the Emperor Far Away：Merchants and Mandarins in Old Canton[M]. Oxford：Oxford University Press，2002：155.

[2] 十三行"广州花园基金会"成立时间不详，但沙面租界开辟后，该组织依然存在，并继续担任英租界公共花园的管理之责。

[3] The Chinese Repository 5（May 1836-1837）：426-432. 这些人数包括船长和商人，他们在贸易季节居住在商馆内，另外还有数十个巴斯商人，他们活动于印度与中国之间。

[4] 这些活动在亨特（William C.Hunter）《广州番鬼录》（The Fankwae at Canton）和《旧中国杂记》（Bits of Old China）中都有不同程度的描写。

[5] 朱均珍. 中国近代园林史（上编）[M]. 北京：中国建筑工业出版社，2012：21.

[6] Johnathan A.Farris.Dwelling Factors：Western Merchants in Canton. 载 Investing in the Early Modern Built Environment：Europeans，Asians，Settlers and Indigenous Societies（European Expansion and Indigenous Response），edited by Carole Shammas，Brill Academic Pub.，2012：178.

在 1840 年第一次鸦片战争爆发前，英国馆所建花园中的树木已长得十分茂盛。但该时期，英国花园尚属于英国馆独有，不具备公共花园的性质。

第一次鸦片战争后，十三行开始经历由纯粹商馆区向西式社区的过渡。由于战后条约的签订及西方国家在华政治、经济地位的改变，西方商人被允许在十三行长期居留和工作，而不再仅限于贸易季节；交易中心和装运场迁移到了珠江南岸原货仓所在地或更远的黄埔港，十三行作为第一交易场所的功能被弱化，西方人社区在广州逐渐形成。1841 年大火后，早期用于交易的十三行前平台更显空旷。与此同时，由于清政府和西方政府在隔离政策上的共识，广场用栅栏围合以防止中国人进入。十三行前广场的功能转型势在必行。

1842 年前后❶，美国花园开始建造。其范围北以十三行前的道路为界，西至靖远街，东至新豆栏街（又称猪巷），南临珠江，面积 13 万平方英尺（约 1.2 公顷）❷。美国人讷伊（Gideon Nye）和德兰诺（Warren Delano）最早开始对场地进行修整，包括种树。❸随后，美国商人伊萨克·布尔（Isaac M.Bull，1808—1884）担任了美国花园的规划设计，并负责对花园建造及装饰进行监管❹。布尔来自罗得岛州一个有名望的家族，20 岁时即担任商船主管，随叔父爱德华·卡林顿（Edward Carrington）来到广州，稍后创办自己的贸易公司（先为 Bull，Nye & Co.，后为 Bull，Perdon & Co.），为当时十三行最大的美资贸易公司❺。布尔的设计是几何形花坛的组合，他在美国馆前的方形广场内，布置了八组大型圆形花坛，其他大小不等的长方形及扇形花坛分布在圆形花坛之间及广场的四角，条形石凳则散布在花园各处；高耸的旗杆被设置在中央花坛的中心，上面飘扬着美国国旗，花坛一周以盆栽花卉装饰。花园四边采用了不同形式的围墙，其中，面向西侧靖远街和东侧新豆栏街为实体封闭围墙，面向珠江和商馆则采用了通透的栅栏，并设有门扇可供进出；临珠江一侧还设有埠头可供船舶停靠；该时期税关建筑依然存在，成为分隔两座花园的标志（图 4-2）。

英国人随后开始了整合十三行土地及空间资源的行动。1843 年 11 月 25

---

❶ 目前所知，以花园（Garden）称呼十三行前广场最早见于 1843 年 5 月 15 日美国波士顿商人 Paul S. Forbes 的日记，第一次鸦片战争以 1842 年 8 月 29 日中英《南京条约》的签订为标志而结束。

❷ 朱均珍 . 中国近代园林史（上编）[M]. 北京：中国建筑工业出版社，2012：21.

❸ 江滢河 . 鸦片战争后广州十三行商馆区的西式花园 [J]. 海交史研究，2013（1）：111-124.

❹ 参见金斯曼家族档案 "Kinsman Family Papers"，Peabody Essex Museum，Salem，Mass.，Mss.43，Box3，folder 9，letter dated November 28，1843，转引 Johnathan A Farris.Dwelling Factors：Western Merchants in Canton[M]// Investing in the Early Modern Built Environment：Europeans，Asians，Settlers and Indigenous Societies（European Expansion and Indigenous Response），edited by Carole Shammas，Brill Academic Pub.，2012：183.

❺ 1884 年 9 月 10 日的《纽约时报》刊载了 Isssac M.Bull 的死讯和生平。

图 4-2　十三行美国花园（1844—1845 年）

图片来源：香港艺术馆.珠江风貌：澳门、广州及香港 [Z].香港市政局，2002.

日，在通商条约的保护下，英国商人与十三行的怡和、广利、同孚等行商签订租地草案，并租借了西面的新豆栏巷❶。此次租地在将新豆栏巷变为私有的同时，废除了长期分隔十三行前广场的公共通道，英国馆前广场得以与美国花园连成一片。经过持续的建设，英国花园也与美国花园一样日臻完善。至 1847 年 4 月 5 日，英国驻华公使兼香港总督德庇时（John Francis Davis）携英军闯入十三行，与两广总督耆英谈判准许英国人入城贸易等事项时，英国花园的植物已十分茂密（图 4-3）。而在英国舰队司令巴特（William Thornton Bate）1856 年主导测量的十三行地图中（图 4-4），美国花园与英国花园有着明确的边界与名称，确认了其空间形态的存在。

　　在建设花园的同时，一些新的公共空间和机构被植入以满足西方商人社会活动和自治管理的需要。1847 年，英国圣公会在英国花园内建造起一座教堂（图 4-5），总共花费了 137843.34 英镑，其中一半来源于在广州英国人的捐款，另一半由英国政府出资❷。教堂的出现从根本上改变了十三行商馆区作为贸易

❶ 王云泉：《广州租界地区的来龙去脉》，载《广州的洋行与租界》，广州文史资料，1992 年 12 月，第 44 辑，第 8-9 页。此次租地也被视为租界制度及《土地章程》的缘起。

❷ GARRETT V M.Heaven is High，the Emperor Far Away：Merchants and Mandarins in Old Canton[M]. Oxford：Oxford University Press，2002：155.

图 4-3　1847 年英军闯入商馆时的美国花园（左）、英国花园（右）
图片来源：香江遗珍：遮打爵士藏品选，香港艺术馆，2007.

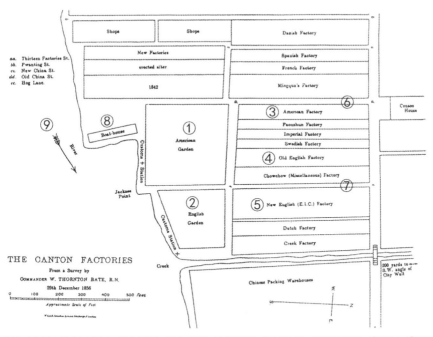

①美国花园；②英国花园；③美国行；④老英行；⑤新英行；⑥靖远街；⑦新豆栅街；⑧船屋；⑨珠江。

图 4-4　广州十三行
图片来源：MORSE H B.The International Relations of the Chinese Empire[M] .Global Oriental，2004.（W.
Thornton Bate，1856 年，作者标注）

图 4-5　美国花园、英国花园东眺（1848—1856 年）

图片来源：香港艺术馆．珠江风貌：澳门、广州及香港 [Z].香港市政局，2002.

使用的原始定位，标志着广州城外西方人社区的正式形成。应花园管理而成立的"广州花园基金会"更成为广州西方人社会具有自治性质的公共事务管理机构的雏形 ❶。

三、华南植物的研究与花园植物配置的地域性

十三行美国花园、英国花园的植物配置展现了 19 世纪西方人对华南地区植物的高度熟悉。从布尔设计的美国花园可以看到，各种乔木、灌木被有序地搭配以确保花坛中植物景观的层次、形态和色彩，其种植设计甚至还考虑到合适的种植间距以确保良好生长所需要的空间（参见图 4-2）。在另一幅画作中，可以看到花园内乔木种类丰富，各种植物形态优美，疏密有致，并呈现出良好的生长状况（图 4-6）。十三行研究学者法瑞斯（Johnathan A. Farris）认为，布尔的设计与英国景园学家约翰·克劳迪斯·路登（John Claudius Loudon，1783—1843）提倡的"花园式"景园风格不谋而合 ❷。

---

❶ 十三行"广州花园基金会"成立时间不详，但沙面租界开辟后，该组织依然存在，并继续担任英租界公共花园的管理之责。

❷ JOHNATHAN A.Farris.Thirteen Factories of Canton：An Architecture of Sino-Western Collaboration and Confrontation[M]// Investing in the Early Modern Built Environment：Europeans，Asians，Settlers and Indigenous Societies（European Expansion and Indigenous Response），edited by Carole Shammas，Brill Academic Pub.，2012：183.

图 4-6 美国商馆与美国花园

图片来源: CROSSMAN C L.The China Trade: Export Paintings，Furniture，Silver and Other Objects[M].Pyne Press，1972: 109.（画家: 佚名）

　　路登为 19 世纪前期英国最重要的植物学家和园艺学家。他早年在爱丁堡大学（University of Edinburgh）学习化学、植物学和农学，随后成为一名景观规划师。在其一生中，有许多关于农业种植、园艺、城市规划和景园设计等方面的著作和论述。1832 年，路登提出了"花园式"（Gardenesque）景园设计理论，以区别之前风行英国的"画意式"（Picturesque）自然风致园林。路登认为"画意式"种植漠视了植物的自然本性，其种植设计被视为艺术工作而以选用奇异的植物为标准。路登的设计理论极大地影响了 19 世纪前期欧洲尤其是英国的景园学说。

　　作为珠三角地区花卉、苗木种植与贸易的集散地，广州十三行对岸的花地在中西园艺交流方面扮演了十分重要的角色。花地以悠久的花卉种植而得名，为广州古代重要的花木培育地和传统花卉交易市场。"一口通商"时期，因清政府限制西人活动、准游花地的政策，花地为西方商人所流连。因种植花卉品种繁多、园艺高超，同时在 18 世纪欧洲宫廷"中国热"的推动下，西方植物学家通过各种途径学习花地苗圃的种植技术与养护经验。中国古代园艺中的名贵花卉，包括月季、杜鹃、山茶和牡丹等也通过中西贸易由花地流入西方，极大地推动了欧洲花卉品种的改良。

中西贸易的开展为欧洲持续获得中国的植物与花卉信息提供了契机。作为一门科学，植物学在 18 世纪的欧洲已形成十分成熟的研究方法，包括标本采集、科学描述、分类和命名等。由于路途遥远且行动受到限制，欧洲植物园和植物学家大多通过十三行欧洲商人，以各种形式对华南植物进行收集和调查。采集植物样本和种子并携带回国是最直接的方式。对于欧洲人而言，发现新物种是一件非常荣耀的事情。当一种新的植物在园林杂志里被描述时，负责把它带回国的船长的名字总会被公开并给予赞赏。在这种荣誉的激励下，英国东印度公司的胡美（Abraham Hume）和斯拉特（Gilbert Slater）在 18 世纪末曾经将品种繁多的中国菊花和其他园林花卉引种到英国 ❶。作为广州观赏植物的传统培育场地，花地的苗圃定期为商馆提供花卉，并周期性地举办花市，而广州行商的花园也为西方植物学家采集中国植物样本提供了方便。

除采集植物种子及运送植物活体外，植物图像的绘制是中国植物研究的一项重要方法。由于旅途遥远，活体花卉样本的运输往往无法完成。17 世纪因中西贸易发展起来的外销画为西方人了解中国园林与园林用植物及花卉提供了视觉材料。为真实反映植物及花卉特征，中国画匠被授以西方绘画知识，包括色彩运用及透视画法等。到 18 世纪末，在中国的英国博物学家选用中国图画作为科学资料，或雇用中国画师对植物样本进行图解成为惯例，并因此留下大量有关中国植物的图谱（图 4-7）。

为更好地收集和研究华南植物，一些重要的植物园和研究机构与广州商馆的西方雇员建立了长期的合作关系。早在 1793 年英国马噶尔尼使团访华时，两名花匠被派遣随团收集植物标本 ❷。作为英国皇家学会（Royal Society）主席及皇家植物园（Kew Garden，即丘园）的顾问，班克斯（Joseph Banks，1743—1820）积极通过英国东印度公司招收门徒。范发迪（Fa-ti Fan）的研究发现，先后被招募的商馆成员包括：商馆雇员敦肯（John Duncan）、医生杜立肯（Alexarder Dunican）和李文斯东（John Livingstone）、第一位英国汉学家史当东（George Thomas Staunton）、第一位踏足广州的新教传教士马礼逊（Robert Morrison，1782—1834），以及茶叶检查员利维斯（John Reaves）等 ❸。

❶ BRETSCHNEIDER E.History of European Botanical Discoveries in China[M].London：Sampson Low，1898：211-215.

❷ 斯当东 . 英使谒见乾隆纪实 [M]. 叶笃义，译 . 上海：上海书店出版社，1997：35，335，385，494.

❸ FAN FA-TI.British Naturalists in Qing China：Science，Empire，and Cultural Encounter[M].Cambridge：Harvard University Press，2004：17-23.

图 4-7　中国画匠所绘植物图样

（上排从左至右：番茄、桃花、木芙蓉；下排从左至右：荷花、山茶、紫玉兰）

图片来源：陈滢.羊城风物：18—19 世纪羊城风物：英国维多利亚阿伯特博物馆藏广州外销画 [Z].广州市文化局，2003.

英国的植物学家曾直接致信商馆成员如马礼逊等要求获取各种新鲜的种子❶。在书信来往中，李文斯东与马礼逊甚至探讨培养一位懂植物学的中国青年和一位懂中文的英国园艺学者，以便将中国植物介绍到英国❷。1829 年，马礼逊等还尝试建立一间博物馆，并把它命名为"驻华英国博物馆"❸。美国的动植物学家也将目光投向中国，纽约中央公园的设计者奥姆斯特德（Frederick Law Olmsted，1822—1903）1843 年作为船员曾随商船前往广州，其任务之一是为自然历史学会（Natural History Society）的朋友收集中国动植物标本❹。

　　从整体来看，广州十三行是 18—19 世纪全球性植物探索性研究在中国的重要窗口。由于长期的学习和研究，广州十三行商馆的西方商人在辨识本地植物、了解其习性，以及学习中国园艺等方面积累了丰富的经验。通过持续性地人员招募、训练或派遣，广州十三行出现了一些像布尔这样具有植物学知识、

❶　马礼逊.马礼逊回忆录 [M].顾长声，译.桂林：广西师范大学出版社，2008：169-170.

❷　马礼逊.马礼逊回忆录 [M].顾长声，译.桂林：广西师范大学出版社，2008：170-172.

❸　马礼逊.马礼逊回忆录 [M].顾长声，译.桂林：广西师范大学出版社，2008：265.

❹　RYBCZYNSKI W.A Clearing in the Distance：Frederick Law Olmsted and America in the Nineteenth Century[M].New York：Scribner，1999：52.

爱好园艺的西方人群体，他们组织"广州花园基金会"，并致力创建一个西方化的公共花园空间。得益于长期华南植物的研究，并在本地花匠的帮助下，十三行美国花园和英国花园大量采用本地植物。从有关该时期美国花园、英国花园的外销画中，可以辨认出的植物包括樟树（*Cinnamomum camphora*）、荔枝（*Litchi chinensis*）、扁桃（*Mangifera persiciformis*）、秋枫（*Bischofia javanica*）、含笑（*Michelia figo*）等常绿植物，木棉（*Bombax ceiba*）、紫薇（*Lagerstroemia indica*）、柳树（*Salix babylonica*）、玉兰（*Magnolia denudata*）、鱼木（*Crateva religiosa*）、菩提榕（*Ficus religiosa*）、枫香（*Liquidambar formosana*）等落叶植物，以及竹类（*Bambusoideae*）、杨桃（*Averrhoa carambola*）、大红花（*Hibiscus rosa-sinensis*）、月季（*Rosa chinensis*）、灰莉（*Fagraea ceilanica*）、芭蕉（*Musa basjoo*）等本地常用观赏性植物 ❶。植物配置的本土化使花园景观呈现一定的地域性，虽然其空间布局是以西式公共活动为前提。

四、殖民主义花园景观的延续

1856 年第二次鸦片战争爆发，十三行美国花园、英国花园与商馆一道被火焚。其后各国未再进行重建工作，该处地面现为广州文化公园。1858 年，英、法两国谋取沙面租界。在沙面的规划与建设中，十三行的花园景观得以存续发展。

从整体上看，沙面建设采用了殖民主义的城市规划模式，并借鉴了十三行时期花园建设的经验，包括选址与环境营造等。沙面的早期建设者多为十三行时期的商人们，为使租界拥有自然优美的景色，岛的中部从东至西还设置了一条宽阔的林荫大道；和 1840 年后的十三行地区一样，沙面岛南部临江一侧为公共使用，规划了沿堤岸的步行道、花园及运动场，英国圣公会教堂被设置在直接面江的位置。从黎芳 19 世纪 80 年代拍摄的照片来看，沙面岛南侧与十三行有着相似的景观构图。十三行时期民约管理公共花园的模式在沙面租界得以延续。十三行时期成立的"花园基金会"，在获得清政府对美国花园和英国花园的赔偿后，继续在沙面行使管理公共花园的职能，并发展为新的"广州花园基金会"（Canton Garden Fund）。沙面岛绿化在该基金会支持和督办下于 1865 年 2 月基本完成，正如十三行美国花园那样，树种选择和物种搭配显示了基金会对岭南植物的高度熟悉 ❷。直到 1881 年,由广州花园基金会成立的沙面花园委员会和广州俱乐部才向沙面工部局移交基金和财产，并停

---

❶ 感谢王绍增、翁殊斐两位教授对花园植物的辨识。

❷ SMITH H S.Diary of Events and The Progress on Shameen,1859-1938[M].[出版地不详]:[出版社不详],1938：9-11.

止相关职能。

两次鸦片战争后，西方在租界内建造公园成为常态。作为先行者，十三行美国花园和英国花园的建造经验被商馆大班们带往新的条约口岸。其中，上海开埠后，广州十三行的怡和、宝顺、仁记、义记洋行派出大班与英国领事巴富尔（George Balfour）迅速前往，设立分行，组建了上海最早的西方人社区。显然，在广州的生活经验有助于一种新的社区观念的形成。1868 年，上海英美租界公共花园落成。看似偶然，该公园在选址上表现出与十三行美国花园、英国花园相似的策略——滨水并使用河滩地。与此同时，一个类似于"广州花园基金会"的组织——"公共花园委员会"被授权管理公园。同一时期，香港植物公园（Hong Kong Botanical Gardens，今香港动植物公园前身）于 1860 年开始在原总督官邸基址上建造，1864 年开放第一期设施，1871 年全面开放。其首位园林监督福特（Charles Ford，1844—1927）是一位被派往香港的植物标本收集者[1]。这一对华研究的传统开始于 18 世纪，并在中国公园与植物园的建设中得以延续。

综上所述，存在于 19 世纪中叶的广州十三行美国花园、英国花园已具备现代公园的特征，是中国公园建造历史的开端。与高度私有化的传统园林相比较，美国花园、英国花园由在粤西方商人共同使用，并通过教堂等公共空间的设置，使花园具备较丰富的活动功能；与此同时，作为利益共同体，广州花园基金会按照西方模式筹集资金、对花园进行管理和维护；花园的设计则响应公共活动的需要，反映了西方人对华植物研究和该时期西方公园规划的成果。以上种种体现了美国花园、英国花园作为现代公园区别于传统园林的公共性、实用性、艺术性及科学性。

仍需说明的是，广州十三行美国花园、英国花园的设计与建造还集中反映了西方人建设公共花园的早期状况。虽然早在 17 世纪，作为皇家花园的伦敦海德公园（Hyde Park）曾一度对公众开放，英国直到 1833 年公共步道特别委员会（Select Committee on Public Walks）成立后才开始研究建立完全对公众开放公园的可能性；并且，直到 1835 年《市议会组织法》（Municipal Corporation Act）获议会通过后，英国地方市议会才真正获得权力拥有公共土地，并通过征收地方税获得资金建造市政公园[2]。受英国公园运动的启发，美

---

❶ 维基百科："香港动植物公园"条（网络资源）。

❷ CONWAY H.People's Parks：The Design and Development of Victorian Parks in Britain[M].Cambridge：Cambridge University Press，1991：16-17.

国直到 1856 年才拥有第一个专门修建的公共花园——纽约中央公园。比较世界各国公园发展的历史，可以发现，十三行美国花园和英国花园的建造并非孤立和缺乏联系的个案，它反映了该时期全球范围内公园渐兴的状况，是世界公园早期建造历史的一部分。将美国花园、英国花园置于全球公园建造的背景中去考察，更能反映其历史价值和科学价值。

第二节　澳门的早期风景园林

鸦片战争后，葡萄牙于清咸丰元年（1851 年）和清同治三年（1864 年）先后侵占凼仔岛和路环岛。清光绪十三年（1887 年），葡萄牙迫使清政府签订《中葡会议草约》和《中葡北京条约》，加入了葡萄牙"永驻管理澳门"的条款。

一、澳门早期城市绿化

澳门城市最初的绿化建设与葡萄牙人及来华传教士有着直接关系。澳门三面环海，太阳辐射强烈且高温多雨，水土流失导致土地贫瘠且土层很薄，植物在此很难生长。在葡萄牙人和传教士的早期记载中，澳门为一片光秃秃的石头山，除了偶尔能看到几间白色的房舍和一片片红色沙碟外，几乎看不到植物。17 世纪初，耶稣会传教士开始尝试在澳门荒凉的石头山上种植树木。18 世纪初，一些来华的植物学家开始研究并探索澳门的植物栽培。耶稣会教士若奥·德·格勒罗（1710—1791）编纂的书中对澳门植物种群进行甄别和分类，书中介绍了龙眼、黄皮、圆金橘、鸭脚木、木油树、柑子树、桂花树等植物的分类。1812 年，海外植物学家首次从澳门向巴西里约热内卢皇家植物园寄去了第一批茶树种子[1]。此后，澳门与海外的植物交流一直进行。一些富有的葡萄牙人及其他西方人率先在离澳门市区不远的地方修建了被称作"Chacara"的庄园式别墅，这些别墅周围通常都修有低矮的围墙，围墙上还长有细小的藤蔓植物，这些植物的出现为澳门凄凉的环境增添了一分绿意，使生存环境变得更为舒适。

澳门市政厅对城市绿化建设工作的重视始于 19 世纪 70 年代。当时的卫生部门在《市政报告》中明确提出系统种植树木的重要性："小小的澳门半岛山地贫瘠，被荒山秃岭包围，需要系统地植树，不仅在城内，而且在一些山坡甚至山顶上。"然而，在澳内地人认为树木的生长有碍房屋的建设，甚至还认为墓地树根的生长会影响死者的安息。加上暴风骤雨的摧残，前任总督们种

---

❶ 学名为 *Thea sinensis Sims*。

植的大量树木被破坏。为改变这一状况，1871年市政厅颁布了《市政条例法典》，明确规定要保护树木，对损害公共地段树木者给予罚款惩罚 ❶。

　　为提升城市环境，提高人们的生活质量，澳门市政厅自1880年开始就城市空间进行系统规划和管理。主要举措包括调节城市空间布局、建设基础设施等。作为同样由西方人管理的区域，与澳门毗邻的香港此时已是绿荫覆盖，不仅在街道及广场栽种树木，也在荒地和野地开始植树造林，在某种程度上刺激了澳门的市政当局，并于1880年开始在青州对面的沙栏仔沿海岸种植柳树，在氹仔岛和路环岛设立苗圃等。

　　罗沙担任总督期间（1883—1886年），城市绿化工作开始大规模开展。1883年，市政厅就植树造林问题进行了讨论，并阐明了绿化之于城市建设的意义，即净化空气，吸收大地表面多余的水和调节气候；另外就是美化城市，并在炎热的时候提供舒适的交通条件 ❷。基于此，市政厅制定了专门的绿化政策，下令在城内花园和道路旁植树，并在附近的山头上造林。此次行动成效显著，至1893年，全澳门种植的树木达16000棵。从1898年5月竣工的澳门华士古·达伽玛大马路（图4-8）可以看到一排排整齐的行道树种植在大马路两边，林荫中间还有座椅均匀地分布其中，为市民提供了简易的休息场所。

图4-8　华士古·达伽玛林荫大道（1898年）
图片来源：葡萄牙及巴西大百科全书登载的照片（澳门市政厅图书馆）。

---

❶ 《市政条例法典摘抄》，见1872年《澳门及帝汶省宪报》，第122页。
❷ 《负责澳门城市整治委员会之报告》，1883年11月20日，第2-7页。

二、澳门早期公园建设

除大量植树造林外，澳门市政厅也同样重视城市的公园建设。1863年，澳门就已经出现公园，时任总督亚马喇（Coelho do Amaral）在南湾修建南湾花园，他在公园与海岸之间，以及沿路两侧种植了枝叶繁茂的树木（图 4-9）。

图 4-9　20 世纪初澳门南湾景象（从左至右：峰景酒店，烧灰炉，西望洋教堂及澳督府）
图片来源：Filipe Emidio de Paiva《一个海员在澳门》1903 年旅游相册，澳门海事博物馆，1997 年。

但澳门公园的兴起是在1883 年以后。该时期修建的公园功能多样，比如运动类、纪念类，以及教育科普类的公园，其中具代表性的有华士古·达伽玛公园、二龙喉公园、烧灰炉公园，以及白鸽巢公园等。华士古·达伽玛公园（图 4-10）是在原有大马路的基础上改建而来，为纪念葡萄牙著名航海家华士古·达伽玛所修。公园中有达伽玛纪念碑，碑底座刻有葡萄牙

图 4-10　华士古·达伽玛公园阶栏
图片来源：Mica Costa-Grande 摄影。

著名史诗葡国魂的冒险精神，碑座之上为达伽玛的半身铜像。1883—1884 年修建的二龙喉公园为苗圃公园，是澳门城市各地树木苗木的主要来源地❶。一些受海风侵蚀严重的公园因不能生长植物则被建为运动公园，如烧灰炉公园内就有各种球类娱乐设施❷。此外，白鸽巢公园堪称澳门风景最为迷人的公园，它用途多样，既是博物馆又是动植物园，具有重要的历史意义。白鸽巢公园北侧由宫殿式建筑和一座漂亮雅致的庭院组成，原为葡籍富商马葵士之寓所，因园内白鸽成群而得名。该公园景色秀美，古木参天，遍地花草，内筑贾梅士❸洞。1885 年，市政府对白鸽巢公园进行了极其重要的建设。他们重修了在暴雨中坍塌的围墙，新建了街道和用各种碎石砌成的小花园。同时从广东买来各种观赏花木，建成了苗圃。他们还在园内修建了亭子，设置了座椅，供市民休息娱乐❹。政府的高度重视使白鸽巢公园后来成了吸引外国游客观光的地方。

总体来看，澳门城市绿化与公园的建设受到葡萄牙地景艺术与花园艺术的影响。在绿化荒山的过程中，植物学家大量采用来自葡萄牙的松树种子。而市政厅前地花园的铺装按照葡萄牙的地面铺砌方式所铺就，是澳门城市中心最为宽敞，艺术特色最吸引人的一处游憩公园。

第三节　香港的早期风景园林

我国香港在第二次鸦片战争后被英军所占，并逐渐沦为英国在远东地区经营的重要港口及商贸城市。1860 年 3 月，陆续到达香港的万余英军强行在港岛对岸的九龙尖沙咀登陆及驻扎。当月 21 日，巴夏礼与两广总督劳崇光签订《劳崇光与巴夏礼协定》，租借九龙半岛南部（包括昂船洲）；10 月 24 日，中英签订《北京条约》，九龙（界限街以南）从租借地变成割让地；1898 年英国驻华公使窦纳乐（Claude Maxwell MacDonald，1852—1915）又以"香港防御需要"为借口，与庆亲王奕劻及李鸿章展开强租新界谈判，1898 年 6 月 9 日

---

❶ 坦克雷多·卡尔德拉·多·卡萨尔，利贝罗，《关于 1883 年 6 月至 1884 年澳门绿化之报告》，1885 年 6 月 20 日，《澳门及帝汶省宪报》。

❷ 康斯坦蒂诺·若泽·布里托，《关于 1882 年澳门及帝汶省工务司之报告》，1883 年 1 月 30 日，1883 年 2 月 15 日《澳门及帝汶省宪报》，第 6 期副刊，第 41-47 页。

❸ 路易·德·贾梅士（葡萄牙语：Luís de Camões），出生于葡萄牙北部查韦斯地区，葡萄牙著名诗人，以文学成就而被尊称为葡萄牙国父。

❹ 若泽，马利亚·德·索乌萨，工务司司长，1886 年 7 月 1 日，《1885 年度澳门及帝汶省工务司之报告》，1886 年 9 月 14 日《澳门及帝汶省宪报》，第 36 期副刊，第 356 页。

在北京完成租借新界的《展拓香港界址专条》; 1899 年英国当局无视 "专条"规定，强行接管原属于中国政府管辖的九龙城寨❶。自此，包括港岛、九龙半岛、新界在内的香港全境形成以英国海外属地方式进行统治和管理的地区。英国本土及海外所属城市建设的经验被施用于香港，其中包括城市绿化、广场及公园建设等，一些有实力的贸易公司、机构等也将花园建造视为改善环境的手段，从而形成了早期香港城市环境的特色。

一、香港早期规划

因缺乏长远考虑，香港早期的城市建设在规划层面非常零散和片面。西方土地制度被施用于香港，英国人早在 1841 年占领香港后即成立田土厅（Land Office），并立即测量及划分土地。但其开拓香港的原初目的是谋取短暂的商业利益，这使得香港早期的建设充满了临时性。

由于太平天国运动迅猛发展，19 世纪 50 年代成为香港发展的转折点。为逃避战乱，中国内陆商绅纷纷举家来港，带来人力和资金。香港人口与商户激增，1841 年港岛总人口为 7450 人，至 1861 年已达 119321 人，其中，2986 人为西方人❷。同时，在澳门和广州的西方商人也逐渐转移至香港。香港经贸快速繁荣，并在鸦片战争后逐渐成为华南的货物分配中心，中国进口商品的四分之一和出口商品的三分之一皆由香港周转并通过香港进行分配。从 1855 年开始，香港和上海的贸易额已开始超越广州❸。

与商业的发展相适应，香港市政建设迅速发展，其策略以筑路为先。在最初 20 年，中环与上环大部分街道铺设完成；1857 年香港街道安装油灯；1858 年建成上环、中环、下环、太平山四个商场；1860 年建成太平山、东街、中街、西街、西营盘、山顶道等道路，南面则扩建了至香港仔的道路，在那里，德忌利士洋行修建了船坞。19 世纪 60 年代，香港维多利亚城已具备近代海滨城市的雏形（图 4-11）。在完善城市基础设施的同时，西方市政管理通过街道绿化、修建广场公园等美化城市的举措也被施用于香港，推动了香港早期风景园林的发展。

❶ 陆晓敏.英国九龙 "新界" 概述 [M]// 上海市政协文史资料委员会，等.列强在中国的租界.北京：中国文史出版社，1992：492-499.

❷ 郑宝鸿.港岛街道百年 [M].香港：三联书店（香港）有限公司，2000：26.

❸ 黄启臣.广东海上丝绸之路史 [M].广州：广东经济出版社，2003：591.

图 4-11　19 世纪 60 年代香港海港全貌

图片来源：香港艺术馆 . 历史绘画 [Z]. 香港市政局，1991：20.（画家：佚名，1855—1860 年）

二、洋行与机构的花园建设

香港早期花园的出现始于洋行与机构为改善恶劣环境所开展的建设。作为华南沿海的一处偏远半岛，香港岛岩石裸露、植被较少，第一任财政官马丁（Robert Montgomery Martin，1801 ？—1868）描述香港为"令人窒息""多石、崎岖、陡峭的悬崖""像发霉的斯蒂尔顿奶酪"❶，加之天气炎热潮湿，开埠初期的生活环境十分恶劣。

英军占领香港后，由于货物大量积压在船上，一些从事鸦片贸易的商行迫切需要办公用房和生活设施。1841 年 6 月，港府田土厅进行了第一次土地拍卖，地点位于今中央市场与律敦治疗养院之间，长约两英里，每一块地皮都有 100 英尺宽的马路沿街面和港口位置，地皮纵深则因海岸线的蜿蜒曲折而变化❷。渣甸洋行（怡和洋行前身）投得东角地块，其地形由山到海，向北突出。由于失去了在广州的货栈，渣甸洋行对场地进行了精心规划和建设。洋行大班的府第建造在山顶，山下平坦处分布着货仓、职员宿舍及码头等。沿山坡而下通过植树形成花园，并通过山脚的规则式花园与货仓进行分隔，同时提供活动场地（图 4-12）。花园的设计与同时期广州十三行美国花园、英国花园类似，采用了几何图案的花坛，乔木与花灌木被精心搭配。与此同时，渣甸花园示范了山地绿化与规则式花园的组合，因而成为香港早期府第花园的典型代表。

---

❶　黄启臣 . 广东海上丝绸之路史 [M]. 广州：广东经济出版社，2003：185-186.

❷　弗兰克·韦尔什 . 香港史（A History of Hong Kong）[M]. 王皖强，黄亚红，译 . 北京：中央编译出版社，2007：162.

图 4-12　1869 年渣甸花园

图片来源：郑宝鸿，佟宝铭 . 九龙街道百年 [M]. 香港：三联书店（香港）有限公司，2001：94.

　　机构的环境建设则更为普遍。总督府、兵营等的建造伴随着环境的整治，形成了早期的草坪和绿化。与前者受限于造价的临时性建造不同，香港造币局着眼于长远的规划和建设，在环境经营上表现出更积极的态度。为确保货币供应稳定、维持英国在香港这一东亚重要贸易港口的金融环境和良好运作，于 1864 年 2 月 26 日通过《造币局条例》，正式筹备建设造币局，并先于该年 1 月完成了选址工作。造币局选址于最新填海的东角 65 号地（现铜锣湾京士顿街与加宁街路口），面向维多利亚湾，占地约 330 英尺长，270 英尺宽。英国伦敦建筑师亚瑟·金达（Arthur Kinder）受聘担任建筑师。此外，1864 年英国青年建筑师托马斯·沃特斯（Thomas James Waters）也来到了香港，参与造币局的建筑设计工作 ❶。

　　金达的设计兼顾了造币厂的生产需要与环境的建设。他 1864 年完成初步设计，在平面布局上将办公区与工厂区分列工厂南北两端并以较窄的通道相隔，工厂外围为辅助用房、入口及保安室，以及工人住宅及配套设施等。办公楼北向面对维多利亚湾，在金达的建议下，增加了游廊和主入口前宽阔的花园 ❷（图 4-13）。办公楼东侧与工人宿舍之间也布置了庭院，而西侧则用矮墙

---

❶　The Dictionary of Irish Architects lists the Work and Biographies of Architects，Builders，and Craftsmen Who were Active in Ireland between 1720 and 1940.rev.31.

❷　Charles Cleverly to Acting Colonial Secretary，29 January 1864，Public Records Office，London，CO 129/97，Despatches：1864 Jan.-Mar.216-221.

围合出花园（图 4-14）。从外销画来看，滨海一侧的大花园以圆形花坛为中心、两侧对称布局花圃和环形通道，形成几何规则式图案。而办公楼西侧的花园显然学习了同时期岭南传统庭园的做法，主要种植花木，矮墙及前廊上还陈列着盆栽。

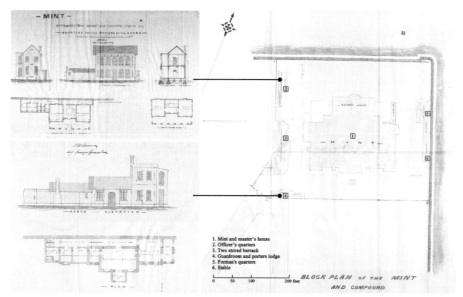

图 4-13　香港造币局总平面图
图片来源：王若然．东亚近代英国条约港城市体系管理与建设研究 [D]．天津：天津大学，2022：294.

图 4-14　香港造币局花园
图片来源：香港艺术馆．历史绘画 [Z]．香港：香港市政局，1999.（画家：佚名，19 世纪 60 年代）

　　显然，这些由早期十三行西方商行以及英国人经营的府第花园或私家花园也启发了香港早期的绿化建设。1852 年《财富》杂志记录了福琼参观怡和行修建的花园（即前述渣甸花园）❶，认为这些花园紧跟广东造园的潮流，种植的葱葱郁郁的树木为城市创造了一个十分宜居的户外空间❷。作家史密斯（Albert Smith）写道，香港许多英国居民的"豪华花园"里面种满了竹子和可以开花的藤蔓植物。在一次与香港司法部长安思泰（Thomas Anstey）共进早餐时，史密斯注意到这座房子被一个大而漂亮的花园包围着，里面精美的装饰物品随处可见❸。在拜访宝灵爵士（Sir John Bowring）时，他看到了身为业余植物学家的总督与中国花匠一道在精心营造的花园中采花布置餐桌的情形。当时的行政部门人员参照这些已经建好的府第花园在城市中展开了一系列公共绿化空间的建设。传教士和教育家艾特尔（Ernst Eitel）注意到种植树木已经开始将维多利亚的"植物环境"转变为与别墅相一致的田园环境❹。

三、公共花园与植物园

在海外建设植物园最初是看重植物的经济价值。18 世纪的欧洲探险者从海外带来了大量的植物种子，由此激发了欧洲国家植物园的迅速扩建。为进一步夯实大英帝国的持续扩张，在海外的英国人开始利用本土植物及相关产品开展商贸，并在海外建立了许多植物园，其中第一个是 1787 年在印度加尔各答附近建立的植物园。该花园主要用于种植、研究和驯化，以便进一步在印度等区域进行商业开发❺。其后，英国又建成新加坡植物园（1822 年）等。而早在 1844 年，时任总督戴维斯就有在香港建立植物园的企图。

公共花园的动议最初由英国皇家亚洲学会香港分会（Royal Asiatic Society, Hongkong Branch）提出。古茨拉夫（Charles Gutzlaf）在英国皇家亚洲学会香港分会的一份声明中提议建设公共花园❻。受当时欧洲植物园热潮的影响，他

❶ FORTUNE R.A Journey to the Tea Countries of China Including Sung-Lo and the Bohea Hills; with a Short Notice of the East India Company's Tea Plantations in the Himalaya Mountains, with Map and Illustrations, London: John Murray, 1852.

❷ CHEN Y L W. "Nineteenth-Century Canton Gardens and the East-West Plant Trade" in Petra ten-Doesschate Chu and Ding Ning eds., Qing Encounters: Artistic Exchanges between China and the West, Issues & Debates Series, Los Angeles, CA: Getty Research Institute, 2015.

❸ SMITH A, To China and Back: Being a Diary Kept Out and Home, London: Chapman & Hall, 1859: 23.

❹ EITEL E J.Europe in China: The History of Hong Kong from the Beginning to the Year 1882, Hong Kong: Kelly & Walsh, 1895: 403.

❺ The Bentham Correspondence: a.Vol.2 and vol.5 b.Chinese and Japan Letters ALC-HAN 1865- I900. Library and Archives of the Royal Botanic Gardens, Kew, England.

❻ GRIFFITHS D A.A Garden on the Edge of China: Hong Kong, 1848[J].Garden History, 1988, 16（2）: 189-198.

们认为在香港兴建公共植物园是最好的方式。古茨拉夫同时建议成立"植物园筹建委员会"，筹划土地、经费等问题，并表示学会及英国植物学会或英国园艺学会愿意协助筹建。1854 年，英国皇家学会会员、植物学家宝灵爵士（Dr. Sir.John Bowring）上任香港总督（1854—1859 年），次年他致函罗素勋爵（Lord John Russel）要求从基金中拨款建立植物园。宝灵指出"在香港建立植物园不仅是科学上的需要，而且在商业上也有重要意义，可以取得染料、油料、制衣纤维、造纸原料等资源植物的重要资料"❶。

经过多次讨论，香港地区政府终于在 1856 年正式批准建园，但直到 1860 年香港总督罗宾逊（Sir Hercules Robinson）接受英国军官汉斯（H.F.Hance）的游说后才开始建造❷。修建期间，英军与港督就园景的设计进行了多番角力和改动。港督想要用作行政中心，而英军想要用作军事基地，直到政府花园部监督福特（Charles Ford）接管，才把这里定性为公共花园（图 4-15、图 4-16）。公共花园建成后，颁布了公园管理的规定，并由罗宾逊主持仪式于 1864 年 8 月 6 日向公众开放。由于公园以北部分为港督府所在地，当时在港内地人称港督为兵头，又称兵头花园（旧园为大兵头，新园为二兵头）。罗宾逊认为公共花园的形成不仅有助于美化香港的环境，还能促进市民的身心健康，因此对城市花园的迅速扩张有着十分积极的推动力。

图 4-15　香港公共花园（一）
图片来源：盖蒂研究所。（摄影：黎芳，1870 年）

图 4-16　香港公共花园（二）
图片来源：盖蒂研究所。（摄影：黎芳，1870 年）

福特对于香港公共花园的经营功不可没。1871 年，福特被任命为香港植物园首任园林总监❸。同年，总督罗宾逊主持全面开园，正式命名"香港植物

❶ GRIFFITHS D A，LAU S P.The Hong Kong Botanical Gardens，a Historical Overview[J].Journal of Hong Kong Branch of The Royal Asiatic Societym，1986（26）：55-57.

❷ Donal P.McCracken.Garden of Empire，Botanical Institutions of the Victorian British Empire[M].London & Washington：Leicester University Press，1997.

❸ 许霖庆.中国第一个现代植物园：香港植物园（1871—2009）[C]// 中国植物学会.2009 中国植物学术年会论文集.2009：23-27.

图 4-17　香港公共花园的松树

图片来源：盖蒂研究所。（摄影：William Saunders，1880—1890 年）

公园"。1878 年福特成立植物标本室❶。公园成立独立的园务部，其后易名为植物与林务部，主要负责公共花园、路旁植物和山坡植林的工作。在福特的领导下，该部门从外地引入不同品种，不断探寻最适合香港土壤和气候条件的品种，早期植物学家在华南的研究发挥了重要作用，细叶榕、洋紫荆、杉树、白兰、棕榈等被广泛应用（图 4-17）。

　　然而，在台风影响下，起初公共花园的植物存活率不高，导致植被品种十分稀少。由于缺乏欧洲先进的植物培育技术，花园的土地并不能完全被植物生长所用。1871 年，福特抵达英国皇家植物园后即刻给胡克博士（Dr Hooker）写信报告，称："公共花园秩序井然，植物数量充足，但我们需要更多的品种。"次年，继续报告说："令人遗憾的是，由于缺乏技术娴熟的欧洲援助，这些花园的一部分不能被保留用于严格的植物学目的，也不能用于收集中国特有的植物。因此，这些花园只对那些将香港视为一个旅游胜地的科学游客和居住在当地的学生来说是有用的。"1874 年，福特又在信件中强调了台风对植物园的破坏问题，称："恐怕我们永远无法对灌木等进行有效组合，以形成真正吸引人的花园或风景，因为台风会以一种可怕的方式破坏和摧毁环境，使我们在这方面的努力完全付诸东流，把我们试图创作的画面化成碎片。"尽管台风肆虐且破坏力强大，但花园的植物在福特的细心管理下仍然取得了显著的成就，他在 1879 年的报告中指出："……花园多了更多美丽和有趣的植物……花园里的针叶树部分已经重新排列了，棕榈树已经长得满地都是……"

　　此外，福特还提倡大量种植中国松。他在 1876 年给英国皇家植物园的一份报告中指出："（公共植物园）树木的种植已经延伸到了一个新的方向，即开始培育和种植中国松（图 4-17）。"至 1884 年，花园中所有可供扩建的土地都被种上了葱葱郁郁的树木。针对花园植物品种较少的问题，福特在 1848 年专门组织了香港与伦敦之间植物物种交换的实践，以便增加花园及街道行道树的种类。福特还常于花园中举办一些公共活动。从 1872 年开始，他每年都

---

❶ 张耀江，张耀辉，徐荷芬，等 . 香港动植物园发展史（1871—1991）[Z]. 香港：市政总署，1991.

会在花园内举办花展，每周还会邀请音乐演奏者进行表演，同时，花园的植物也会定期向公众出售。毋庸置疑，福特在香港公共花园的建设及植物品种的培育与引进方面起到了重要的作用 ❶。1903 年福特退休后，他的助手邓恩（S.T.Dunn）接替了公共花园的管理工作。1910 年，邓恩和塔彻（W.T.Tutcher）进行了广泛的植物学研究，并共同撰写了《广东和香港植物志》。塔彻写的《香港园艺》，为不熟悉香港植物的植物学家提供了很好的参考。

四、植树运动与城市绿化

香港街道绿化起步于开埠初期。在 1842 年前，香港的植被以草和灌木为主，乔木主要分布在一些海拔较高的山坡或阴暗狭窄的沟壑中，以及村庄的周围。19 世纪 40 年代末，测量总署工务部（Public Works Department）成立了植树组，并开始在新辟街道的两侧种植树木 ❷。植树组雇用的中国工人从广州的苗圃中购买了一些 11 英尺高的树木苗木，计划每隔 30 英尺就种植一株 ❸。据财政部门批准的植树费用报告可知，1848 年 1 月 13 日首次签订了关于在皇后大道之间的城镇和维多利亚军营植树的合同 ❹。该合同也推动了政府在阅兵场（图 4-18）、下亚厘毕道和上亚厘毕道、花园路、红棉路、皇后大道（图 4-19）、皇后大道中部、云咸街和皇后大道西沿线的道路上种植树木的行动。

图 4-18 香港大教堂和阅兵场
图片来源：盖蒂研究所。（19 世纪 70 年代）

图 4-19 皇后大道
图片来源：盖蒂研究所。（摄影：黎芳 19 世纪 70 年代）

---

❶ GRIFFITHS D A.A Garden on the Edge of China：Hong Kong，1848[J].Garden History，1988，16（2）：189-198.

❷ Planting was undertaken by the Forestry Branch of the Public Works Department，although their remit appears to have been entirely street tree planting until the unit was transferred in the 1870s to the Botanical and Afforestation Department as the core of the new afforestation program.

❸ FORD C.Report for 1884 of the Superintendent of Botanical and Afforestation Department，Hong Kong Government Gazette（HKGG），（7 January 1885）.

❹ Microform document：Expense of Planting Trees Etc.HKU 2507065 CO 129/27：147–148.

香港大规模的街道植树运动始于 1861 年。1861—1869 年，市政当局主要沿着毕打街、市政厅和木球场扩大种植❶。1870—1879 年，政府开始沿鲁宾逊大道、般咸道、山顶道，以及坚尼地道等新建郊区的道路继续种植树木❷。这一时期，西营盘的发展规划开始实施❸，并特意强调留足够的空间去种植行道树。由于香港占地面积不大，人口密集且土地寸金，一些街道狭窄到无法预留出植树空间，这一点尤其体现在上市场和下市场。这两处街道不仅狭窄陡峭，同时车辆行人较多。1883 年，香港街道的绿化成效达到顶峰（图 4-20），大约有 3600 株行道树被种植，形成了相当于 10 英里长的林荫道。此时，所有可供植树的空间都被填满❹。

图 4-20 香港及其周围景观鸟瞰图
图片来源：盖蒂研究所。

实际上，当时的英国政府并未对这座城市作出长期规划，之所以要在植树上花费精力和资源，完全是出于功能考虑。最初的街道树木种植规模并不大，但随着树木的生长，树荫为行人提供了舒适的环境，大量的市民开始于此休闲游憩，市民对街道绿化的兴趣大增。与此同时，当时的政府视街道绿化为一种建设的手段，通过为行人提供舒适的环境达成对市民的权威，相应地增加了植树的投资❺。

❶ Historic photograph, Hong Kong's first City Hall and Dent's Fountain, Central District（c.1900），University of Hong Kong Library collection.

❷ FORD C.First annual report on the Government Gardens and Tree Planting Department, HKGG,（31 December 1872）.Road names are as the same as those today, except Lower Richmond Road（now Lyttelton Road）, and Richmond Road（now Robinson Road, west of its junction with Park Road）.

❸ TREGEAR T R, BERRY L.The Development of Hong Kong and Kowloon: As Told in Maps.（Hong Kong: Hong Kong University Press, 1959）, and ALFRED Y.K.LAU, The origin of Sai Ying Pun: A pirate's fortification or a British military encampment, JHKBRAS, 1995（30）: 59-73.

❹ FORD C.Report for 1884.

❺ PECKHAM R.Hygienic Nature: Afforestation and the greening of colonial Hong Kong[J].Modern Asian Studies, 2015, 49（4）: 1177-1209.

早期行道树的种植为后期植树造林活动打下了基础。自 1883 年街道绿化达至饱和后，相关的绿化工作便转移到了新的植树造林活动上，尤其是对荒山的绿化❶。植树造林成为改变香港荒地缺陷的明显标志。树木也被认为是对早年困扰城市公共卫生问题的潜在回应。1852 年福苋（Robert Fortune）第二次来香港时注意到在城市中种植的行道树可以吸收空气中的二氧化碳，并体会到了植树带来的舒适环境。1853 年，福苋的看法得到了卫生局局长的响应，并由此敦促市政当局种植更多的树木❷。这些树木的种植为香港增加了绿意，给市民带来了免受阳光照射的惬意，同时通过净化空气，为降低因环境卫生不合格所导致的传染病的暴发带来了希望❸。

然而，大量的街道绿化和植树造林活动也带来市民对于林木景观价值的分歧。由于传统生活方式及观念所致，大量市民，尤其是中低阶层的百姓仍然选择砍伐植被用作柴火和建筑材料，盗窃树木的行为十分普遍。1881 年香港植物园首任园林总监福特（Charles Fort）就指出："植树造林不仅包括植树，还包括保护以及防止肆意和意外地破坏地面上现有的树木、灌木和种子。"针对该现象，同年港英制定了《树木保存条例》，其中特别强调要对发生树木和种植园毁损或破坏的地区征收特别税。在这种保护树木的认知不断强化中，绿化景观逐渐被视为积极健康环境的重要组成，进而推动市民形成保护城市绿化的社会共识与观念。

公园建设、植树运动及城市绿化极大地改善了香港的城市环境，使早期岩石裸露、植被较少的香港岛成为远东地区宜人的滨海城市，更使到访的岭南子弟深受启发。1879 年康有为第一次游历香港，即对其市政建设与城市绿化留下深刻印象，作七律诗《初游香港睹欧亚各洲俗（己卯冬月）》，其中就有"夹道红尘驰骠袅，沿山绿圃闹芳菲"❹的描写，在感怀英国人的建设能力及治理水平的同时，产生了向西方寻求治国之道的想法。实际上，由于粤港两地语言、习俗相通，交往便捷、互动频繁，优美、整洁的城市环境令人产生联想，

---

❶　PRYOR M R.Street tree planting in Hong Kong in the early colonial period（1842-1898）[J].Journal of the Royal Asiatic Society Hong Kong Branch，2015，55：33-56.

❷　HARLAND W A.Acting Colonial Surgeon's Report for 1853，（HKGG 29 April 1854）.Request for more tree planting also made by.MURRAY JI，Report of the Colonial Surgeon，with Returns annexed for the Year 1869，（HKGG 14 May 1870）.

❸　PECKHAM R.Infective economies：empire，panic and the business of disease[J].Journal of Imperial and Commonwealth History，2013，2（41）：211–237.

❹　康有为.七律·初游香港睹欧亚各洲俗（己卯冬月）："灵岛神皋聚百旗，别峰通电线单微。半空楼阁凌云起，大害辌艭破浪飞。夹道红尘驰骠袅，沿山绿圃闹芳菲。伤心信美非吾土，锦帕黄靴满目非。"1879.

香港为清末岭南观念的嬗变提供了直接的参照。

第四节　广州沙面租界的公共绿地

租界的出现是广州乃至中国近代城市与建筑发展历程中的重要事件。条约制度下，岭南传统城市最直接的改变来自租界、租借地或割让城市的开辟及所引发的传统城市结构的突变。用"双城"来描述鸦片战争后租界与华界旧城的对应关系也许并不恰当，但却直白地凸显了"新"与"旧"、中国传统与西方文化在该时期的矛盾冲突，揭示了广州旧城与沙面租界在近代初期的二元对应关系。它们的合作和竞争直接或间接地推动了广州城市与建筑的近代化历程，而沙面租界的风景园林，包括中央绿茵大道、公园等更直接影响了张之洞等清末地方官员革新城市的构想。

一、租界选址

沙面租界的开辟与广州十三行被焚毁有着直接关系。1842 年 8 月 29 日《南京条约》签订后，英国人多次提出在广州租地未遂。1856 年 10 月，第二次鸦片战争爆发，英军在攻破沿江所有炮台后进入十三行地区。11 月初，为便于防守并阻止中国军民袭击，英军拆毁商馆周围大片民房，激起民愤。12 月 14 日深夜，广州民众从被拆毁的铺屋残址上点火，火势迅速蔓延并波及商馆。除一幢房子幸存外，十三行商馆全部化为灰烬，英军也被迫撤退。一年后，英法联军再攻广州，1857 年 12 月 29 日广州失陷，广东巡抚柏贵、广州将军穆克德纳投降。英法联军监督成立了中国近代第一个傀儡政权，设立了以英国领事巴夏礼（Harry Smith Parkes）为首，由英人、法人、中方官员组成的三人委员会，中方官员仍由清廷派遣，却由英、法共管❶。

英法联军占领广州后，积极寻求新的地段以取代十三行地区。此前，由于 1854 年上海《土地章程》的公布，租界制度已经成熟，原广州十三行的外国商人及英、法当局也据此以战争赔偿为由索取"居留地"（settlement），但在选址上却存在分歧，因而有重建十三行地区及迁往河南、花地等诸多设想，最后由英领巴夏礼排除众议选址沙面。这里原为十三行西侧的沙洲，设有三个炮台（图 4-21）。1859 年 5 月 31 日伦敦政府的电报确认了该方案❷。其选址

---

❶ 王云泉.广州租界地区的来龙去脉 [M]// 中国人民政治协商会议广州市委员会文史资料研究委员会.广州文史资料：广州的洋行与租界.广州：广东人民出版社，1992.

❷ SMITH H S.Diary of Events and The Progress on Shameen，1859-1938[M].[出版地不详]：[出版社不详]，1938：7.

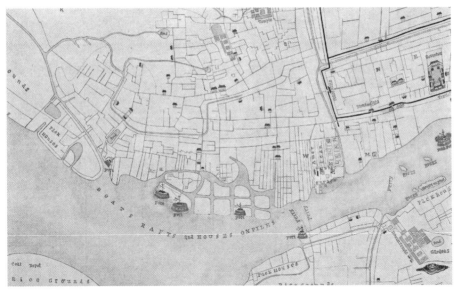

图 4-21　广东省城图之沙面局部

图片来源：（美）国会图书馆（G & M Division，Library of Congress）。（绘图：Daniel Vrooman，1855 年；印刷：Lee Mun Une Painter）

理由有三：一是有自然生成的碇泊地，稍加建设即可停泊大小船只；二是接近中国富贾大商居住的西关，贸易交往方便；三是宜于夏季纳凉，眺望 ❶。这显然与西方人在十三行商馆区长期的贸易、生活经验有关。

英、法两国随即于 1859 年下半年展开沙面河滨地基的填埋和筑堤工程，并责成广东当局负责，至 1861 年秋季完成。整个填造工程耗资 32.5 万墨西哥元，英国出资 4/5，法国出资 1/5。填埋后的沙面岛呈椭圆形，纵长 2850 英尺，横宽 950 英尺；堤岸用花岗岩垒成，地基高出水面丈余；北部以人工开挖的河涌（即沙基涌）与华界分开，河涌上架设东、西两桥与陆地联系。所得 55 英亩（约 334 亩）土地按两国出资比例相应分配，其中，英租界 44 英亩（约 267 亩），位于沙面西端，法租界 11 英亩（约 67 亩），位于沙面东端 ❷。1861 年 9 月，两广总督劳崇光与巴夏礼签订《沙面租约协定》，称"今经本部代大清国议将此地租给大英国官宪永为大英国随意使用……大清国均不能在此地内执掌地方、收受饷项，以及经理一切事宜"。沙面租界自此始。

---

❶　沙面特别区署成立纪念专刊特辑，1942 年 4 月。

❷　王文东，袁东华 . 广州沙面租界概述 [M]// 上海市政协文史资料委员会，等 . 列强在中国的租界 . 北京：中国文史出版社，1992：254.

二、租界规划与管理

或因十三行以来的居住及生活经验，以及广东官府的控制策略，沙面租界与华界通过北侧的沙基涌及南侧珠江水面进行了严格的空间隔离。英租界与法租界分别通过北侧的英格兰桥和东侧的法兰西桥与陆地相通，桥上驻有卫兵把守。隔离状态的存在使沙面建设完全独立于传统旧城之外并按西方模式进行。这也是所有租界建设的共同特征，但在沙面反映得尤为突出。华界与租界的双城特征使岭南城市与建筑的近代化一开始就具有影响和被影响的多重竞争态势，西化了的新的城市结构在传统城市外缘迅速形成。

在土地供给方面，沙面沿用了西方的土地拍卖制度。当局将租界土地分为 82 个地块，其中 6 个预留为英国领事馆办公及官邸用地，1 个为教会用地，余下 75 个地块于 1861 年 9 月 4 日进行公开拍卖。前排沿江地块每幅估值 4000 美元，并最终卖到每幅 5000 ~ 8000 美元，后面背江地块价值稍逊。至第二天拍卖结束，共计 55 幅地块拍出，价值总计 248000 美元[1]。法国因在 1861 年已向清政府取得原两广总督署为"永租地"，并全力修建天主教堂及附属建筑，工程浩大，至 1888 年始成，所以沙面法租界推迟至 1889 年 11 月 6 日才进行第一次土地拍卖。

在土地规划方面，西方人在沙面完成了岭南第一个具有近代意义的城市街区规划（图 4-22）。其道路系统由东西横道、南北纵道组成方形骨架，并设环岛道路将各部分串联在一起。建筑用地分布在 12 个大小不等的方形街区中（端部地块形状稍异），每个街区由多个大小相近、窄面宽、大进深的平行地块所组成，以保证土地划分的标准化和土地批租的公平性，并最终形成小尺度方格网式的街巷肌理和空间形态[2]。

与尺度相同的南北道路不同，东西横道采取了不同的截面设计。由北至南：运河街（Canal Street）平行于沙基涌，也是环岛道路的一部分；中央大街（Central Avenue）位于沙面岛中部，横穿东西，由南北两条道路与中央的集中绿地所组成；前街（Front Avenue）位于沙面岛南侧，以直街形式连接最南侧的一排建筑；堤岸（The Bund）直接面向珠江白鹅潭，也充当了环岛道路的作用。

---

[1] SMITH H S.Diary of Events and The Progress on Shameen, 1859-1938[M]. [出版地不详]:[出版社不详], 1938: 9.

[2] 孙晖、梁江以中国近代租界和租借地为例，分析和总结了中国近代殖民商业中心区的结构布局、街廓肌理、街道规划等特征，从而明确了该模式在近代中国的表现形态。详见孙晖，梁江. 近代殖民商业中心区的城市形态 [J]. 城市规划学刊，2006（6）：102-107.

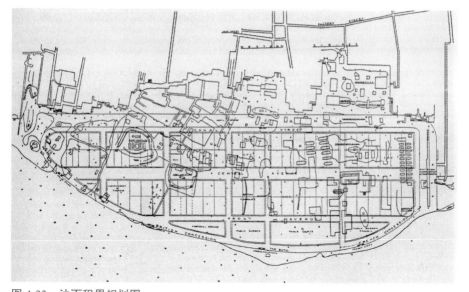

图 4-22 沙面租界规划图

图片来源：SMITH H S.Diary of Events and The Progress on Shameen，1859-1938[M].[出版地不详]：[出版社不详]，1938.

在市政方面，沙面租界为岭南引入了西方城市自治管理的模式和方法，但同时也经历了从民约管理到市政公办的过渡。多个组织先后承担沙面的公共事务管理。最早有十三行时期成立的"花园基金会"，在获得清政府对十三行美国花园和英国花园的赔偿后，继续在沙面行使管理公共花园的职能，并发展成为新的"广州花园基金会"（Canton Garden Fund）。而另一个公共事务机构——广州图书馆（Canton Library and Reading Room）由广州花园基金会拨款建立。在 1868 年 5 月 15 日的一封信中，其名称被"广州俱乐部"（Canton Club）取代，该组织是中国英租界中最古老的俱乐部[1]。上述机构或组织虽然在执事过程中常有英国领事参与，但基本上属于民约性质，负责对沙面公共事务进行规划和管理。

现存最早对沙面工部局（Shameen Municipal Council）的记录见于 1871 年 6 月 22 日义务秘书史密斯（Geo.Mackrill Smith）写给法国领事的信件。信中称："工部局已从英租界土地承租人中选出以管理沙面的公共事务，并寻求一切支持以改善岛内状况。"[2] 直到 1885 年，法租界才拥有自己的工部局，并与

---

[1] SMITH H S.Diary of Events and The Progress on Shameen,1859-1938[M].[出版地不详]:[出版社不详],1938：14.

[2] SMITH H S.Diary of Events and The Progress on Shameen,1859-1938[M].[出版地不详]:[出版社不详],1938：16.

英界工部局划界而治 **❶**。1881 年 1 月，经开会协商，沙面花园委员会（即广州花园基金会）和广州俱乐部决定向工部局移交基金和财产。1 月 28 日，在财产和文献移交完毕后，历史最为悠久的民间组织"广州花园基金会"停止运作，而广州俱乐部则转归工部局直接管理 **❷**。沙面进入了工部局时代。

市政公共设施在工部局成立后被逐步引入或建设。其中包括第一台英国灭火器的购入（1872 年）、中国电报公司沙面电报局的成立（1889 年）、电话的使用（1906 年）、在运动场和足球场西侧建造儿童游戏场（1906 年）、电力系统的建立（1909 年 7 月）、承租 78 号地块（1908 年）以建设公共泳池，以及供水系统的建立（1912 年）等 **❸**。加上道路宽广整洁、环境优美，上述内容几乎涵盖了近代西方城市市政设施的全部。

沙面工部局在历次应对自然灾害及灾后重建等方面也发挥了重要作用。沙面租界建成后曾遭遇多次自然灾害，其中尤以 1878 年风灾、1915 年水灾对沙面建筑与环境破坏最为严重。1878 年 4 月 11 日，龙卷风袭击广州，造成广州大量房屋倒塌及人员伤亡。租界内房屋基础、柱子大面积受损，绝大部分建筑屋顶被掀以致无法居住，大量树木被连根拔起或枝干受损 **❹**。1915 年 7 月，广州发生严重水灾波及沙面，许多建筑物被毁坏，包括英国领事馆 **❺**。在灾后恢复中，沙面工部局承担了公共设施的维护和重建工作。英国副领事汉斯（H.Hance）曾致函沙面工部局主席，在提及风灾造成严重损害的同时，也对其领导的重建工作表示了敬意。1919 年 8 月，布拉梅尔德（T.Brameld）获工部局任命担任顾问建筑师，并一直工作至 1934 年辞职 **❻**。这项任命在完善管理机构的同时，加强了工部局在市政管理方面的专业技能。

由于良好的建设和管理，在 19 世纪末沙面建设已取得不俗成绩。一位德侨描述 1886 年的沙面租界时称："在这里，有欧洲人的事务所和住宅，有领事馆，有一个国际俱乐部，同一个小教堂，整个地方是一片田园风光。" **❼** 这一描

---

❶ SMITH H S.Diary of Events and The Progress on Shameen,1859-1938[M].[出版地不详]:[出版社不详],1938: 16.

❷ SMITH H S.Diary of Events and The Progress on Shameen,1859-1938[M].[出版地不详]:[出版社不详],1938: 18-19.

❸ SMITH H S.Diary of Events and The Progress on Shameen,1859-1938[M].[出版地不详]:[出版社不详],1938: 17-26.

❹ Hurrican at Canton[N].The West Coast Times，1878-06-20.

❺ SMITH H S.Diary of Events and The Progress on Shameen,1859-1938[M].[出版地不详]:[出版社不详],1938: 29.

❻ SMITH H S.Diary of Events and The Progress on Shameen,1859-1938[M].[出版地不详]:[出版社不详],1938: 29.

❼ 施丢克尔 .19 世纪的德国与中国 [M]. 乔松，译 . 北京：生活·读书·新知三联书店，1963: 21.

述在黎芳的摄影中也有体现（图4-23）。法租界的建设直到1888年广州石室天主教堂完成后才开始，并首先建造了领事馆和法国东方汇理银行广州分行。在短时期的建设后，法租界也随之繁荣起来。

三、市政绿化与公园建设

租界早期采用民约管理模式，"广州花园基金会"在沙面市政绿化的建设中扮

图4-23　19世纪80年代广州沙面
图片来源：中国国家图书馆，大英图书馆.1860～1930英国藏中国历史照片（上）[M].北京：国家图书馆出版社，2008：201.
（摄影：黎芳，19世纪80年代）

演主要角色。1864年4月9日，卡勒威（R.Carlowitz，礼和洋行创办人）、地近（James.B.Deacon，地近洋行创办人）、莫尔（George Moul）三位被委任为理事，并负责处理用于植树和改善沙面环境的资金，这是广州花园基金会改组成立后的最早记录，也在一定程度上说明沙面市政绿化开始的时间。在该基金会的支持和督办下沙面岛绿化于1865年2月基本完成[1]。从早期有关沙面的铜版画来看，市政绿化主要沿东西方向的道路如运河街、中央大街、前大街及堤岸展开，南北方向则最先绿化了正对英国桥的道路。

广州花园基金会及其后沙面工部局在环境营造方面表现出专业性。得益于十三行时期花园基金会对岭南植物的高度熟悉，沙面市政绿化在树种选择和物种搭配方面采取了本土化策略，榕树（*Banyan Tree*）被大量使用。作为华南地区的常见树种，榕树树冠较大，生长期间枝叶繁茂，病虫害少，且生长速度快，能迅速实现庇荫作用。对于日照强烈的岭南地区而言，榕树广泛见于池塘边、村口及祠堂等公共空间，如同天然的遮阳伞为人们提供遮阴。实际上，对于人工填筑的沙面岛而言，榕树的种植实现了快速长成的绿化，无论是沙基涌旁的运河街（图4-24）、前街，还是中央大街（图4-25）。尤其是中央大街，由于采取了两侧行道树、中间大草坪的景观策略，具有显而易见的礼仪性与公共性。广东地方官员如张之洞等出巡沙面即沿该道通行，至今仍为沙面最重要的公共活动空间。

---

[1]　SMITH H S.Diary of Events and The Progress on Shameen，1859-1938[M].[出版地不详]：[出版社不详]，1938：9-11.

图 4-24 19 世纪末沙面运河街维多利亚酒店前的行道树景观
图片来源：历史明信片，Hongkong：M.Sternberg，Who-lesale and Retail Postcard Dealer.

图 4-25 20 世纪初沙面中央大街景观
图片来源：HUTCHEON ROBIN.The Merchants of Shameen：The Story of Deacon & Co.[M].Deacon & Co.Ltd，1990：60.

　　和十三行地区一样，沙面岛南部临江一侧为公共使用，是沙面最为集中的公共绿地区域。在前街与堤岸之间，1859 年的规划由西向东依次布置了足球场、英租界公园、网球场及法租界公园。英租界公园建成较早，采取了十三行美国花园相似的布置方法，即通过图案化草坪，以及乔木与灌木的均衡搭配营造丰富的植物景观（图 4-26）。法租界公园建成最晚，整体上以草坪为主体，采用以八角亭为中心的规则式构图（图 4-27）。与十三行美国花园、英国花园不同，沙面租界规划强化了运动场地的设置。足球场（图 4-28）与网球场在沿江公共空间系统中占据了近三分之二的面积，其中尤以网球场面积最

图 4-26 英租界公园
图片来源：作者自藏历史照片。（摄影：佚名，约 19 世纪 80 年代）

图 4-27 沙面法租界公园
图片来源：BROWNE G WALDO，DOLE NATHAN HASKELL.The New America and The Far East，Vol.7 China，Cuba[M].Boston：Marshall Jones Company，1901.

图 4-28 沙面足球场
图片来源：HUTCHEON ROBIN.The Merchants of Shameen：The Story of Deacon & Co.[M]. Deacon & Co.Ltd，1990：62.

大，相信也是足球场、网球场引入中国之始。

　　作为一个纯西方化的、自给自足的，兼具工作、生活和宗教功能的租界"城市"，沙面租界给对岸的广州旧城树立了一个西方城市的样板。虽然只有0.22平方公里，沙面岛第一次引入近代城市规划，系统开展公园建设与行道树种植，将榕树这一地方乔木挖掘成为市政绿化的主要树种，进而长期影响民国及新中国时期的城市绿化；沙面良好的街道风貌促成张之洞修筑长堤的举措❶。1911年前后，地方政府更有向沙面学习发展大沙头的计划❷。沙面整洁的街道、疏朗的空间、丰富的绿化营造出现代城市的图景，与沙面对岸的广州旧城形成强烈的视觉反差（图4-29）。由于空间上的毗邻，这一视觉反差在激发耻辱感的同时，也不断激励着改良城市的决心，更从观念上影响了近代广州人对现代城市景观的认知。

图4-29　20世纪30年代广州鸟瞰下的沙面岛

图片来源：HUTCHEON ROBIN.The Merchants of Shameen：The Story of Deacon & Co.[M].Deacon & Co.Ltd，1990：44.

第五节　岭南大学的校园绿地与空间景观

　　原岭南大学校址、今中山大学广州校区南校区是中国近代大学规划建设的典型案例。该校园不仅拥有清晰的空间结构，与美国大学校园相似的校园景观，还有着大量被后世称为"康乐红楼"的采用现代中国风格的校园建筑。作为美国校园规划模式在中国的早期实践，岭南大学的校园规划及设计实践交织在教会的集体意识与建筑师的个人意志之间，其空间景观及绿地建设呈现出高度的系统性，塑造了独特的校园风貌。

❶　彭长歆．"铺廊"与骑楼：从张之洞广州长堤计划看岭南骑楼的官方原型 [J]．华南理工大学学报（社科版），2006，12（6）：66-69.

❷　（香港）华字日报 [N]，1911-01-03.

一、选择广州：地理认知与面向对象

岭南大学始于美北长老会传教士哈巴医生所创格致书院（Christian College in China）。至少在 1879 年，哈巴（Andrew P.Happer，1818—1894）就认为应该在中国设立基督教大学，该设想于 1880 年在费城召开的长老会总会会议上被正式提出。作为美北长老会最早派往中国的传教士之一，哈巴 1844 年来到中国，先居澳门、香港，后入广州，并通过创设新学、开办诊所、用中文刊印福音书籍、建立教堂等手段开展传教工作；他也曾担任广州同文馆英文教习，与广东地方官府、绅商有着广泛接触。得益于广州长期的传教和生活经历，哈巴对基督教事业在中国的发展有着清醒的认识，他在 19 世纪 50 年代中期以后专心从事教育活动，在构想未来中国的基督教大学时，他认为应该采用叙利亚新教大学（The Protestant Syrian College，即贝鲁特美国大学）的模式，其构成应包括预备学校、大学和医学院。

1884 年美北长老会广州传道部认为时机已经成熟，授权回国休假的香便文牧师向长老会海外差会申请在广州建立一所基督教大学。自 1873 年就居住在广州的香便文（Benjamin C.Henry，1850—1901）不仅熟悉中国的风俗礼仪，能操粤语，对中国的文化和地理也有着深入的研究。他曾出版《十字军与龙国》(*The Cross and The Dragon*，1885 年)、《岭南纪行》(*Ling-Nan：Interior of Views of Souvthern China*，1886 年) 等著作。或因为此，在陈述理由时香便文描述了选择广州作为未来大学校址的原因。"广州所在地区的人口与法国相当，但面积略大，人民说着方言，并有自然的屏障与其他地区分开。在这个区域辽阔、包含了 300 万~400 万人口的整个华南地区，却没有一所高等教育的机构。" ❶ 在他看来，没有哪一个差会比长老会更适合承担这一使命。这一请求虽然推迟至 1885 年底才被批准，长老会海外差会对源自哈巴医生的设想给予了支持，即采用与贝鲁特美国大学相同的模式建设在中国的基督教大学，并认为哈巴医生是执行这一计划最合适的人选。稍后，哈巴被选为校监，并于 1887 年 11 月由美北长老会海外差会授权前往中国租赁房屋开始筹建工作。

但哈巴对选址广州充满了疑虑。他认为这所大学应以服务整个国家为目标，校址应该在华中或华北地区，而不是广州。在他看来，广州实在太过偏远，气候炎热，粤语方言也不为大多数民众所理解。而作为首都和官方的语言，

---

❶ CORBETT C H.Lingnan University：A Short History Based Primarily on the Records of the University's American Trustees[M].New York：The Trustees of Lingnan University，1963：8.

北京话应该在未来的大学中使用❶。哈巴最初希望将校址设在上海，尽管上海也不说北京话，并有美南监理会所创中西书院（Anglo-Chinese College）、美国圣公会所创圣约翰大学，但英文的使用十分普遍。他也曾考虑其他地方比如南京、北京，这与他的差会同侪们意见相左。哈巴于是写信给18位在中国不同地区传教的传教士，其中14位为美北长老会传教士。除了广州差会的那夏礼（Henry V.Noyes，1836—1914）、香雅各外，其他都认为校址应该设在华中地区。

促使哈巴改变想法的是广州精英阶层对这所拟建大学的期待。当听说哈巴试图将校址设在上海而不是广州后，乡绅陈子桥（陈少白之父）在几位朋友的帮助下写信给校理事会，促请在广州建立大学。请愿书指出官学所设课程的局限性，而官府最近拒绝申请开办一所工科学堂的事件也被诟病，他们希望哈巴尽快在广州建立一所教授新学的学校。这份请愿书由包括官员、士绅、士子、商人等在内的400多位非基督徒社会精英联名签署，其中10位还是翰林院的成员❷。该事件令哈巴非常感动。

但很快，哈巴对自己的决定产生了怀疑。他写信给理事会主席布什（Dr. Booth），认为人们期待的是一个世俗化和商业化的教育机构，他也对美北长老会广州传教团反对教授英语感到失望，这与他理想中的教会大学模式有明显的不同。或因54位广州本地及附近牧师、举人、教师及教派长老的再次请愿❸，哈巴勉强决定将校址设在广州，并于1888年在广州沙基金利埠（今六二三路）创办岭南大学前身格致书院，但英文校名是没有任何地域属性的Christian College in China。1890年8月格致书院停办后，哈巴还接到了来自天津、北京的邀请，在考察了山东登州文会馆后，他属意烟台。在决定广州或烟台的投票中，前者得到了美北长老会在华各传教团压倒性的支持，这一结果在1892年10月得到明确，理事会同意广州作为校址所在地。

有关大学面向对象及校址区位的讨论反映了美北长老会内部对校址所在地理空间的重视。哈巴的言论阐释了教会大学建立的普适性原则，即它的存在对基督教社会在中国的建立和发展有积极的推动作用，它对基督教精神的反

---

❶ CORBETT C H.Lingnan University：A Short History Based Primarily on the Records of the University's American Trustees[M].New York：The Trustees of Lingnan University，1963：8.

❷ CORBETT C H.Lingnan University：A Short History Based Primarily on the Records of the University's American Trustees[M].New York：The Trustees of Lingnan University，1963：13-14.

❸ Modern Education in China，by Charles K.Edmunds，载 Bulletin，1919，No.44，Department of the Interior，Bureau of Education，Washington：Government Printing Office，1919.

映应具备示范性和推广性。在北京官话所代表的官方语境，以及广东方言所代表的地方语境间，哈巴显然偏重前者，因为前者的可阅读性和可传播性远胜后者，并有助于基督教精神的传播和推广。最终选址广州，明确了校园规划的地域性，并最终影响建筑策略的讨论。

二、筹备新校：选择建筑师

至少在 1900 年初甚至更早，新校的设计工作已经开始。1899 年格致书院理事会讨论了与教会学校培英书院的合并，并计划以回购土地和建筑的形式建立永久校园。后者位于广州花地萃香园（听松园），由那夏礼博士（Henry V.Noyes，1836—1914）所创建。1899 年底，格致书院从早期位于沙基四牌楼的福音堂校址迁往花地。相信在此时，设计一座适于大学使用的新建筑的任务交给了纽约司徒敦建筑师事务所（Stoughton & Stoughton, Architects），其设计被迅速地刊登在 *The Assembly Hearld* 1900 年 2 月第 8 期和同年 2 月 11 日的《纽约论坛报》（*New York Tribune*）上，后者还明确了建筑的名称为科学堂（*The Science Hall*）。由于此时尚无选址康乐村（即后来岭南大学永久校址）的计划，该设计显然是为了扩充培英书院的教学空间以应对高等教育的需要。

图 4-30　查尔斯·司徒敦肖像
图片来源：CHARLES W. Stoughton Passport Application，1919-04-30.

司徒敦建筑师事务所由司徒敦兄弟所组建。兄长查尔斯·司徒敦（Charles W. Stoughton，1861—1945）（图 4-30）出身纽约，1889 年毕业于哥伦比亚大学（Columbia University），1894 年与其弟亚瑟·司徒敦（Arthur A.Stoughton，1867—1955）合组建筑师事务所。查尔斯·司徒敦长期担任纽约市政艺术协会（The Municipal Art Society of New York）理事（1912—1945 年）及该协会主席（1914—1916 年），设计作品包括岭南大学、波多黎各理工学院（Polytechnic Institute of Puerto Rico）、印度马都拉学院（Madura College，未建成）等 ❶。亚瑟·司徒敦则出生

❶ LEONARD J W，HAMERSLY L R，HOLMES F R.Who's who in New York City and State，Issue 4[M].[出版地不详]：[出版社不详]，1909：1244. 又，STOUGHTON C.Architect And Designer，Passes at 84[N].The Daily Argus（Mount Vernon NY），1945-01-09.

于美国东部，1888年毕业于哥伦比亚大学建筑系，1900年成为哥伦比亚建筑助学金（Columbia Fellowship in Architecture）首位获得者，借此在巴黎美术学院学习三年，获让·莱克莱尔大奖（Prix Jean Leclaire），1913—1929年间创办曼尼托巴大学（University of Manitoba）建筑系并担任教授及该系主任，1931年返回纽约并再次加入事务所[1]。司徒敦兄弟是19世纪末至20世纪初纽约知名建筑师，其事务所因设计了战士及水手纪念亭（Soldiers and Sailors Monument，1902）、曼哈顿公理会教堂（The Manhattan Congretional Church，1901）等纽约地标性建筑而享有盛名。但从事务所任职时间及历史记载来看，作为兄长的查尔斯·司徒敦是岭南学堂及其后岭南大学的实际设计者。

司徒敦被选择作为建筑师相信与教会既定的建筑策略及其恰当的回应有着必然联系。这所教会大学的创建者们深耕华南数十年，他们清楚地了解恰当的校园环境与空间氛围之于教会大学建设的重要性。通过筹备阶段教会内部的讨论以及与全国各地差会的交流，尤其是登州文会馆（齐鲁大学前身）、上海圣约翰书院（圣约翰大学前身）等早期中国风格教会大学的建造，为构想一个具有中国风格的现代大学校园打开了想象空间。司徒敦的科学堂设计拥有中国风格的典型元素。其中包括略带曲线的屋顶，正脊两端立着龙形的鸱吻，檐下中国式花格子窗等（图4-31）。似乎没有任何歧义，该方案被迅速地公开，在很大程度上隐含了理事会对司徒敦的接受与认同。

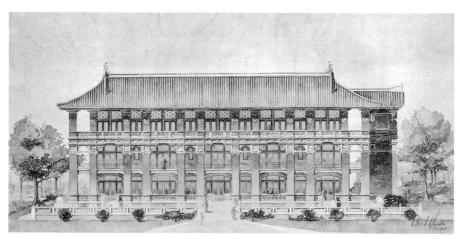

图4-31 拟建格致书院科学堂
图片来源：The Assembly Hearld，February，1900，Vol.2，No.8.

---

[1] Who's Who in New York City and State，5th ed，1911：898. 另，曼尼托巴大学（University of Manitoba）图书馆保留了亚瑟·斯道顿的部分档案史料。

三、珠江边康乐村：在地规划与气候调适

在经历了早期停办、复办，以及 1900 年因义和团运动迁往澳门的波折后，理事会决定购买土地建设永久校园。购地的过程非常艰难，河南康乐村的村民并不愿意将土地卖给教会。1902 年 10 月 18 日，第一笔购地款付出，但直到一年半后，这块有多个业主的土地才交到理事会的手上❶。1904 年春，校监尹士嘉宣布已拥有 30 英亩土地用于校园建设。此地南据马岗，北临珠江，地势由北至南缓缓升高。尹士嘉宣称："这是一块优质的土地，其通达性好，土质条件适于建筑基础，海拔较高便于接受南风"❷。因河南开发远未及此，由广州城而来唯一的交通方式只能是船运。

在确定永久校址的同时，格致书院（Christian College）完成了机构名称的在地化。1903 年 3 月 31 日，以在粤传教士为主体的理事会向纽约州立大学申请更名为 "Canton Christian College"，获得批准，学校中文名也从 "格致书院"更改为 "岭南学堂"，并使用粤语音注即 "Ling Nam Hok Tong"。这一改变意味着对早期哈巴医生设想的放弃，美北长老会及校理事会通过更名明确了这一新型基督教大学面向对象的改变，它的未来将以服务两广所在的岭南为使命，而非哈巴医生所设想的跨越地域、面向中华大地。

得益于业界盛名及早年与格致书院的合作，司徒敦建筑师事务所被纽约的理事会聘请担任岭南学堂的建筑师。1904 年春，毕业于霍普金斯大学的物理教师晏文士（Charles Edmunds，1876—1949）对刚刚买到的土地进行了测绘，并绘制了最初的地形图（图 4-32）❸。同年 8 月中旬，司徒敦和理事会聘请的驻场建筑师、宾夕法尼亚大学建筑系毕业生科林斯（A.C.Collins）一同前往广州，负责监理第一幢永久校舍——东堂，并签订所有的材料及建筑工程合同❹。岭南学堂甚至等不及司徒敦的校园总体规划，就决定按照四年前他为格致书院所作的设计进行建造，该建筑后来被命名为马丁堂以纪念其赞助人马丁先生（Henry Martin）。

司徒敦的规划将该时期美国大学的校园风貌与岭南学堂临江而立的地理

---

❶ CORBETT C H.Lingnan University：A Short History Based Primarily on the Records of the University's American Trustees[M].New York：The Trustees of Lingnan University，1963：34.

❷ CORBETT C H.Lingnan University：A Short History Based Primarily on the Records of the University's American Trustees[M].New York：The Trustees of Lingnan University，1963：34.

❸ CORBETT C H.Lingnan University：A Short History Based Primarily on the Records of the University's American Trustees[M].New York：The Trustees of Lingnan University，1963：38.

❹ A Chinese University Along English Lines：Plans for New Buildings of the Canton Christian College：Its Aim and Promises[N].New York Times，1904-08-14.

特征结合在一起，描绘了一个经由水路抵达、有着宽阔绿茵大道和庭院的大学校园。在司徒敦的规划中（图4-33、图4-34），最引人注目的是贯穿校园中心的绿茵大道，其终端是位于山坡顶的大会堂（College Hall），一座西方古典式穹顶建筑；另一端向下通过运河一直延伸到珠江。绿茵大道两侧是一个又一个的学院组团——其规划图形与吉森（Alfred Morton Githen）所总结的20世纪早期美国校园建筑的组合类型（Types of Composition）几乎一一对应（图4-35），并通过围合形成庭院。《纽约时报》记录了观察者的感受：

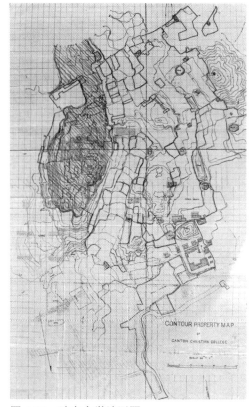

图4-32　岭南大学地形图

图片来源：宾夕法尼亚大学建筑学院图书馆。（Charles Edmunds，1904年）

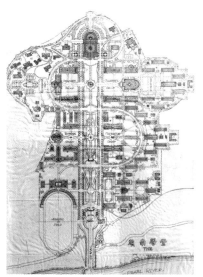

图4-33　岭南学堂规划总平面图

图片来源：UMC Digital Galleries.（Stoughtom & Stoughton，约1904年）

图4-34　"预拟岭南学堂全图"

图片来源：耶鲁大学神学院图书馆。

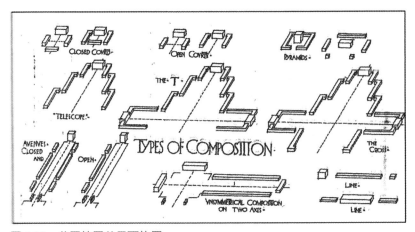

图 4-35　美国校园总平面构图

图片来源：Richard Dober.Campus Landscape[M].Hobokeb，NJ：John Wiley and Sons，2000：162.

（Types of Composition，绘图：Alfred Morton Githen，1907 年）

　　"司徒敦先生的总体规划与最终选定的加利福尼亚大学规划有点类似，是由许多建筑通过艺术的组合而成。（该规划）从珠江引出一条宽阔的运河通向入口处一个圆形的池塘中，沿途装点着鲜花、乔木和灌木。通向校园的入口处将建造一座在中国喜闻乐见的大门或桥门。一条宽 150 英尺、满铺草地的道路延伸将近 3/4 英里，穿过校园的中心，尽头是一个有着穹顶的圆形建筑，极似哥伦比亚大学的大礼堂（University Hall），将是学校的大会堂，但它将是最后建造的建筑物之一。宽阔道路的两旁将有三组不同的建筑物，每一组都围绕着一个宽阔的庭院，在大多数情况下，这些庭院都足够大，可用作体育场，以开展足球、篮球和其他美式体育运动。"❶

　　其文提到的加利福尼亚大学亦即今天的加利福尼亚大学伯克利分校，通过 1899 年的设计竞赛及赛后安排完成了大学校园的规划。在此次竞赛中，法国建筑师贝纳德（Henri Jean Emile Bénard，1844—1929）获得第一名。他的规划是具有典型古典主义特征的城市设计，校园中央是东西方向、沿着坡地逐步上升的林荫大道，两侧是"城市广场"和不同学院使用的建筑。因贝纳德拒绝驻留担任监理建筑师，竞赛第四名获得者霍华德（John Galen Howard）被聘担任建筑师。实际上，竞赛中包括霍华德在内的多名美国建筑师提交的方案被认为更符合美国教育传统且更具影响力❷。他们的规划让人联想到杰弗

❶　A Chinese University Along English Lines：Plans for New Buildings of the Canton Christian College：Its Aim and Promises[N].New York Times，1904-08-14.

❷　TURNER P V.Campus：An American Planning Tradition[M].Cambridge：The MIT Press，1984：182.

逊（Thomas Jefferson）为弗吉利亚大学所做的规划，其规划结构由指向图书馆穹顶建筑的林荫大道和两侧的学院建筑所组成，霍华德在上面还叠加了一个十字轴及其附属空间。在 1901 年担任建筑师后，霍华德延续该基本概念，完成了对贝纳德规划的修正（图 4-36）。通过空间形态的比较，司徒敦的规划与加州大学伯克利分校的确十分相似。

图 4-36 加利福尼亚大学校园鸟瞰图
图片来源：加利福尼亚大学伯克利分校图书馆。（John Galen Howard，1908 年）

广州盛夏的炎热及生活经历相信给司徒敦留下了深刻的印象。在 1904 年停留广州长达一个多月的时间里，他重新测绘了地形图❶，以确保他的规划能更好地适应地形的变化和地块的边界；他居住在沙面，并由此乘船前往工地，这在很大程度上坚定了运河和水上校门的规划；他考察了沙面的园林及广州建筑，当然他也亲身体验了沙面的外廊式建筑对于炎热气候的适应性。外廊式建筑是欧洲人为适应亚洲、非洲等地区的热带、亚热带湿热气候，通过学习当地建筑经验而在当地建造活动中的再创造，通常表现为建筑外侧增加的单边或多边且具有一定深度的前廊，以遮挡猛烈的阳光、加强通风并作为室内生活空间的延续，此外还有"Bungalow"式的大屋顶。外廊式建筑在广东出现较早，鸦片战争后因条约口岸开辟及沙面租界建设，以及对气候的良好适应性而得到广泛的推广❷。

通过在地的身体及空间体验，司徒敦对岭南学堂的规划有了新的思考。适

---

❶ CORBETT C H.Lingnan University：A Short History Based Primarily on the Records of the University's American Trustees[M].New York：The Trustees of Lingnan University，1963：39.

❷ 彭长歆.现代性·地方性：岭南建筑的现代转型 [M].上海：同济大学出版社，2012：156-161.

应气候、重视建筑朝向及通风成为规划修正的主要方向。虽然使用了可能是早期版本的规划简图，1907 年《砖工》（Brickbuilder）杂志在介绍岭南学堂时着重描述了美国大学模式对气候的调适："岭南学堂采用'封闭的林荫大道'（Closed Avenue）构图；建筑纵深方向只有一个房间，设前廊以抵挡热带的阳光；每幢建筑的长轴为东西向，以利用（该地区）盛行的南风；作为抵达校园的主要路径，乘船穿越珠江和运河强化了水门的重要性。"❶

　　1910 年司徒敦对岭南学堂规划进行了修订。他保留了林荫大道这一核心要素，原有大会堂的位置被教堂所取代，新增图书馆被规划在林荫大道的东侧，成为控制横向轴线的中心（图 4-37）。这一调整显然有强化这一所基督教大学宗教气质的企图，并试图实现宗教与科学的平衡。另外，林荫大道两侧的校园建筑几乎全部采用大面宽、小进深、南北向布局的条状形态。这一改变可以肯定是调适气候的结果，为达成该目的，建筑师放弃了早期规划通过各种形式的围合形成庭院的做法，也放弃了建筑面向林荫大道的立面。因进深较浅，校园建筑面向绿茵大道的山墙根本无法组织一个符合古典主义构图的、正式的立面。

　　毫无疑问，岭南大学调适气候的规划充满了现代性。由于基督教长老会选址广州建设大学的设想，从 20 世纪初期开始，美国模式开始影响中国的现代大学规划，包括岭南大学在内，清华学堂、长沙雅礼大学、南京金陵大学、山东齐鲁大学等均采用了封闭的林荫大道，即俗称的大草坪作为校园空间的核心。因为缺少对南京地方气候的关注，纽约的凯迪—格雷戈里事务所（Cady & Gregory，Architects）及随后芝加哥帕金斯—费洛斯—汉密尔顿事务所（Perkins，Fellows & Hamilton，Architects）在对金陵大学的规划中，其学院组团建筑绝大多采用了东西朝向，这一结果也可能是后者首次抵达南京的时间在冬季，而非炎热的夏季。也有一些美国建筑师尝试从建筑风貌或空间格局入手调适中国文化。以茂飞（Henry K.Murphy）、何士（Harry H.Hussey，1881—1967）为代表，尝试从中国宫殿式建筑及其组合方式中获得灵感，通过金陵女子大学、燕京大学等实践实现校园风貌的中国化。就现有材料来看，岭南学堂是中国近代教会大学中唯一一个将气候调适作为规划策略，并明确在建筑布局乃至建筑形态上予以响应的校园。从某种程度上看，它代表了美国模式在地发展的另一方向，但长期以来其价值并未得到足够的重视。

---

❶　GITHENS A M.The Group Plan.V.: Universities，Colleges and Schools[J].The Brickbuilder，1907（12）：221.

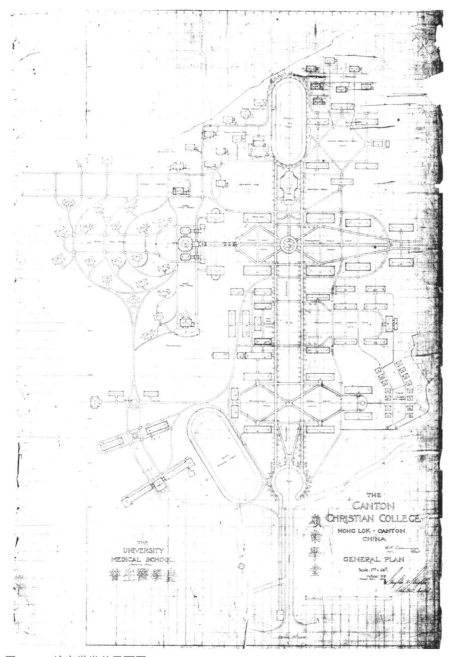

图 4-37　岭南学堂总平面图
图片来源：宾夕法尼亚大学建筑学院图书馆。（Stoughton & Stoughton，Architects，1910 年）

四、绿化校园与校园景观的中国化

　　虽然在校园建筑的设计中采用中国风格，司徒敦对中国园林有着偏见和狭隘的理解。1904 年司徒敦借来粤之机，顺道考察了日本、印度、缅甸、埃及等地区城市的园林状况，并以"公园与林荫大道委员会"（The Committee on

Parks and Parkways）会员身份完成了《远东城市公园考察报告》。他认为："从古至今，中国人一直在从事园林艺术……他们的园林在我们看来是微不足道和不能令人满意的，尤其是与他们的得意门生日本人的作品相比。"❶

广州也成为司徒敦此次考察的重点。他在报告中称："我们所说的本地公园，在本次调查的地域范围内似乎一个也没有……尽管广州地处热带，植物种类繁多，但这座拥有 250 万人口的本土城市却没有任何公园或公共花园，也没有任何露天广场或露台作为集会场所和休闲场所，更没有任何植树的林荫道……与此形成鲜明对比的是外国人租界，它占据着一个狭长的岛屿——沙面岛，与城市之间只有一条狭窄的运河相隔。岛上地势平坦，环岛有一条宽阔的步行道，两排榕树遮天蔽日，（沿江）步行道后面是一片 50～100 英尺宽的草地，环绕着整个岛屿，还有一条 300～400 英尺宽的中央公园大道，以及其他林荫大道和街道，所有这些都与平整的英式草坪和花坛相交，形成了一个大公园。"❷ 从以上记载来看，司徒敦对公园、林荫大道及开阔的英式草坪有着自然流露的好感，正如美国弗吉尼亚大学及加州大学所呈现的那样，而沙面租界公共绿地的成功坚定了他对岭南大学校园景观的构想。实际上，一些人如农学系教授葛洛夫，认为岭南大学示范了广州的城市规划与公园建设❸。

在最初几年，校方专注于校舍的建造与场地、道路等基础设施的建设，大规模的校园绿化在多年后才开始。1908 年，葛洛夫（George Weidman Groff，1884—1954）来到岭南学堂。葛洛夫在宾夕法尼亚州立学院（Pennsylvania State College）获得园艺学学士和硕士学位，1907 年被聘担任该校的园艺师。因学生时代受到美国学生海外宣教志愿团领袖——后来成为基督教青年会北美协会总干事穆德（John R.Mott，1865—1955）的影响，葛洛夫有着强烈的宗教动机而成为首批被派往中国的农学传教士之一。在岭南学堂及其后岭南大学，他协助组建农学院，并成为后来的院长❹。抵达广州后，葛洛夫开始有计划地在校园中植树造林，很快，光秃秃的校园种上了棕榈树、榕树、樟树和荔枝，

❶ STOUGHTON C W，NILES W W.A Report of the Cities of the Far East as Observed by one of the Members of the Committee on Parks and Parkways of the North Side Board of Trade，December，1905[R].p10.

❷ STOUGHTON C W，NILES W W.A Report of the Cities of the Far East as Observed by one of the Members of the Committee on Parks and Parkways of the North Side Board of Trade，December，1905[R].p10.

❸ GROFF G W.Agriculture Reciprocity between America and China[M].New York：Trustees of the Canton Christian College，1911：35.

❹ HORTICULTURIST G W.Groff Dies at 70[N].Tampa Morning Tribune，1954-12-07.

大大增加了校园的魅力（图 4-38）[1]。除了行道树，一些陆续建成的重要建筑周边也进行了园艺的建设（图 4-39、图 4-40）。校园绿化也得益于政府有意识的倡导和推动。1915 年 7 月，在孙中山的倡议下，当时的北洋政府下令以每年清明节为植树节，要求全国各级政府、机关、学校如期参加并动员民众，指定地点，选择树种，举行植树节典礼，开展植树活动。1917 年 4 月 5 日，时任广东省省长朱庆澜（1874—1941）带队来到岭南大学，种植了几百棵为这次活动准备的幼树，其本人也在怀士堂前种了一棵厚叶木兰树（图 4-41）[2]。政府的倡导自上而下强化了环境意识，对校园绿化起到了极大的推动作用。

图 4-38　校园内运动场与绿化交融的场景
图片来源：黄菊艳 . 近代广东教育与岭南大学 [M].
香港：商务印书馆（香港）有限公司，1995.

图 4-39　怀士堂周边绿化
图片来源：ERH DEKE，JOHNSTON TESS.Hallowed Halls：Protestant College in Old China[M].Hongkong：Old China Hand Press，1998：132-133.

图 4-40　黑石屋周边园艺
图片来源：黄菊艳 . 近代广东教育与岭南大学 [M].
香港：商务印书馆（香港）有限公司，1995.

图 4-41　1917 年朱庆澜在岭南大学参加植树活动
图片来源：黄菊艳 . 近代广东教育与岭南大学 [M].
商务印书馆，1995：186.

---

[1]　CORBETT C H.Lingnan University：A Short History Based Primarily on the Records of the University's American Trustees[M].New York：The Trustees of Lingnan University，1963：40.

[2]　CORBETT C H.Lingnan University：A Short History Based Primarily on the Records of the University's American Trustees[M].New York：The Trustees of Lingnan University，1963：77.

除了环境绿化,葛洛夫还推动了瓜果类植物在校园的培育与种植。1916年,葛洛夫在美国农业部工作六个月,对柑橘类水果进行调查。他建立了一个柑橘引种站,并种植了各种柚子、橙子、柑橘和柑橘近缘植物,部分种子也在校园内种植。葛洛夫还从夏威夷引进了木瓜,在本地品种的基础上进行了很大的改良,因此迅速受到欢迎。他还对荔枝进行了专门研究;他的硕士学位论文以中英文由学院印刷发布❶。葛洛夫对岭南大学校园的贡献长达数十年❷,如果说司徒敦是校园景观的构想者,葛洛夫则是校园绿化和园艺实践的执行者。

中国风格的建筑与整洁、疏朗的绿化交汇成岭南大学最具特色的校园景观。由于规模宏大,该校园成为沙面租界后清末广州又一异质空间,它以整齐的行道树烘托着林荫大道,以疏朗宏阔的草坪映衬着红墙绿瓦的校园建筑(图4-42),在散发独特空间魅力的同时,成为现代思想观念孕育的空间。岭南近代许多的知识精英在岭南学堂完成早期学业,随后赴外留学,其中如工程师伍希侣、林逸民,建筑师杨锡宗等。伍希侣、林逸民曾在广州工务系统担任重要职务,对广州市政建设贡献良多,杨锡宗则规划设计了另一座大学校园——国立中山大学石牌新校。面对新的空间建设,启蒙时代在岭南大学附属中学的学习、成长经历显然在其观念养成方面扮演了重要作用。所谓环境育人,映射了岭南大学校园环境的现代性。

图4-42　岭南大学旧址(今中山大学南校区)鸟瞰(摄影:伍钧浩)

---

❶ CORBETT C H.Lingnan University：A Short History Based Primarily on the Records of the University's American Trustees[M].New York：The Trustees of Lingnan University，1963：74.

❷ 太平洋战争爆发后葛洛夫仍留在校园,1946—1947年,其还在联合国善后救济总署华南区担任农业救济官员。见：HORTICULTURIST G W.Groff Dies at 70[N].Tampa Morning Tribune，1954-12-07.

第五章

洋务新政建设与园事活动

在经历了两次鸦片战争的重创后，清政府决定大兴洋务，继而于 20 世纪初推行新政，其鼎革之势也投射至园事活动。鉴于广东在对外交往中的传统优势，清政府对广东洋务运动的开展抱有较高的期待，曾督令开设同文学堂等。然而，发端虽早，广东洋务发展却步履维艰，这一局面直到 19 世纪 70 年代后才渐有起色，至张之洞任两广总督后始有高潮的出现，随后再度沉寂，十余年后再因周馥、岑春煊等人督粤，广东成为新政建设的中心。在此期间，伴随着各类空间建设，园事活动时有开展，如督办洋务的将军府、提振士风的广雅书院、西技中用的广东钱局，以及改良城市的长堤计划等，无不折射出清末地方官员在大变革中的园事态度，也折射出广东洋务、新政建设的"人治"色彩。实际上，作为地方事务的支配者，张之洞等地方军政长官往往以己之力推动洋务、新政建设及相关建筑、园事活动的开展，其空间实践因此带有强烈的"赞助人"特性，反映出清末改革派地方官员尝试开辟另一条近代化发展道路的努力。

第一节　余辉未尽：广州将军府长善壶园❶

广东洋务始于广州将军主持创建的同文馆。鉴于太平天国运动与西方人入侵等内忧外患，恭亲王奕訢在清咸丰帝去世后协助慈安太后、慈禧太后政变，被授予议政王，以亲王议政推行洋务，最终促成了同治中兴。因签订条约与办理外交事务等所需，1861 年奕訢奏请设立总理各国事务衙门，并于 1862 年 8 月在北京开办京师同文馆，随后李鸿章上书要求在上海、广州如法照办。清同治二年二月初十（1863 年 3 月 28 日）上谕批复，着令"广州将军等查照办理"❷。1864 年，时任广州将军瑞麟、两广总督毛鸿宾依照京沪之例创办广州同文馆。

作为两广最高军政长官，广州将军负有督导地方洋务之责。广州将军一职设于削藩后的清康熙十九年（1680 年），统领驻穗八旗官兵并节制驻粤绿营，其官阶虽与两广总督相同，却享有更高地位，由其督导广东洋务显示出奕訢洋务派对广东的期待。然而，该时期广州将军府却因人事变动较少作为，瑞麟于清同治四年（1865 年）兼署两广总督后转向地方，庆春接任（1868—1869 年）仅一年后又离职。或因熟悉外交事务，担任总理衙门掌京的长善

❶ 本节由王艳婷、彭长歆共同完成，主要内容出自：王艳婷，彭长歆. 清末广州将军府长善壶园的营建探析 [J]. 风景园林，2023，10（9）：130-138.

❷ 《筹办夷务始末》（同治朝）卷 12。

（1829—1889）被派任广州将军，成为清朝历史上任该职时间最长的一位[1]。长善上任后对广东洋务采取了积极配合的姿态。虽然该时期广东洋务建设逐渐转由两广总督操办，先瑞麟，后刘坤一等，长善均能从善如流。与此同时，长善对将军府大加整顿，包括修葺英法联军破坏的府内建筑，以及营造壶园等，使后者成为长善接待中西宾客的空间，展现广东乃至清政府对外开放的态度。

城外新潮涌动，城内园事存续依旧。作为封建皇权的象征，城墙将清末广州界分为城墙以内和以外两个截然不同的空间。城墙以内是一系列以官衙府属及礼制建筑为主导，以城墙和官道为骨架构建的因循守旧的城市空间体系。城墙以外是资本、商贸及早期国际化浪潮主导下的空间生产所形成的租界、堤岸、西关等新型城市空间及其关联区域，而后者被认为是广州近代出现的最具活力的新型城市空间及城市近代转型的重要标志[2]。与城外多主体、多类型、形态多样的造园活动不同，19世纪广州城内造园几乎全部由任内官员所推动，空间所在为衙门官署及府邸，如广东巡抚署内的万竹园、将军府内的壶园、广州府署内的清荫园、广东提督学署内的环碧园、两广盐运使署内的西园、布政司署内的东园等。纵览文史及图像记录，其空间建构或简或繁，基本遵循了传统造园方法，意识形态无不以隐修、明志、出仕等传统园林的思想表达为核心，显示出官府园林的正统性和稳定性。作为该时期广州城内园林营造的典型样本，将军府壶园提供了一个镜像观察的视角，以帮助理解该时期广东地方官员的园事心态与技术模式。

一、长善早期的园居与园游经历

长善自幼喜园事。长善（图5-1）出身贵胄，姓他塔喇氏，字乐初，号怡逊主人，祖籍长白。清咸丰三年（1853年），长善任职侍卫，深受皇帝赏识，因而"旋改武职，跻专阃"[3]。长善为官40余年，历经晚清社会动荡及官场腐败，尚清廉勤政，官名较佳[4]。长善年少时常携友人于武昌衙宅东边的池上草堂赏园，该段经历开启了日后他对园林生活的向往。他在《次韵蔗泉广交池上草堂诗四首》[5]一诗中通过赋比兴相结合的手法抒写园中交游的体验，诗中

---

[1] 长善担任广州将军时限，一说由1869年庆春离任始，一说由1870年始，至光绪十年（1884年）离任，总计超过15年，超过历任广州将军。

[2] 彭长歆.现代性·地方性：岭南城市与建筑的近代转型 [M].上海：同济大学出版社，2012.

[3] 长善.芝隐室诗存 [M]//《清代诗文集汇编》编纂委员会.清代诗文汇编（七〇九）.上海：上海古籍出版社，2010.

[4] 邓伟.满族文学史（第四卷）[M].沈阳：辽宁大学出版社，2012.

[5] 长善.芝隐室诗存 [M]//《清代诗文集汇编》编纂委员会.清代诗文汇编（七〇九）.上海：上海古籍出版社，2010.

所述草堂景观主要以花木为胜，不仅有竹、松、梧桐、青苔等观赏类植物，也有荷、豆、芭蕉等可食用花果。"豆棚窥啄鸟""墨沼戏眠鹅""林深鸟不飞"等诗句还体现了植物招引动物互动的情形。在清幽疏朗的园林环境中观看鱼鸟嬉戏、弹琴赋诗、饮酒抒怀，极大地激发了长善对园林生活的热爱。

图 5-1　广州将军长善（图中坐者）与仆从在广州将军府壶园的合影
图片来源：Jeffrey W.Cody, Frances Terpak.Brush and Shutter：Early Photography in China[M].Los Angeles：Getty Research Institute，2011.

　　长善一生在多地为官，积累了丰富的园居与园游经历。其文集《芝隐室诗存》显示，在北京任职期间，他曾造访净业湖、圆明园、清漪园（今颐和园）等风景名胜；在河北都督府任副总统时，他亲自辟建园林，也常常前往秦皇岛的澄海楼、栖贤寺等雅静之地闲游放松。夏日时，又邀友人前往五泉庵观山赏花、听泉奏乐。清同治（1862—1875 年）年间，长善造访了广东诸多园林名胜，当时正逢清末广州园林发展盛期，涌现了以行商园林为代表的一批名园 ❶。在诸多园林中，他对海山仙馆有较高评价，称"荔枝湾夹岸多园林，潘园海山仙馆极盛" ❷。长善也曾参观广州海幢寺、韶关张九龄公祠及清远峡山

❶　彭长歆，王艳婷 . 城外造景：清末广州景园营造与岭南园林的近代转型 [J]. 中国园林，2021，37（11）：127-132.

❷　广州市越秀区人民政府地方志办公室，广州市越秀区政协学习和文史委员会 . 越秀史稿：第四卷 [M]. 广州：南方出版传媒广东经济出版社，2015.

寺等，他对海幢寺情有独钟，认为"羊城风雅数海幢"。然而，他对海幢寺"高会坛坫争先"的现象颇有不屑，更愿意"以轻裘缓带与都人士雅歌投壶"[1]，可见他淡泊明志、热衷文人雅趣的情怀。在长期的调迁及宦游经历中，长善形成并发展了对园林的个人经验。他游历大江南北，每至一处，都有园林相伴。丰富的园居与园游活动形成了他对传统园林趣味的偏好，为晚年将军府的经营，尤其是府内壶园的辟建完成了营园思想的准备。

二、长善与广州将军府

将军府又称将军署，为清代驻粤八旗军的最高军政衙署。它南邻满城，横跨惠爱大街（今中山路），东邻拱宸坊（今解放北路），西侧为净慧寺（今六榕寺）。作为连接正东门和正西门的官道，惠爱大街还由西向东分布了右都统府、巡抚部院、广州府、布政司署等一系列其他的官衙府署，构建了广州城东西轴线。将军府东侧的拱宸坊北出大北门可达城防高地观音山（今越秀山），南经归德门出五仙门可直达珠江边（图 5-2），其方位既具礼仪，更重军事，占据着重要的空间方位。

将军府所在基址拥有悠久的营建历史。秦时

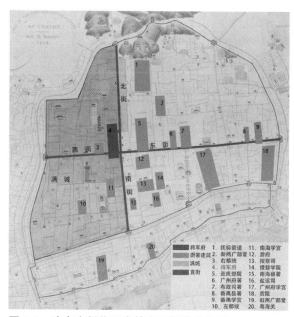

图 5-2　清末广州将军府等主要衙署分布图

图片来源：广州市规划局，广州市城市建设档案馆. 图说城市文脉：广州古今地图集 [M]. 广州：广东省地图出版社，2010：242-243.（底图：广东省城图，Rev.D.Vrooman，1860；标注：唐怡）

相传有任嚣庙建于其上，南朝刘宋时期（约 420—479 年）建宝庄严寺，南汉时易名长寿寺，南汉灭亡时毁于大火。北宋端拱元年（988 年）重修，次年修竣，改名净慧寺。随着明代广州城墙防御体系的调整[2]，明洪武六年（1373 年），净慧寺东半部被改建为提督府行台。明天顺年间，总督两广都御史叶盛

---

[1] 广州市越秀区人民政府地方志办公室，广州市越秀区政协学习和文史委员会. 越秀史稿：第四卷 [M]. 广州：南方出版传媒广东经济出版社，2015.

[2] 明洪武三年（1370 年）、洪武十三年（1380 年）广州城墙两次重修及改扩建，合宋三城为一城，形成北倚粤秀山、南邻珠江，四周城墙高耸、蔚为壮观的城池体系。

在提督府内建正堂。明成化三年（1467年），韩雍在正堂东建运筹亭，西建喜雨堂。明万历五年（1577年），程大科又辟其左建壮猷堂，后改为蒙都堂府。清顺治七年（1650年），尚可喜与耿继茂率领清军攻下广州城，两人分别择地修建王府，其中耿继茂选中旧蒙都堂府并于此营造宏伟的府邸，史称靖南王府。清顺治十七年（1660年）耿继茂调任福建，尚可喜之子尚之孝将靖南王府据为己有，该地成为尚氏平南王府的一部分。清康熙十二年（1673年），三藩之乱爆发，至清康熙二十年（1681年）平定叛乱，王府终结。平定三藩后，靖南王府被改为广州将军府。清康熙十九年（1680年），王永誉受命担任第一任广州将军，是清代十四个驻防将军之一，为驻防旗兵最高长官，可节制全省武装力量，深受朝廷重视。清康熙二十年（1681年），广州满城正式设立，朝廷下旨撤藩并选派精锐汉军旗官兵进驻广州。清康熙二十一年（1682年），原靖南王府被正式改建为广州将军府。

　　将军府在近代遭遇巨变。清咸丰八年（1858年）第二次鸦片战争期间，广州将军府遭受攻击。多处建筑遭到不同程度破坏，后堂更因炮击而焚毁。次年，英法联军占领广州城，将军府被占据改为英法总局。清咸丰十一年（1861年）十月，清政府缴清英法兵费赔款，索回广州将军府，但英国又强占将军府后园改建为英国领事馆[1]。其后数年间将军府处于荒废状态（图5-3），直至清同治八年（1869年），清政府派遣长善担任广州将军后始有新象。

图 5-3　将军府未修葺前的状况
图片来源：THOMSON J. Illustrations of China and Its People（Vol.1）[M].
London: Crown Buildings, 1874.

　　长善对将军府进行了一系列建造活动。他一方面修复了在第二次鸦片战争中毁坏的中路衙署建筑，扩建了家眷生活的场所；另一方面改造了废弃的花圃，并将其辟为壶园，用于闲游散解。潘祖荫称"军政具修，铃阁清静。（长善）

❶　任果. 番禺县志：卷一 [M]. 清乾隆三十九年（1774年）刻本. 广州：广东人民出版社.

尝葺官廨废圃,名曰壶园"[1]。壶园内亭阁山池一应俱全,满足了长善对园居生活的想象。将军府空间布局规整,由于采取了整理与修葺的营建策略,它在长善的经营下基本保持了原有空间格局,并日臻完善。《清广东军署图轴》反映了除后院外将军府的布局情况。其空间布局大致分为四部分,包括衙署办公区、后院、生活区、属吏休息与牲畜圈养区等(图5-4)。

作为军政衙门,将军府重视空间威仪。其空间序列沿中轴展开,入口设于惠爱大街北端,与东、西辕门及南侧照壁、旗幡一道围合形成礼仪性院落。将军府面向大门设甬道,两侧有一对石狮峙护,主要建筑以甬道

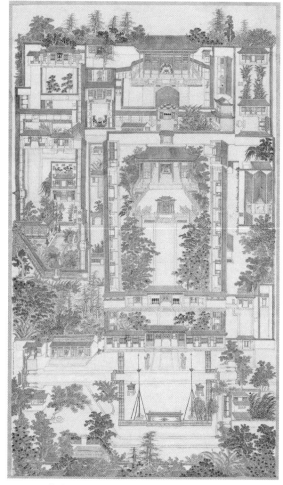

图 5-4 《清广东军署图轴》
图片来源:首都博物馆。

相连,在中轴线上依次排开,分别为大门、仪门(图5-5)、戒石牌坊、大堂(图5-6)、穿堂和后堂。建筑显隐于竹松林木之间,其地势逐级升高形成地台,地台变化处设有石栏台阶。院内至今古木参天,遗迹尚存。将军府衙署以东设属吏休憩与牲畜圈养区,以西便是长善及家眷的生活区(图5-7)。

除图轴所示格局外,将军府后堂以北还有大面积区域,为将军府后院。长善入驻前,后院一部分被改建为英国领事馆(图5-8),为中国传统建筑院落,大部分成为花园,由保卫使馆的清兵驻守。汤姆逊在造访英国领事馆时领略了后院景色:"一堵墙围合了六七英亩的空间,大部分被布置成花园或者公园。

---

❶　长善.芝隐室诗存[M]//《清代诗文集汇编》编纂委员会.清代诗文集汇编(七〇九).上海:上海古籍出版社,2010.

图 5-5　将军府仪门

图片来源：中国国家图书馆，大英图书馆.1860—
1930 英国藏中国历史照片（上）[M]. 北京：国
家图书馆出版社，2008.

图 5-6　将军府大堂

图片来源：比托 . 西洋镜：一个英国战地摄影师镜头下
的第二次鸦片战争 [M]. 赵省伟译 . 北京：台海出版社，
2017.

图 5-7　将军府住宅庭园

图片来源：黎芳摄于 1871 年，（荷）莱顿大学图书馆
（Leiden University Library）收藏。

图 5-8　英国领事馆内景

图片来源：中国国家图书馆，大英图书馆.1860—
1930 英国藏中国历史照片（上）[M]. 北京：国家
图书馆出版社，2008：218.（黎芳摄于 1870—
1875 年间）。

公园里古树成荫，为一群鹿提供了阴凉。"❶

　　总体来看，将军府的空间格局呈现出中部以衙署办公为主，西部以生活为
主的空间格局。中轴线上行政建筑的分布体现了中国传统"居中为尊"的思想。
西部家属生活区的扩建丰富了将军府的空间职能，尤其是壶园的辟建，承担
了府内宴饮游憩的功能，同时也反映出长善将游园与行政、居住两大功能紧
密联系的考虑。

三、壶中天地：壶园的营建与象征

　　作为长善日常生活所在，壶园位于府内西侧，体现出长善崇尚园林雅居的
思想。该部分由连廊围合，东侧有高墙与衙署办公区分开，显示出经由统一规

❶　THOMSON J.Illustrations of China and Its People（Vol.1）[M].London：Crown Buildings，1874.

划的独立性。园区内由多处建筑组成，由南向北依次为园林（壶园）、"西爽"楼、"壶园"堂及相连厅堂等（图5-9），组成了将军府的生活区。从《清广东军署图轴》及相关文字判断，壶园即生活区的统称。其中：

南侧园林占据壶园近三分之一用地，西南面由茂密的树林围合，环境十分静谧；最北侧为三开间壶园堂，南向正面上悬牌匾书"壶园"二字，而相邻厅堂则堂名不详。壶园堂为长善书厅❶，门前甬道即长善射圃或投壶之用。长善在其《芝隐室诗存》中曾提到投箭入壶的游戏，而作为广州将军，习射艺也是职责必需的训练❷；西爽楼位于壶园堂与壶园之间，

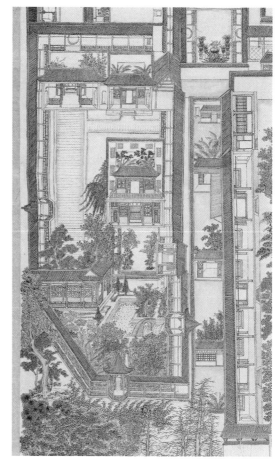

图 5-9　壶园总体布局（《清广东军署图轴》局部）
图片来源：首都博物馆。

高二层，二楼设平台可眺望南侧园林风景，楼后设园，除正面外其余三面以围墙围合，为园中园，从空间特征来看应系长善与家眷居住之用。"西爽"用典❸出自唐代王维诗"若见西山爽，应知黄绮心"，意指西山隐逸之气，形容山水清静幽雅、水木清华，有隐隐之爽气，确与壶园营造的园林意趣相吻合。

园名用"壶"在中国古典园林的语境中有着特殊含义，所谓"壶中天地"，即以壶之小喻天地之大，意在表达园主的空间思想与意境追求。通过梳理《芝隐室诗存》可知，长善喜用"壶"字。长善将居所取名"壶园"，一方面或想

❶ 据文献记载，长善及外文教习常在壶园授课，壶园堂应该就是课室，门前射圃也可为学生提供射箭等训练。

❷ 一说射圃是长善为训练任志锐所设，详见后文。

❸ "西山爽"用典也有孤傲之意。南朝宋刘义庆《世说新语·简傲》载王子猷自称"西山朝来，致有爽气"，后因以"西山爽"言人性格疏傲，不善奉迎。

借"壶中天地"的寓意警示自己要心胸宽广，文人冯誉骥称"其（长善）言视天地万物犹一壶也，故其心常宽"❶；另一方面或想表达自己怜才爱士，赏识接纳有识之士的愿望。清末八旗汉军词人李佳继昌称"其（长善）选拔才官无不公允，且怜才爱士，提倡风雅。署有'壶园'"❷。以上说明长善熟谙中国传统园林的空间话语，更能借物言志，通过园名表达心境。

壶园遵循了中国传统"壶中天地"的布局模式，在岭南地区颇具代表性。"壶中天地"模式源于道家师法自然、洞窟修行的场域，至宋代发展为将山川环境与宫观营造融为一体的园林景观模式❸。主要表现为四周被山峰或茂林围合，只留一个小的入口与外界相通，即所谓"入口（壶口）+围合（壶腔）"的空间结构❹。与之类似，壶园仅留小口作为"壶中天地"的入口，因有长廊的加入，形成了一种较为典型、用以应对非山林环境的"入口（壶口）—走廊（壶颈）—围合（壶腔）"的"壶中天地"布局模式。环状连续的走廊在布局中象征壶颈，表现出主人追求精神世界的艰辛，也象征由尘世通向仙境的过渡❺。长善以"壶中天地"做园林布局，在很大程度上反映了他将典故、园林与空间体验结合施用的技术路线。

壶园景色秀丽。以水池为中心，南侧园林围绕水池布置着纷繁的石景、多处建筑及与早年池上草堂相似的林木花卉。文人文廷式（1856—1904）称"亭馆极美，花树华蔚"❻。

其建筑设计巧于构思。南侧园林六面围合，其中五面为廊。廊是确定壶园边界的主要元素，在有限面积的空间中，长善巧借通透的长廊作园林与居住、办公之间隔而不断的空间界限。廊中有亭、榭穿插，供游人驻足静赏水中天光云影及萍动鱼游。壶园西北角设有水榭，为会客厅，是长善接待中西友人的主要场所（图5-10）。南面八角亭周围植物掩映，亭前缀以石景假山，形成了颇具观赏性的私密空间。东南角为另一座园亭，该亭造型显然模仿了清代官帽的形式，包括圆形顶戴、花边及双翎羽等，后者由两条岭南传统鱼尾脊所构建。与此同时，其园景构图还巧借将军府入口处的旗幡，两者的组合建构了一个以官帽和旗幡为指向的空间话语（图5-11），形成了以权力为核心的

❶ 长善.芝隐室诗存 [M]//《清代诗文集汇编》编纂委员会.清代诗文集汇编（七〇九）.上海：上海古籍出版社，2010.
❷ 李佳继昌.左庵词话 [M]//唐圭璋.词话丛编.北京：中华书局，2005.
❸ 陈蔚，谭睿.道教"洞天福地"景观与壶天空间结构研究 [J].建筑学报，2021（4）：108-113.
❹ 吴会，金荷仙.江西洞天福地景观营建智慧 [J].中国园林，2020，36（6）：28-32.
❺ 陈蔚，谭睿.道教"洞天福地"景观与壶天空间结构研究 [J].建筑学报，2021（4）：108-113.
❻ 文廷式.文廷式诗词集：知过轩诗钞 [M].陆有富校.上海：上海古籍出版社，2017.

园林图景❶，这无疑是长善"借园示意"的最直接体现。

图 5-10 将军府壶园水榭

图片来源：VALERY M G.Heaven is High，the Emperor Far Away：Merchants and Mandarins in Old China[M]. Oxford：Oxford University Press，2002.

图 5-11 将军府壶园东南向园景

图片来源：中国国家图书馆，大英图书馆.1860—1930 英国藏中国历史照片（上）[M]. 北京：国家图书馆出版社，2008：234.

其石景营造独具匠心。壶园石景主要包括掇石而成的路径与池岸，以及东南面堆砌的多处假山。池岸与石径显然采用了中国传统园林的营石技法。"壶中天地"的意象自南宋起就与假山营造关联，借以表现山体的微缩造型和包罗万象❷。长善巧借这一隐喻，通过假山堆砌，强化在有限空间中展示"壶中天地"所包含的无限空间感。壶园假山造型峻峭矗立、嶙峋秀拔，山中多洞口，在拉伸空间深远感的同时与内外之景产生联系，增加了游园的趣味性。其中南端假山体量颇大，石峰透迤相连，以"势如排列，状若趋承"❸为原则，掩映在万绿丛中，充满山林之气。雍容繁杂的石景营造及山体的微缩造型在向他者展示权力与身份的同时，亦把他早年宦游的经历和感悟以微缩造景的方式置入园中，从而表明其对昔日生活的感知和追忆。

其水局塑造彰显空间。水池面积接近壶园南侧庭院面积的三分之一，水池边界呈规则的 L 形布局，形成了平阔水景。规则式水池设计除适应岭南地域性气候外，也力求与将军府严肃规整的布局模式相一致。水池东偏的拱券平桥隔池为大小不一的两块水面，以此借小水面突出大水面的"阔"。开阔的水面结合开敞明快的连廊设计，进一步扩大了壶园的空间感。水池之景以浮莲为胜，观鱼为趣，尤以平桥凌空架起为点睛之笔。凸起的平桥使游览路径

❶ 彭长歆，王艳婷.城外造景：清末广州景园营造与岭南园林的近代转型 [J]. 中国园林，2021，37（11）：127-132.

❷ 吴会，金荷仙.江西洞天福地景观营建智慧 [J]. 中国园林，2020，36（6）：28-32.

❸ 戴文翼，顾凯.壶中天地、山水再现与天然意趣：晚明太仓弇山园的多样叠山意象及其营造研究 [J]. 中国园林，2021，37（4）：139-144.

在垂直高度得到延伸，赏园者借桥远眺与平地近观所产生的旷奥之感能强化自身的游园体验。另外，长善巧借倒影现象，将园中景物呈向心性环水布局，增添了景物虚实相生的空间效果，形成了壶园聚焦且深远的空间意境。

其植物配置蕴藏意趣。壶园的植物浓郁成荫，花木搭配十分细腻。这一方面源于长善生平对植物的喜爱，他曾于武昌池上草堂"觅隙地，种竹数十竿"，并称"植物有本性""草木有辉光"❶；另一方面，也得益于他年少时接触园林所产生的初步印象。除广州常见的乡土树种外，长善还选用与池上草堂相似的具有人格审美意象的花木，如喻示"高风亮节"的竹、"忠贞正直"的莲、"百折不挠"的松，以及"康乐长寿"的芭蕉。相同的植物搭配暗示了长善对高尚人格的追求。除植物本身所具有的特殊性外，繁茂的植物也会吸引鸟雀栖息，动植物共存的现象又为壶园增添了一分生机与活力。总体而言，长善在有限空间中聚山、石、水、木、亭、廊为一体，巧妙渗透了"壶中天地"意象的缩微性和包容万物的想象。这种对山水自然景象的再现，以及对园主生平经历追忆的表达方式在当时中国传统园林的营造中颇具代表性，而对植物种类、假山形体、圆亭造型的择取又颇具创新性。精巧灵活的景观要素结合穿插其中的游览路径，促使园林场景主题不断转化，使游人达到"因景成境，以境启心"的高度。"壶中天地"的园林布局反映出长善遵循传统造园的方式，同时也展现出自身高超的造园水平，壶园一度受到当地文人雅士的追捧，成为长善晚年避世休养的世外桃源。

四、壶园中的交游活动

清末广州中西交汇，文化事业高度繁荣，推动了将军府中各种交游活动的开展。除供家眷闲游散解外，壶园既是教化亲属的私塾，又是长善接待宾客、与友人雅集的主要活动场所。长善十分重视亲属的文化教育，特地在壶园开辟文社。《辛壬春秋·清臣殉难记》记载："（志锐）父卒孤贫，依从父广州将军长善，从父绝爱之，令读书壶园中。"❷ 文廷式也称长善曾长期邀请他为其亲侄教授四书五经，且因该时期广州常有西方人来访及洋务建设需要，他还聘请英语老师一并在壶园授课。志锐好武，于是又辟出空地（即射圃）专门用于传授射箭技艺。壶园清幽雅致的园林环境成为长善施教的主要场所，长善之侄志锐、志均及后来的珍妃、瑾妃均受益于此，他们的学识水平与道德修

---

❶ 长善. 芝隐室诗存 [M]// 《清代诗文集汇编》编纂委员会. 清代诗文集汇编（七〇九）. 上海：上海古籍出版社，2010.

❷ 尚秉和. 辛壬春秋 [M]. 北京：中国书店出版社，2010：1106.

养在这里得到了初步的养成。

长善常邀友人在壶园集会。园中小桥、凉亭、曲廊和水榭为宾客提供了雅集场所，甫兰公、于式枚、文廷式与梁鼎芬等社会名流多在此相聚。长善喜欢揽交文人墨客，文廷式称"公（长善）又好客，公子侄伯愚、仲鲁两翰林，皆英英逾众，实从多渊雅之士，如张编修鼎华、于兵部式枚、梁编修鼎芬，暨予，皆尤密者也"❶；潘飞声（1858—1934）称"（长善）礼贤下士，粤中名辈，多与宴游"❷；《字林西报》（*North China Daily News*）称"广州鞑靼将军（长善）拥有十分出众的文友圈子，这些人经常去他家中集会"❸。不难想象，以长善为核心的文人集团相聚壶园对酒高歌、吟诗作画的情景。

长善亦常邀西方人参观壶园。或因清同治元年（1862 年）长善任职总理衙门章京时参与了大量的外交活动，长善对西方人持有相对开明的态度，故有西方人游览壶园的记载。汤姆逊在拜访将军府时对壶园优美的景象作了较高评价，称"这些花园（壶园）被绿树围合，绿树之下为阴凉的小径，并蜿蜒在莲花池四周，同时掩映在绿篱下。我们时不时会来到长满了苔藓、蕨类植物和地衣的小山丘上，整体呈现出中国园林的完美……"❹。此外，1883 年法国《画刊》（*L'illustration*）第 11 期也记录了法国吉美博物馆创始人吉美（Émile Guimet）及著名油画家雷加梅（Félix Régamey）旅行路过广州时受邀于壶园做客的事件。显然，长善在经营壶园时体现出了不同于传统官员的开放思想。闲游散解、教化亲属、举办雅集构成了长善园居生活的三个层次，壶园中的交游活动呈现出多样化。

显然，将军府壶园的营造呈现出与同时期岭南行商园林明显不同的技术路线。由于早开风气及中西贸易的开展，清末广州园事繁荣，推动了东西方造园艺术碰撞交融，促发了行商园林、公共花园等新园林形态的出现。而长善因外派来粤，其园林知识及趣味喜好有赖于早年的园居生活与遍访各地名园的体验。在中国传统园林知识体系的支持下，壶园的营造体现出传统时期的典型特征，即以高度成熟的空间模式应对园主的空间需求。在 19 世纪 60 年代末英军撤出将军府，但仍驻留领事馆的背景下，长善采用"壶中天地"的布局模式，在营造"洞天"仙境的同时，隐含了对军政的无奈及避世的心理。

---

❶　文廷式. 文廷式诗词集：知过轩诗钞 [M]. 陆有富校. 上海：上海古籍出版社，2017.

❷　潘飞声. 说剑堂集 [M]. 影印本. 香港：龙门书店，1977.

❸　The Tartar General at Canton[N].North China Daily News，1883-01-16（4）.

❹　THOMSON J. Illustrations of China and Its People（Vol.1）[M].London：Crown Buildings，1874.

壶园的营造也代表了统治阶层维系传统文化结构的倾向。19世纪的广州虽因海上贸易与西方接触较多，但地方官员因循守旧对洋务意兴阑珊，直至19世纪80年代张之洞督粤后才有了本质的改变。受传统观念立场和固化思想影响，官员按照特定的文化指向开展园事活动，以及用既定的文字系统诠释空间行为。虽然景象烦冗，却是单一文化内涵和单一知识结构作用的结果，在某种程度上甚至有功利化、庸俗化的趋向。反观城外造园如行商花园、租界公园、花地园圃等，由于营造主体和知识来源的多样化，其文化结构显示出开放、包容的特征，暗合近现代岭南文化的特性，代表了岭南园林新的发展方向。长善壶园余晖未尽，恰成清末岭南园林现代转型之参照。

第二节　正本溯源：广雅书院的空间营造

岭南书院中，广雅书院虽然建成较晚，但影响巨大，其创办者为清末两广总督张之洞。张之洞（1837—1909），直隶（今河北）南皮人，出身官宦，自小接受严格的传统教育。张之洞活跃于政治舞台之时，正处于晚清社会由传统向现代转型的过渡时期，他早年为清流派健将，中年为洋务重臣，晚年则成为新政推行的主角[1]。其人物性格既因循守旧又务实趋新，是过渡时期的重要代表人物。1898年，张之洞撰写《劝学篇》，文中提出的"中学为体，西学为用"主张高度浓缩了张之洞洋务建设和早期改良思想的基本纲领，在很大程度上也反映了晚清洋务新政的思想本质。

从政治理念的形成与相关实践来看，在广东的任职经历是张之洞"中体西用"思想形成的关键时期。清光绪十年（1884年），为应对中法战事，张之洞被派任两广总督。由于广东特殊的地理位置，张之洞开始真正、大规模地接受西学的熏陶。在进行洋务建设的同时，他注意到两广士风的不振，认为已严重影响国家人才的培养和地方风尚的端正。上述忧虑于1886年转化为行动，一座高等级官办书院开始筹备，并于1888年建成开馆，取"广者大也，雅者正也"之意，命名为广雅书院。作为清末四大书院之一，广雅书院旨在培养学识渊博、品行雅正的经世致用之才，是张之洞"中体西用"思想的发端地，也是中国近代教育发展的重要历史见证和空间载体。

由于规模宏大、形制完整，广雅书院为考察转型时期中国传统建筑的空

❶　苑书义 .《张之洞全集》序言 [M]// 苑书义，孙华峰，李秉新 . 张之洞全集（第一册）. 石家庄：河北人民出版社，1998：1-2.

间策略提供了范本。广雅书院创建之时，正值晚清洋风日炽，以及洋务建设最为兴盛的时期。其时，广州以沙面租界和天主教圣心教堂为标志的西方风格景观已经形成，并通过空间策略不断影响近代广州城市的转型[1]。张之洞本人也是最积极地推动空间改良以适应洋务需要的晚清官员之一。然而，广雅书院却展现出典型的中国风格，其空间策略包括了地理的选址、建筑的布局和园林的营造，并同时包括了物质空间和精神空间的需要。有理由相信，在广雅书院的创建中，张之洞采取了既定的空间策略、审美及文化取向，以适应广雅书院面向对象的特殊性。作为张之洞"中体西用"思想的先期实践，广雅书院在拒绝西方空间扩张主义的同时，展现了清朝晚期士大夫阶层的文化姿态。而作为空间载体，广雅之建筑与园林是张之洞有关"中体"思考的物质呈现，也在一定程度上反映了转型时期晚清士大夫阶层对于传统建筑空间存废的思考。

一、选址：历史记忆与地理再现

书院是中国古代最为注重环境经营的建筑类型之一。早自北宋初年，白鹿洞、岳麓、石鼓、嵩阳四大书院以山林为依归[2]，其自由讲学、注重静修的教学理念，以及对山林的刻意选择极大地影响了后来者。于是，各地书院纷纷效仿，"择胜地、立精舍、以为群居读书之所"。讲求风景环境的选址和经营，寓教化于游憩之中成为书院文化的突出特色[3]。

在张之洞看来，一个以"砺士品而储人才"为己任的书院应当建立在远离烦嚣的清静之地。对于19世纪80年代的广州，乃至朝廷而言，该构想有着十分现实的需要。一方面，由于经年对洋贸易的开展，以及两次鸦片战争的失败，西方文化渗透日趋深入，广州城内、城外充溢着以租界花园和西式建筑为外显的西方景观，加之民间社会奢靡享乐之风盛行，极大地影响了士学的端正和严肃；另一方面，书院教育自清中期以来呈功利性发展。因以科考为目的，岭南书院开始从山林转向城市。其间虽有阮元所创学海堂、钟谦钧所建菊坡精舍，以及后来的应元书院等选址广州城北粤秀山，但总体来看，晚清广州书院选址城内并靠近官衙成为主流。面对这一现状，张之洞将眼光投向书院教育的根源："考江西白鹿洞书院、湖南岳麓书院，皆远在山泽不近城市，

---

❶　吴家骅. 论"空间殖民主义"[J]. 建筑学报，1995（1）：38.

❷　四所书院均选址名山秀水间。其中，白鹿洞书院在江西庐山五老峰下，岳麓书院在湖南长沙岳麓山下、湘江之滨，石鼓书院在湖南衡阳石鼓山，嵩阳书院在河南登封太室山下。

❸　彭长歆. 岭南书院建筑的择址分析 [J]. 古建园林技术，2002（3）：10-13.

盖亦取避远嚣杂、收摄身心之意。广州省会地狭人哤,尤以城外为宜。"❶以城外僻静及风景秀美之处建立书院成为必然。

显然,远离城市、收摄身心并非张之洞考虑的全部。在中国传统文化的语境中,山水胜境与道德、智慧,思想、品性有着密切的关联,所谓山水比德。孔子有云:"仁者乐山,智者乐水"❷,在明确人与自然对应关系的同时,极大地影响了后世的隐逸之风。在某种程度上,隐逸成为一种美德而为世人称道和纪念,并成为书院的重要源起,如白鹿洞书院选址庐山五老峰下,为唐末李涉、李渤兄弟隐居读书处;石鼓书院选址湖南衡阳石鼓山,为唐代李宽中藏修处等。对于以中兴朝廷为己任的张之洞而言,培养品德高尚、隐忍坚韧的士子精英是书院创建的根本。空间环境的溯古既符合书院的空间美学、文化传统,在某种程度上也隐含了创建者的期许。

从1886年底开始,张之洞对广州城外七处地点进行了考察。这七处地点广泛分布在广州城外东、西、南、北各向,包括西关外广田园、荔湾海山仙馆、河南漱珠岗、花地小蓬仙馆、东门外东园、大北门外山麓旷地,以及泮塘北南岸村等。其中,海山仙馆、小蓬仙馆、东园三处为旧园或废园。除小蓬仙馆因靠近河南官衙、过于嘈杂而被否决外,其余各处或因地势不适,水系不畅,或缺乏山水而被否决。其中如西关外田园:"鄙人亲往相度,水浅而浊,气势不畅。"❸又潘园海山仙馆,张之洞仍然认为:"有水无地,可园不可书院,潘氏衰败,地势可知,盖由水道不佳之故。"❹张之洞对水系的看重,一方面有沟通文运之想,另一方面则隐含着一个可能的空间愿景。

距广州城西北五里的源头乡被最终确定为未来书院所在地。这里北靠丘陵,西邻北江,南有增埗河与北江相通(图5-12);地势较高且林木茂盛。张之洞在致信书院第一任山长梁鼎芬时更为详尽地描述了他所看到的景象:"东北则云山迤逦而来,注于粤秀。连山盘行环其东,北江抱其西,后枕增步以北诸远山。前带彩虹桥下河,自东北而东南、而正南、而西南、而西,廻绕如带,再近则一路经其前,亦廻抱有情。南面平畴数百亩,平畴之外,则南岸诸村,

❶ 张之洞.创建广雅书院奏折[M]// 范书义,孙华峰,李秉新.张之洞全集(第一册).石家庄:河北人民出版社,1998:586.
❷ 孔子.雍也[M]// 论语.
❸ 张之洞致梁鼎芬函,转引王兴瑞.张文襄与广雅书院[C]// 广东省立广雅中学.广雅书院创办六十年、广雅中学成立卅七年纪念特刊,1948:2.
❹ 张之洞致梁鼎芬函.转引王兴瑞.张文襄与广雅书院[C]// 广东省立广雅中学.广雅书院创办六十年、广雅中学成立卅七年纪念特刊.1948:2.

树木葱郁，高山大河，左廻右抱，雄秀宽博，似兼有之。"**❶** 他甚至描述了可以抵达的方式：自西郊河面划艇沿着小北江前驶，经增埗河可直达学校门前登陆。水路虽然比较迂回转折，花时间也较多，但轻舟慢荡，蜿蜒迂曲，沿途浏览水陆风光，亦自另有一番情趣。

张之洞有关书院的想象与岭南风土地貌，乃至士人情结有了最为真实的结合。其选址一方面满足了"近省城而无喧嚣之累""宜萃处久居而后有师长检束、朋友观摩之益"，另一方面则为兼备规制与园事的书院建筑打开了想象空间。

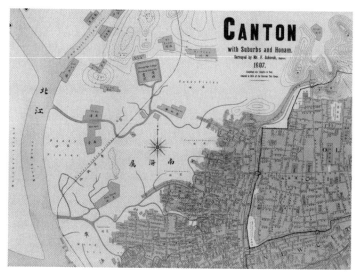

图 5-12　广雅书院之空间区位
图片来源：《广东省城内外全图》（局部）。（测绘：F.Shnock，1907）

二、布局：空间礼仪与叙事

广雅书院用地总计 124 亩，呈方形。1931 年就读于二乙班的陈灿光以现代测量学方法绘制了"广东省立第一中学校最近平面图"（图 5-13）。综合比较前人研究及现状可以发现，虽然在四十余年的时间里，广雅书院经历了书院、两广大学堂、两广高等学堂、广东高等学堂、广东省立第一中学等多个时期，以及为适应不断扩大的教学规模，加建扩建情况明显，部分建筑（如冠冕楼）也因年久失修而毁，但总体来看，1931 年的广东省立第一中学仍基本保持张之洞创院时的空间格局。通过分析该图还可以发现，一个混合了多种建筑规制的布局模式被制定以适应广雅书院的功能需要，传统书院、官学，乃至新学的布局经验被综合运用至广雅书院的建筑布局中。

---

❶　张之洞致梁鼎芬函，转引王兴瑞.张文襄与广雅书院 [C]// 广东省立广雅中学.广雅书院创办六十年、广雅中学成立卅七年纪念特刊，1948：3.

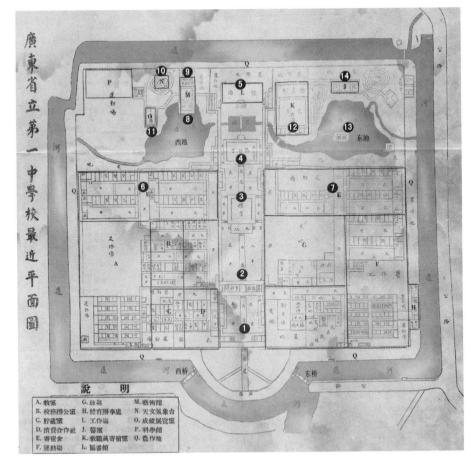

原广雅书院建筑名称（作者考注）：

❶ 头门　❷ 二门　❸ 礼堂　❹ 无邪堂　❺ 冠冕楼　❻ 西斋　❼ 东斋

❽ 莲韬馆　❾ 岭学祠　❿ 一篑亭　⓫ 小书楼　⓬ 濂溪祠　⓭ 湖舫　⓮ 清佳堂

图 5-13　20 世纪 30 年代广雅书院空间格局

图片来源：广东省立第一中学教务委员会. 广东省立第一中学一览 [Z].1931.

　　张之洞学习并继承了书院的完整规制，并试图建造一座兼顾礼仪与功能需要的宏大建筑。由于功能明确，中国古代书院分别以讲堂、祭祠、书楼、斋舍、园林（庭院）为中心，形成教学、祭祀、藏书、生活、游憩等多个相对独立的空间区域。中国传统中庸思想与礼乐观在整合各部分空间关系时发挥了重要作用，并因此形成礼乐相承的空间布局模式❶，在空间秩序上表现为讲堂、祭祠、书楼的序列排布和轴线关系，在空间组合上则表现为以院落为单元水平展开的布局模式。在广雅书院的规划中，张之洞沿中路纵深方向依此排列头

---

❶　杨慎初. 中国书院文化与建筑 [M]. 武汉：湖北教育出版社，2001：103-104.

门、二门、礼堂（图5-14）、无邪堂（图5-15）、冠冕楼等主体建筑，相互间以连廊相通，以庭院相隔，形成空间主轴。东、西两翼为斋舍，并与主轴两侧连廊相通。其余部分包括莲韬馆、岭学祠、一箦亭、小书楼、濂溪祠、湖舫、清佳堂等位于书院北侧，采自由式布局，与严谨对称的"士"字形建筑群体形成鲜明对比。

图 5-14　广雅书院礼堂

图片来源：广东省立第一中学教务委员会. 广东省立第一中学一览 [Z].1931.

礼堂为广雅书院的空间中心和礼仪中心，其所在位置位于地块的几何中心。中国古代建筑有"择中而立"的传统。傅熹年先生通过分析古代宫殿、祠庙、宅第等院落布置手法发现，至迟自隋唐时起，直至清代，在大型建筑组群和院落布局中，普遍运用以一定尺度的方网为布置基准的方法，并尽量使院落中的主体建筑位于该院落的几何中心位置[1]。张之洞显然熟谙这一空间话语的表述，张之洞"择中"设礼堂，显然是为了强调建筑在空间及礼仪中的重要性。

图 5-15　广雅书院无邪堂

图片来源：广东省立第一中学教务委员会. 广东省立第一中学一览 [Z]. 1931.

礼堂平面略呈方形，面阔五间。建筑前部突出月台，同时期兴建的广州陈氏书院（1888年始建）聚贤堂采用了类似的做法以方便宣礼与聚议。与聚贤

---

❶　傅熹年. 中国古代院落布置手法初探 [M]// 傅熹年. 建筑史论文选. 天津：百花文艺出版社，2009：431.

堂不同，广雅书院礼堂进深略大于面宽，内部空间具有纵深感和指向性，因以宣讲为主要功能，院长所在为空间的中心。为表达对书院所祀先贤和书院院长的崇敬，《广雅书院学规》"习礼"条规定："春秋定期由院长率诸生致祭濂溪先生祠、岭学祠（广雅书院祭祠，作者注）。每月朔望均须随周院长诣两祠行礼，毕，齐集讲堂（即礼堂，作者注）公揖院长致敬。"又，"考核条"："朔望行礼后，各携所业日记簿呈院长，听候考核询问。"❶ 由于"行礼"与"致敬"及"考核"的关联，礼堂空间的设计使先贤、院长及士子共处一室：院长通过一种常态化、仪式化的程序将先贤的精神、美德乃至学问授予士子，士子定期在礼堂向院长致敬并接受院长的考核询问，从而实现空间功能和空间礼仪的结合。

与以往书院不同，广雅书院在教学与学制等方面进行了改良，进而推动教学空间的扩大。苏云峰指出，传统书院以自修应试为目的，故其建筑重斋舍，而轻讲堂❷。广雅书院课程分经学、史学、理学、文学 4 门，学生可自由选择，兼习文章之学，原定学制 3 年，后改为 9 年。因教学内容增多，兼因规模宏大，广雅书院在礼堂之后另有一处讲堂称"无邪堂"。其堂名取自孔子《论语·为政策二》："《诗》三百，一言以蔽之，曰：思无邪。"孔子认为学诗是修身厉行的开始，张之洞取其意，或在告诫士子学习须端正态度，心无旁骛。

作为书院完整规制的重要组成，书楼在书院空间体系中占有重要地位。其位置一般在中路末端，常以楼阁形式出现，如岳麓书院御书楼，为中路空间体系的结束和制高点。张之洞向来重视藏书、印书，广雅书院建立前即设广雅书局，其藏书号称岭南之冠。遵循古制，张之洞将书楼设于中路末端，高二层，面阔七间，体型雄大，统率全局（图 5-16）。

在谨遵书院规制的同时，张之洞有意营造一个以礼堂、讲堂、书楼为中心的叙事结构，其一方面呈现于空间序列的逻辑，另一方面则通过建筑的命名来实现。张之洞将书楼命名为"冠冕"，显然意在科考，激励士子。自古以来，"冠冕"通常被用来指代官宦，《左传·昭公九年》载："我在伯父，犹衣服之有冠冕"；又《北史·寇洛等传论》称："冠冕之盛，当时莫与比焉。"之后延伸出排名首位、冠盖群雄之意。通过排列礼堂、讲堂和书楼，可以发现，这是一个以"冠冕"为指向的空间话语，创建者试图通过空间排列和题名的逻

❶ 《广雅书院学规》碑文，（十一）"习礼"、（十二）"考核" [C]// 广东省广雅中学. 中国名校丛书：广东省广雅中学. 北京：人民教育出版社，1998：6-7.

❷ 苏云峰. 张之洞与湖北教育改革 [J]. "中央研究院近代史研究所"专刊，1976（35）：186.

图 5-16 广雅书院冠冕楼
图片来源：历史明信片（制作者不详，作者收藏）。

辑性传达出书院与入仕的关联，即士子则通过习"礼"、"无邪"读书获得"冠冕"（科名）。

张之洞并不排斥新的空间形态出现，在确保空间礼仪的同时，其对士子斋舍的布局方式进行了改良。传统书院虽重斋舍，却对通风采光并不重视。同时期广东书院大多采用合院布局模式，该模式因空间礼仪的需要，在确保中轴线上厅堂南北向布局的同时，无法兼顾东、西厢斋舍的良好朝向，其典型案例如潮州城南书院（参见图 1-16）、肇庆端溪书院（参见图 1-17）等。部分采用南北向布置的斋舍（如番禺禺山书院，参见图 1-20）则有前后排间距过小、密度过高等缺点。张之洞对这一问题的解决方案至少在 1887 年前已经形成，并在该年广东水陆师学堂和广雅书院的营建中得到具体实施❶。

广雅书院招收广东、广西学生各一百名，计斋舍二百间。其中广东十斋，广西十斋，分列中路主体建筑的东、西两侧。各斋按顺序取五言诗"诵诗闻国政，东壁图书府。西园瀚墨林，讲易见天心"一字命名。为确保斋舍拥有良好的通风采光，张之洞采取了以中路连廊为主干，向左右两侧水平发出枝干连廊连接各斋舍的布局方法，并于前后斋舍之间留出庭院。该布局在空间结构上与广东水陆师学堂高度一致，因而在空间形态上呈现"王"字形和"圭"

---

❶ 张之洞在广东水陆师学堂建设的主体建筑采用行列式布局，分左、中、右三路，中路为教室和讲习住宅、左右两路为学员宿舍，前后建筑之间以连廊相连，平面形态呈现与广雅书院相似的构图。

字形等多种形态。广雅书院之后，通风采光之于健康的重要性一直为张之洞所关注。清光绪二十八年（1902年），张之洞任湖广总督期间，曾要求湖北全省学堂建筑须合于卫生，具体而言，即水土清洁、空气流通、取光正确[1]。这一空间经验显然与张之洞在广东的实践密不可分。

三、园事：隐喻与意境

为寓教化于游憩，园林在广雅书院中占有极其重要的分量。除建筑外，"余地分筑亭、台、池、沼、林、木、山、石，以为游憩之所"[2]。从园林布局来看，张之洞"引增步之水，环绕左右，直通院内"。在水体的分隔下，广雅园林分为前后两部分。前半部为庭院，后半部为池园。为表现严谨肃穆的空间气氛，庭院两侧植以松树，沿中轴线设石砌步道，行走其上，森然有序。后半部池园则以冠冕楼前莲池为界分东、西二池，环东池设濂溪祠[3]、清佳堂[4]、湖舫等；环西池设莲韬馆、岭学祠[5]、一篑亭等。其布局自由，与书院中轴线上严谨排列的庭园空间形成鲜明对比。

水系的组织和经营是考察广雅书院园林格局的重要线索。该理念显然受到同时期岭南园林的影响。由于水系发达，水网密布，本地区园林艺术在长期的发展中形成了依托自然水系、通过引流、整形形成水院的布局特点和理水技巧。较为典型的例子如海山仙馆，园主潘仕成引荔湾涌河水入园："一大池，广约百亩许，其水直通珠江，隆冬不涸，微沙渺弥，足以泛舟。"[6] 又如十三行行商伍浩官家族在广州河南引龙溪水入伍家花园、引花地河水入馥荫园形成沟通自然水系的池院景观[7]。与此同时，或因为自然水系潮汐涨落及防洪的需要，岭南园林中池岸的处理通常采用高池壁、垒石砌筑的方法，并发展形成了自然而然、不过分雕琢等特点。张之洞有关岭南园林的认识一方面来自他个人游历赏玩的体验。在其《忆岭南草木诗》十四首中，涉及城中私园有杏林庄、南园、潘氏海山仙馆、花地小蓬仙馆等；另一方面，广雅书院的赞助者以

[1] 苏云峰. 张之洞与湖北教育改革 [J]. "中央研究院近代史研究所"专刊，1976（35）：186.

[2] 郑荣等主编，桂坫等总纂，梁绍熙等分纂. 续修南海县志 [M]. 宣统三年（1911年）刊本，卷六，建置略，二十八页.

[3] 濂溪祠祀宋儒周敦颐。周敦颐（1017—1073），字茂叔，道州营道（今湖南道县）人。晚年因家居庐山莲花峰下。峰前有溪，故以濂溪名之，后人亦称濂溪先生。周子为中国古代重要思想家和理学家，他的理学思想在中国哲学史上起了承前启后的作用，著有《爱莲说》等传世名篇.

[4] 取程明道"清泉泽物，佳木乘荫"语意.

[5] 岭学祠祀历代名贤有功两广文教者.

[6] 俞洵庆. 荷廊笔记 [M]// 黄佛颐编纂，仇江、郑力民、迟以武点注. 广州城坊志. 广州：广东人民出版社，1994：609.

[7] 彭长歆. 清末广州十三行行商伍氏浩官造园史录 [J]. 中国园林，2010（5）：91-95.

地方士绅商贾为主，包括"顺德县青云文社，省城惠济仓各绅，爱育堂各董事，诚信堂、敬忠堂各商"等❶，其成员包括了本地区文化及社会精英，是晚清广东园事发展的主要推动者。在这些熟悉地方园事的赞助人的帮助下，张之洞对地方经验的学习是显而易见的，并在广雅园事中有着完整的体现。

通过引入自然水系，张之洞完成了场地的改造。他引增埗河水环用地一周，相似的做法在同时期其创办的广东钱局（即造币厂）也可见到。与钱局不同的是，张之洞在广雅书院入口处将河道曲成半圆形，以两桥引入半月形前广场。该做法很容易让人联想到古代学宫前的泮池。作为地方官学规制的重要组成，半月形泮池对士子而言有着十分重要的形式及象征意义："入泮"意味着功名的取得，为士子人生的重要转折点。对于这个规模庞大、兼顾两广的官办书院而言，张之洞对其场地的改造，暗示了书院与仕途的关联，并兼有礼仪和象征的需要。

虽然在布局方面承袭古制并大量学习本地经验，但在园林意趣上，张之洞有意与当时的私园及官署园林等保持了距离。由于经年社会、经济、文化的发展，岭南园林至晚清已高度繁荣，其类型多样并各具特色。其中如行商花园，在雄厚财力支持下，园林布局与室内陈设中西混合、极尽奢华。❷官署园林则以将军府为代表，在叠山理石方面具有很高的技巧。由于面向士子这一特殊群体，张之洞在东、西池园的经营上展现出自然、朴素的隐逸文化传统。其池园布局疏朗有致，洗练适宜。

东、西两池为曲岸。其中，东池以湖舫为中心，以折形石桥及花廊与陆地相连（图5-17）。从另一个角度望过去，湖舫掩映在水松与莲荷中，一派闲情逸致（图5-18）；西池则以莲韬馆为中心，该馆为山长住斋，其后为岭学祠，西侧为小书楼。在佚名摄影师的摄像中，莲韬馆（图5-19）孤立池中，以连廊与小书楼相连；其背依土丘，上有一簧亭。土丘相信由挖池取土堆积而成，同样的做法在东池北端也可见到。从东、西池的垒筑方式、池园构成来看，张之洞采取了去繁就简、去芜存菁的造园手法，体现了因陋就简、因地制宜的士人风格。植物运用单纯简练，且寓意深刻。虽然该时期岭南园用植物十分丰富，张之洞却采取了十分精简的策略，其院外清渠多用水松，园内则莲荷满池。由于莲荷的季节性，夏天的繁盛（图5-20）与冬天的肃杀形成鲜明的对比。

❶ 张之洞.创建广雅书院奏折[M]//苑书义，孙华峰，李秉新.张之洞全集（第一册）.石家庄：河北人民出版社，1998：587.

❷ 彭长歆.清末广州十三行行商伍氏浩官造园史录[J].中国园林，2010（5）：91-95.

图 5-17 广雅书院湖舫
图片来源：美璋照相馆（Photo Mee Cheung），作者自藏。

图 5-18 广雅书院东池湖舫
图片来源：作者自藏历史照片。（摄影：佚名，约 19 世纪 90 年代）

图 5-19 广雅书院莲韬馆
图片来源：作者自藏历史照片。（摄影：佚名，约 19 世纪 90 年代）

图 5-20 莲韬馆前莲荷繁盛的景象
图片来源：美璋照相馆（Photo Mee Cheung），作者自藏。

在园林空间场景的设计中，张之洞大量采用历史典故，并通过空间符号和场景还原等手段追溯古意、阐发联想。作为东、西池园，以及前后庭院的过渡，冠冕楼前设方池。在中国古代书院的空间话语中，方形池塘有着深刻的含意。宋儒理学宗师朱熹曾有"观书有感"诗云："半亩方塘一鉴开，天光云影共徘徊；问渠那得清如许，为有源头活水来。"诗中以半亩方塘的自然景色喻指读书，其意境清灵高远，为后人所崇仰，方塘因此成为与泮池类同的书院文化的重要空间符号之一，用之者如福建南溪书院、广州玉岩书院等。为确保水清云映的空间意境，广雅方池在东西两侧有水渠连通书院水系，由增埗河补充活水。作为书院藏书处，冠冕楼与方池的空间对应，表达了张之洞对士子用心读书的期待。

莲荷的大量种植是广雅书院园事的另一重要特征。在张之洞看来，莲荷是高贵品格和士儒精神的象征，这一观念的形成与宋儒周敦颐（号濂溪）有着必然的联系。作为朱熹先师，周子曾有名篇《爱莲说》咏颂莲花"出淤泥而不染，濯清涟而不妖"的高洁品格。为表达对周子的敬佩和纪念，张之洞专设濂溪祠于莲荷池畔，并亲撰《濂溪祠荷》五言诗❶，在还原周子赏莲这一空间场景的同时，实现了喻物、抒怀、明志的空间意境。

为加强园林的文教气氛，张之洞与其同僚，以及名士先后为广雅书院题写了大量匾额、楹联。在中国古代书院中，匾额、楹联通常用以表达深刻的哲理，揭示和启发阅读者理解主题，并阐发联想。广雅书院房舍、园景众多，因功能、性质的不同，其匾额、楹联所表达的主题也各不相同。其中：

有宣扬教化、明伦言道者。如张之洞题礼堂联："虽富贵不易其心，虽贫贱不移其行。以通经学古为高，以救时行道为贤。"又，吴恪斋联："居是邦事其大夫之贤，过则相规、善则相劝。当秀才即以天下自任，处为名士、出为名臣。"

有宣示孔儒哲学，表明学派师承者。如张文襄题无邪堂柱联："尊其所闻，行其所知，合岭南东道、岭南西道，人才互相师友。博我以文，约我以礼，会汉儒经学、宋儒理学，宗旨同造圣贤。"

有借自然风光、院中胜景等抒发仕人心志，反映高雅脱俗的审美意趣者。如清佳堂，张之洞用朱子白鹿洞诗为联云："故作轩窗挹苍翠，要将弦诵答潺湲。"堂额跋云："清泉泽物，佳木垂阴，明道程子语。张之洞名堂名，命属吏李岳云书。"另有吴大澂题："听诸生夏诵春弦，声出户外如金石。到此地吟风弄月，花落水面皆文章。"

与此同时，从这些匾额、楹联中，还可看出张之洞将历史掌故运用于空间场景的再现。其中如书院山门楹联之一："文如大历十才子，园似将军第五桥。"其上联隐喻书院人才辈出，下联则喻指书院环境之幽美，其中提到的"将军第五桥"虽以唐代贺姓将军家园作引，冠冕楼前的莲池石桥或许就是这一历史场景的对应和再现。这些匾额、楹联，以及堂额等广泛分布在书院的各个角落，与园景互为补充，交相辉映，对书院自然与人文景观起到了十分显著的鉴赏与指引作用。

整体来看，园林是张之洞空间策略的最后呈现。如果说选址、布局更多地从宏观、中观层面实现张之洞有关书院"中体"的空间设想，园事活动的开

---

❶《濂溪祠荷》诗云："岭外有别传，霁月悬光明。宋儒较气象，濂溪最宽宏。遗爱阳春崖，猿鸟护题名。讲舍祀画像，学者示鹄正。悠然会公义，净植涵波清。勤业策知能，息游和性情。斫轮喻为学，甘苦持黾效，所志人才成。岭云自修阻，如闻弦诵声。所赖象比师，切磋殚至诚。文行具本末，博约无诟争。眼中彬彬彦，守道俱研精。潮州拔赵德，琼岛识姜生。前贤得一士，今日罗群英。佩此芳洁意，永保君子贞。"

展则从微观层面构建了体系完整、内容丰富的叙事性空间话语，并通过一系列空间符号的使用和历史典故的空间再现，最终完成中国意境的表达。

1888 年，广雅书院落成，一个新的文化景观在广州出现，具有方形的轮廓、壁立的高墙、环绕的水系，以及具有典型中国风格的园林景观。其空间姿态既表达了对外来干扰的拒绝，又展现了内有乾坤的中国意境，它的建造集中反映了清朝晚期士大夫阶层对文化传统和昔日荣耀的留恋。张之洞采取了追溯书院本原的策略，可以发现，广雅书院是一系列空间片段的组合。这些片段通过追古、思古而获得，并通过摹古而实现。张之洞选择性采纳用以填充其有关书院文化图景的想象。抛开上述种种，广雅书院完整地体现了书院建筑的文化性格，他有关书院空间的构想贯穿了选址、布局、园事等全过程，该构想服务于文教的需要，更在美学观念上体现了士人审美的空间意趣。

作为张之洞洋务新政的重要组成，广雅书院和同时期广东水陆师学堂、广东钱局，乃至广州长堤计划一道，反映了张之洞在西方文化日渐兴盛的背景下改良传统城市与建筑的决心。由于相关策略的运用高度系统和完善，或可推测，张之洞试图在西方化之外开辟另一条有关中国建筑近代化发展的道路，从其广东的实践来看，其技术策略涉及形式与空间的中国化，并试图探讨中国建筑如何适应近代建筑功能的需要。这一策略性思考在其任职湖广总督期间被发展为"中体西用"的思想与文化主张，如果没有外来因素的干扰，该主张或将得到更广泛的应用和更深入的拓展。

第三节　中体西用：广东钱局花园

作为清末广东洋务建设的重要成就，广东钱局由两广总督张之洞所创办。因目睹外国银元大量流入中国市场，"利归外洋，漏卮无底"，张之洞从清光绪十二年（1886 年）开始筹办机械造币厂，次年经奏请朝廷获得批准，同年向英国伯明翰喜敦造币厂（Messrs.Ralph Heaton & Sons'Mint, Birmingham，以下简称伯明翰造币厂）❶ 订购全部厂房、机器，同时在广州大东门外黄华塘买地建厂。1889 年 5 月，广东钱局建成投产，是当时世界上最大规模造币厂❷。因开办较早、规制完整、技术先进，广东钱局在中国近代工业发展历史

---

❶　伯明翰造币厂创办于 1850 年，是全球历史最悠久的私营造币厂之一。由于技术精良，该厂曾被邀请参与法国马赛造币厂、中国香港造币厂、日本大阪造币局等多个国家和地区的造币厂的建设。

❷　王贵枕.张之洞创办广东钱局考略 [J]. 中国钱币，1988（3）：4-5.

中占据重要地位。

在广东钱局中，张之洞等地方官员不仅以中国风格调适现代机器工厂的异质性，更植入花园试图平衡机器生产对身心健康的影响。洋务运动初期，官员们普遍认为机器运作会影响人的身心健康，甚至有碍风水❶。清末两广总督张之洞尝试在洋务工厂中修建花园以实现人与机器的调和，他视中国传统建筑和园林为调和西学及西方器物文化的重要手段，从而推动广东洋务工厂的花园化。从政治理念的形成与相关实践来看，在广东的任职经历是张之洞后来"中体西用"思想形成的关键时期。考察广东钱局的规划、营建及园事，一方面可以了解该时期西方工业文明进入中国时的发展状况，对研究清末洋务工业，尤其是张之洞在粤、汉等地经办的各类洋务建筑有十分重要的帮助；另一方面也有助于正确把握洋务运动时期晚清地方官员在移植"西技"时的文化心态和调适策略。

一、选址：基于东濠的便利性

广东钱局位于广州城东门外黄华塘（今黄华路东侧）。其用地大致呈方形，地块西侧临东濠（图5-21）。关于选址，张之洞曾奏称："其厂屋先经择地于东门外一里之黄华塘，买地八十二亩有奇，贴近东濠，加开宽深，便于转运，照图建厂。"❷其文提到的东濠为广州城濠之一。阮元《广东通志》载："东濠在郡城东。明洪武三年，朱亮祖建三城为一，因旧浚濠。"又《羊城古钞》载："朱亮祖浚东濠，以北面枕山，于东门之北城下置水闸，防以柱石，疏成渠道，以引山涧之水……长二百六十五丈，深一丈六尺。"❸东濠在广州城东，发端于广州城东北山林之中，在汇集大小支流后沿东城墙南流进入珠江，是广州城市水系的重要组成部分，其小北门一脉为广州六脉渠之一，兼有城市防御、运输及排水等功能。

张之洞选址黄华塘是看重东濠的水运条件。19世纪80年代，中国铁路尚处发端，物质运输多依靠人畜及水运。张之洞自担任两广总督以后，选址兴办洋务工业也以适应水运为前提，如设鱼雷局于黄埔长洲岛，设制造东局于增埗河畔，设制造西局于石井河旁等。张之洞十分擅长通过挖掘水道改善水运条件，其典例如广雅书院，其书院四周设濠，并与增埗河相连，以方便

❶　彭南生.论洋务活动中"风水"观的影响 [J].甘肃社会科学，2004（6）：91-94.

❷　（清）张之洞.开铸制钱及行用情形折 [M]// 苑书义，孙华峰，李秉新.张之洞全集（第一册）.石家庄：河北人民出版社，1998：677.

❸　黄佛颐.广州城坊志 [M].仇江，郑力民，迟以武点注.广州：广东人民出版社，1994：653.

图 5-21　广东钱局方位

图片来源：《粤东省城全图》（1900 年）局部。

对外交通。在广东钱局的营建中，张之洞采取了同样的策略："局前新开河一道，接通东濠，以达河口而资转运。长三十丈，宽自五丈至十二丈不等，深八尺。"为确保水道畅通，其还对东濠进行了疏浚和改造："查自新开河口起，至省河东炮台止，原有东濠一道，量见五百三十三丈有奇。自同治开浚后，渐形淤垫。光绪十三年八月间，经本局加深四尺三四寸，改宽至二丈二尺至四丈三尺不等。"❶ 通过自然水系，并经人工水道的利用，广东钱局基本解决工业运输的问题，机械、原料及产品等可通过东濠直接进出珠江河道。

二、规划布局与调适

根据中英双方所订合同，厂房建筑由英方完成设计。伯明翰造币厂遂聘请当地建筑师米德尔顿（Edwin Cornelius Middleton，1831—1904）为广东钱局建筑师 ❷。米德尔顿出生于英格兰斯美西克（Smethwick，Staffordshire），后与戴维斯（John Benjamin Davies）组建戴维斯 & 米德尔顿建筑师事务所（Davies & Middleton，Architects），以伯明翰及达德利（Dudley）为基地开展建筑设计

❶ 广东钱局. 广东钱局银钱两厂章程.

❷ SWNNNY J O.A Numismatic History of the Birmingham Mint[M].Birmingham：The Mint Birmingham Limited，1981：80.

及测量业务。1881 年，两人解除
合作关系，米德尔顿开始独立开
展相关业务❶。

　　米德尔顿与伯明翰造币厂有
关广东钱局的讨论暂不可考证，
但对于一个工艺流程要求较高的
造币厂而言，以母厂为蓝本是必
然的选择。建于 1860 年，位于伯
明翰艾克尼尔街（Icknield Street）
的伯明翰造币厂沿用了该时期英
国城市常见的、四边围合的布局
方式。该布局因首尾相接利于形
成连续的使用空间，从而满足钱
币生产流程的需要（图 5-22）。在
广东钱局的设计中，米德尔顿同
样地采用了合院布局。其合院外
围长 657 英尺，宽 424 英尺❷。米

图 5-22　伯明翰造币厂
图片来源：Illustrated Times，May 10th，1862.

德尔顿的透视图展现了建筑的整体形象（图 5-23），其空间利用则在《广东钱
局银钱两厂章程》"图说"中有着具体的对应。

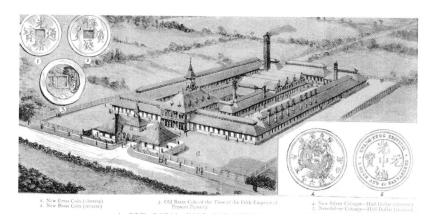

图 5-23　广东钱局鸟瞰图
图片来源：London Graphic，May 19th，1889.

❶　London Gazette[H].1881-08-26.

❷　SWNNNY J O.A Numismatic History of the Birmingham Mint[M].Birmingham：The Mint Birmingham Limited，1981：80.

由于生产币种和所用材料的不同，广东钱局生产车间分造钱币厂（简称钱厂）和造银元厂（简称银厂）两部分。其中，钱币生产包括熔铜、舂钱胚、光钱胚边、烘钱胚、摇洗钱胚、锤平钱胚、辗铜片和印钱等步骤。银元生产流程大致相同，分熔银、辗银片、烘银片、烘摇洗银饼、印银饼兼光边和印银元等步骤。为确保生产流程的连续性，钱厂和银厂分别以两个合院相嵌的形式完成空间形态的组合，生产流程的各个组成部分被分别安排在两个合院的周边和中部，并因合院封闭而有首尾相接的态势。合院外围及合院中部辗铜片厂为钱币生产空间（图5-24）；银厂位于合院中部，与钱厂的辗铜片厂毗连，同样以合院形式布局（图5-25）；两厂锅炉房或因高温均设于合院中部；合院前部设左、右门与外界联系。通过整体形态、尺度、烟囱方位等的比较后可以确认，广东钱局钱、银两厂与米德尔顿的设计图在空间形态上高度吻合。

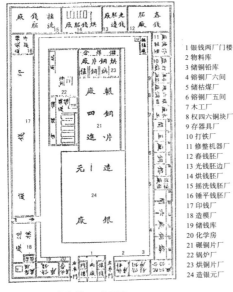

图 5-24 《造钱厂分图》
图片来源：广东钱局，广东钱局银钱两厂章程。

1 银钱两厂门楼
2 物料库
3 储铜铅库
4 熔铜厂六间
5 储枯煤厂
6 熔铜厂五间
7 木工厂
8 权四六铜块厂
9 存器具厂
10 打铁厂
11 修整机器厂
12 舂钱胚厂
13 光钱胚边厂
14 烘钱胚厂
15 摇洗钱胚厂
16 锤平钱胚厂
17 印钱厂
18 造模厂
19 储钱库
20 化学房
21 辗铜片厂
22 锅炉厂
23 烘钱胚厂
24 造银元厂

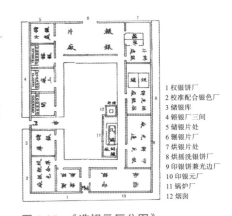

图 5-25 《造银元厂分图》
图片来源：广东钱局，广东钱局银钱两厂章程。

1 权银饼厂
2 校准配合银色厂
3 储银库
4 熔铜厂三间
5 储银片处
6 辗银片厂
7 烘银片处
8 烘摇洗银饼厂
9 印银饼兼光边厂
10 印银元厂
11 锅炉厂
12 烟囱

米德尔顿的设计图没有反映广东钱局附属建筑的情况。实际上，因隶属官府，广东钱局有完整的行政机构。除钱、银两厂生产车间外，广东钱局还附设办公、工匠住宅等建筑。《广东钱局银钱两厂章程》"图说"在描述局内建筑时采用了不同的长度单位，其中，厂房为英制单位，办公等建筑为中国尺，反映了设计主体的不同。

为适应场地状况，广东钱局以英方设计为基础，就场地布局进行了适应性调整。正如《番禺县续志》所载："（钱局）规模仿英国喜敦式而变通之局成。"在米德尔顿的设计中，生产车间在纵向上垂直于西侧的道路，这是一个以外部交通系统为前提的西方化的规划布局模式。为照顾中国传统建筑坐北朝南的空间朝向，并调适场地形状、边界及交通运输，张之洞将钱、银两厂生产车间设于地块中部，南北纵向布局，入口设于南侧，与办公区相对（图 5-26）。为兼顾办公建筑的南北向布局，钱局对外出入口不得不设在工厂与办公院墙之间的狭小空间的西侧，并通过木桥跨越新开河与外界及码头联系（图 5-27）。

在确保空间礼仪的同时，张之洞等对办公建筑的布局方式进行了改良。广东钱局的办公建筑没有采用清末广东官署常见的合院布局模式，该模式在确保厅堂南北向布局的同时，却无法兼顾东、西厢房的良好朝向。张之洞对这一问题的解决方案至少在 1887 年前已经形成，并在该年广东水陆师学堂和广

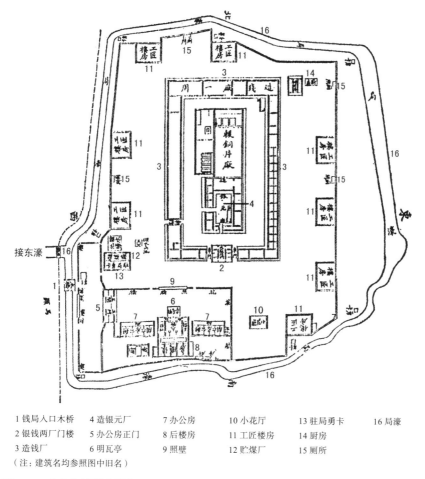

1 钱局入口木桥	4 造银元厂	7 办公房	10 小花厅	13 驻局勇卡	16 局濠
2 银钱两厂门楼	5 办公房正门	8 后楼房	11 工匠楼房	14 厨房	
3 造钱厂	6 明瓦亭	9 照壁	12 贮煤厂	15 厕所	

（注：建筑名均参照图中旧名）

图 5-26 《广东钱局总图》
图片来源：广东钱局，广东钱局银钱两厂章程。

图 5-27　广东钱局入口（1899 年）
图片来源：广州孙中山大元帅府纪念馆。

雅书院的营建中得到具体实施[1]。为确保办公用房拥有良好的通风采光，广东钱局办公建筑采取了以大厅为中心，前出明瓦亭作门廊，左右各设六间办公房，并设后楼房的"士"字形布局。该布局在空间结构上与广东水陆师学堂和广雅书院高度一致[2]，只不过后两者在水平展开的同时，兼有纵向的发展，因而在空间形态上呈现"王"字形和"圭"字形等多种形态。

有趣的是，广东钱局虽然明确了办公建筑和生产车间的边界，却未对工匠居住进行集中统一的规划。从《广东钱局总图》中可以看到，总计八处"工匠楼房"紧贴围墙，均匀分布在厂区周边。这一布局也可能与安全防卫有关，无论如何，将生产车间置于壕沟、围墙和工匠楼房所围合的内核之中，的确有利于心理防范或防御性空间姿态的构建。

三、建筑风貌的中国化

以张之洞为代表的晚清官员更希望看到厂区风貌的中国化。两次鸦片战争后，以"求强求富""师夷长技以制夷"为目的的洋务运动从 19 世纪 60 年代起普遍开展，各省以军事工业为主体陆续开办机器局。但在营建过程中，所谓"道器"观念成为主导这些新式工厂建筑风貌的主要因素。清同治五年（1866年），总理各国事务衙门的恭亲王等奏请在天津设立机器局，其中西局子选址

---

❶　张之洞在广东水陆师学堂和广雅书院中采取了以厅堂中轴为主干，左右两侧南北向平行布设办公、教室或宿舍的布局模式，平面形态呈现与钱局办公建筑相似的"士"字形或"圭"字形。

❷　彭长歆．清末广雅书院的创建：张之洞的空间策略：选址、布局与因事 [J]．南方建筑，2015（1）：67-74．

海光寺，并由样式雷家族以海光寺为基础进行扩建和改造 ❶。1867 年，当西局子建成使用，虽然引进了西方先进的制造技术和生产设备，其群体建筑看上去仍像是一处官衙（图 5-28）。即使在二十年后，直隶总督李鸿章在天津创办宝津局（即造币厂）时，中国元素仍然是调和西式烟囱的必要手段（图 5-29）。

图 5-28　天津机器局（约 1900 年）
图片来源：The Navy And Army Illustrated, Aug.25th, 1900.

图 5-29　天津宝津局（即造币厂）
图片来源：作者自藏明信片。

　　建筑师也试图在西式工业建筑与中国风格间取得平衡。在米德尔顿的设计中，厂区建筑全部以坡屋顶覆盖，但在风格上却有明显的不同。其中，厂房入口建筑有着典型的中国风格，如略带曲线的屋顶等，虽然其设计在很大程度上充满西方建筑师对中国风格的臆想，但大部分厂房建筑则设计了带气楼的屋顶，以应对建筑功能的需要。作为近代工业建筑中的典型构造，气楼在西方的兴起始于工业革命以后，该技术既可补充室内采光，对于厂内通风也有十分重要的帮助。气楼构造进入中国与西方工业技术的引入同步，相信最早出现在机器缫丝厂（图 5-30），以及需要锅炉及熔炉的工厂中，因其室内工作环境普遍有高温、高湿等特点。建筑师似乎也考虑到结构技术的本地化，一些不需要气楼的屋顶，其屋架形式采用了中国传统的抬梁式，如合院中部的辗铜片厂，其山墙屋架呈现抬梁式特征。

　　为体现广东钱局的主体意识，银、钱两厂入口门楼并没有采用米德尔顿的设计，取而代之的是一处具有浓郁地方特色的中国传统楼阁式建筑（图 5-31）。其底层三开间，两侧以山墙封闭；二层四周设回廊，回廊上设飞来椅；屋顶为五脊歇山顶，脊饰做法采用广东的鱼尾饰和卷草纹；屏门和窗扇以玻璃填充于花格中等。从另一个角度望过去（图 5-32），若非左右两侧厂房檐下西式三角撑和屋顶气楼构造的提示，钱局所展现的建筑风貌比同时期的广州建筑更为精致和华丽。

---

❶ 季宏，徐苏斌，青木信夫．样式雷与天津近代工业建筑：以海光寺行宫及机器局为例 [J]．建筑学报，2011（S1）：93-97.

图 5-30　清末某机器缫丝厂气楼构造
图片来源：美国国会图书馆。

图 5-31　广东钱局银、钱两厂入口门楼
图片来源：作者自藏历史照片。

图 5-32　广东钱局银、钱两厂入口及厂房
图 片 来 源：Underwood & Underwood Publishers,
New York, etc.，作者自藏明信片。

与银、钱两厂不同，张之洞等地方官员有关中国风格的设想在办公建筑中得到了更为自主的发挥。虽然在布局形态上进行了改良，办公用房的设计和建造采用中国传统度量单位，建筑形式为广东地方风格。《广东钱局银钱两厂章程》"图说"在描述该建筑构造时，选择了大量地方性建筑语汇，如前廊的"看梁""博古金钟架"，大厅的"瓜筒金钟架""千步插"，以及建筑装饰"博古落地罩""玻璃书画屏"等。结构与装饰的地方化在同期建造的广雅书院和广东水陆师学堂中也有充分的体现，说明张之洞并不介意用地方风格演绎官用建筑。相对而言，地方风格远较西方建筑更能体现钱局的"中体"精神。

四、园林营造与空间意境

除了空间形态和建筑形式的改造，空间意境的中国化及其调适身心的可能性是张之洞有关广东钱局的另一重要思考，并在园事中得到具体体现。中国封建士大夫阶层素有造园传统，在张之洞看来，以山水胜景为摹写对象的中国园林对士大夫道德品性的培养意义重大，在同时期创办的广雅书院中，其将空间环境的营造作为培养士子的重要手段，因而有选址城西北、引增埗河环绕和开展园事之举❶。在洋务工厂中设置中国式花园，或为张之洞首创。

❶　彭长歆.清末广雅书院的创建：张之洞的空间策略：选址、布局与园事[J].南方建筑，2015（1）：67-74.

揣度其用意，首先是为了端正本位、陶冶性情、抵制西方器物的影响；其次则是为了劳逸结合，保持良好的身心健康状态。

在广东钱局中，园林营造大致分为工厂和办公区域两个部分。其中工厂部分以植栽为主，环外墙遍植树木花草，并于入口处（即门楼前）留出坪地，两侧为花圃，种植蕉树及各类灌木等。另有斜径直通办公用房所在院落，两旁竹林茂密，有通幽之胜。办公用房所在的庭院及东侧空地是广东钱局园事活动的主体。或因造园需要，办公用房以花墙围合形成院落，并因建筑布局有前院与后院之分。

办公用房庭园的布置是多种空间意趣的结合，植物运用的多样性是其主要特色之一。从前院东侧西望，明瓦厅位于空间的中心，庭院空间开阔，院内场地因道路及建筑入口划分为大小不等的花圃；沿办公用房一侧设绿篱，花圃中植物配置丰富，并成为空间的主体（图 5-33）。张之洞好植物，每任职一地，多有草木诗存世，如湖北学政任内《湖北提学官署草木诗十二首》❶，离任两广总督后则有《忆岭南草木诗十四首》等。植物景观为张之洞园林美学的重要组成部分。

在好用植物的同时，张之洞等人也熟谙中国古典园林的空间构图与意境表达。在一帧拍摄于办公用房庭院一角的照片中，近处的石景、画面右侧的建筑前廊及远处的凉亭错落有致，并在植物的衬托下，呈现出丰富的空间层次（图 5-34）。

图 5-33　广东钱局办公用房前院
图片来源：Underwood & Underwood Publishers，New York，etc.，作者自藏明信片。

图 5-34　广东钱局办公用房庭院
图片来源：Underwood & Underwood Publishers，New York，etc.，作者自藏明信片。

---

❶　诗中咏颂湖北当地植物品种包括桂、梧桐、藤、兰、桃、紫藤、竹、蜡梅、何首乌等。范书义、孙华峰、李秉新编.张之洞全集（第十二册）[M].石家庄：河北人民出版社，1998：10479-10481.

图 5-35 广东钱局小花厅
图片来源："中国记忆论坛"西关街坊（网名）提供。

广东钱局有关中国化的空间意境在小花厅中得到更为具体的体现。小花厅位于办公用房庭院东侧，以花墙相隔，有门互通，建筑形态或为水榭或为船舫建筑，文载"小花厅三间……前有荷池，旁有曲廊"❶。从厅中望出去，有关中国意境的全部想象均可罗致其间（图5-35）。园事活动的开展，以及中国意境的营造消弭了广东钱局作为洋务建设的本来面目，突显了以自我为本体的空间话语的构建。

广东钱局花园呈现出典型的中国趣味，对于一个有着强烈的体用思想及初涉机器生产的官员而言，其用意显然在于调适身心、打消官员对机器的恐惧。虽然主要为官员及洋匠等高级技术人员使用，但广东洋务花园最重要的贡献在于发掘了园林的疗愈作用。这种从中国文化本体出发的策略看似唯心，现在却越来越被证实其科学性。通过园林空间及植物景观，从视觉、嗅觉及心理上调和机器生产的噪声和污染，调和人对机器的恐惧。张之洞等广东洋务派官员通过颇具智慧的空间营造催生了清末岭南的一种新园林类型的出现。广东钱局之后，在洋务工厂中修建花园成为共识。清光绪十九年（1893年），两广总督李翰章利用裁撤黄埔船局归并黄埔鱼雷局的契机，主持修建了位于长洲牛膀山及周围占地约1.5万平方米的花园，后由两广总督岑春煊亲笔题名"黄埔公园"。

第四节　市政风景：张之洞广州长堤计划

在开展各种实业建设的同时，清末地方政府也试图引入新的空间模式推动城市振兴。至20世纪初，北京有农事试验场，设动物园、植物园和农产品试验区及博览园，将农事试验与游览休憩相结合，成为具有公园性质的农学研究场所❷；天津设劝业会场成为集会展建筑、新政机构与公园于一体的公共

❶ 广东钱局.广东钱局银钱两厂章程，第六页.
❷ 郭维，朱育帆.传统的融构：清末北京万牲园的建设发端、营造手法与特征解析[J].中国园林，2022，38（10）：127-132.

展会场所❶；南京也通过开办南洋劝业会导民兴业，形成具有博览会性质的公园❷……这些公共空间为清末中国城市注入了新型市政风景。但在广州，张之洞在更早的 19 世纪 80 年代末试图通过系统化的长堤计划复兴广州商业，由此产生了以新型马路为代表的市政基础设施，在打开城市空间的同时，形成了骑楼、马路、街道绿化等新的市政要素，构建了新的城市风景，并在中国南方，尤其是岭南城镇得到普遍推广。

一、19 世纪末广州城市空间景观

在经历明清两代城市化及市镇建设后，岭南城市至 19 世纪末普遍呈现街道密集、缺乏开放空间等特征，商业街区尤为严重。因处亚热带气候区，日照时间长，夏季炎热多雨，岭南城镇建设普遍采取了密路网、窄街巷的规划模式，通过相互的遮蔽减少太阳的直接照射，获得街道底层的阴凉。街道上甚至还搭设凉棚遮挡阳光（图 5-36）。狭窄的街道与密集的店肆、招牌建构了清末广州城最为独特的城市景观（图 5-37）。格雷夫人在游览广州街道后描述称："那些又窄又长、数不尽的街道，上面挂着五颜六色的辉煌的招牌，非常令人好奇。这些招牌挂在商店前面，上面写着店主的名字和店内出售的商品种类。"❸ 该时期的主要开放空间集中在官道、寺庙和衙门等。

水系是明清广州城市空间景观的重要资源。因城内濠涌发达、珠江绕城而过，广州城有着独特的滨水景观。河道在营造开放空间的同时，也将夏季主导风导入城内，缓解了高密度街区带来的空气污染等问题。然而，清末广州滨江及西关地区的高强度商业开发导致珠江河道及濠涌的环境压力日渐增大。一方面表现在交通压力，由于商贸繁荣，珠江河道商栈、客栈云集。为方便船只停靠并装卸货物，各商号纷纷修建码头（图 5-38）。而西关一带濠涌因交通方便，则充斥着各式小艇（图 5-39）。另一方面则表现为僭建的压力。因缺乏公约管束，且为谋取更多土地，商户或住户往往有意侵占河道，不断向江面、河涌扩充。与此同时，因人口增多导致生活垃圾和污水排放显著增加，濠涌水质快速恶化。至 19 世纪末，广州城濠涌淤塞情况已十分严重。

鸦片战争后，西方人被允许进出城内，广州城市空间景观被不断发掘，种种弊端也被不断揭露，其中尤以狭窄的街道为甚。在到访的外国人看来，

---

❶ 徐苏斌 .20 世纪初开埠城市天津的日本受容：以考工厂（商品陈列所）及劝业会场为例 [J]. 城市史研究，2014（1）：188-274.

❷ 陈勐，周琦 ."导民兴业"与近代博览空间：南洋劝业会布局与空间研究 [J]. 世界建筑，2021（11）：76-81.

❸ GRAY M J H.Fourteen Months of Canton[M].London：Macmillan and Co，1880：7.

图 5-36 19 世纪末广州桨栏街　　　　图 5-37 19 世纪末广州双门底大街
图片来源：广州大元帅府纪念馆。　　　图片来源：广州大元帅府纪念馆。
（摄影：John Thomson，1873 年）

图 5-38 19 世纪末广州城珠江北岸保商总局　　图 5-39 19 世纪末广州某濠涌（尽端
码头及周边情况　　　　　　　　　　　　　为公源贞记染房）
图片来源：广州大元帅府纪念馆。　　　　　　图片来源：广州大元帅府纪念馆。

广州城充斥着"蜂窝般的小街和鼹鼠洞般的小巷"："作为一个有着 2000000 人口的城市，广州因为四分之一的人口居住在狭窄的空间、大街小巷挤满人和马匹、难以形容的气味和嘈杂拥挤的人群而早已臭名昭著。"❶ 这一状况显然也被地方官员所看到，随着 19 世纪 80 年代张之洞到任两广总督，开始酝酿修筑马路及堤岸，从而推动一种新的城市空间景观在广州的出现。

二、张之洞广州长堤计划及"铺廊"模式的提出

广州近代由中国人自办马路者始于张之洞❷。1884 年因在中法战争中持主战观点被派来广州，张之洞上任后即大力推进广州的洋务建设，包括整顿广州机器局、兴建石井枪弹厂、创办广东钱局、兴办广东水陆师学堂，以及筹

❶ Canton in the Changing[J].The Far Eastern Review，1921（10）：705.

❷ 程天固.广州市马路小史 [J].广州市市政公报，1930（356）：96.

建枪炮厂、炼铁厂、织布局等，使广州在 19 世纪 80 年代呈中兴之势。在发展实业、兴办教育的同时，张之洞于 1888 年接受建业堂等商户意见时提出了修筑珠江堤岸的设想。

振兴商业是张之洞修筑珠江堤岸的主要目的。广州城外珠江沿岸为传统外贸所在地，"一口通商"时期，十三洋行即设馆于北岸滩涂地带。由于两次鸦片战争的失利，广州失去贸易垄断地位，其贸易地位在 19 世纪中期被上海及香港取代。为复兴广州商贸，张之洞提出向西方学习："查泰西各国富强之术，工为其基，商为其用。官任其事，商营其利。所有开设埠头经营贸易皆系官为规划主持。"❶ 张之洞试图以官办形式建设堤岸及码头，引导广州商贸发展。

租界与华界的强烈对比是促成张之洞建设珠江堤岸的另一重要原因。在进行洋务建设的同时，张之洞十分关注沙面租界的建设，并对相邻华界的混乱状况（图 5-40）颇为不满："查省河北岸自洋人建筑沙基，地势增高，堤基巩固，马路宽广，而我与毗连之处街市逼窄，屋宇参差，瓦砾杂投，芜秽堆积，不特相形见绌，商务受亏，而沿河一带填占日多，河面日窄，再逾数十年后为患将不可胜言。"❷ 张之洞据此提出"坚筑长堤"的主张，认为沿珠江筑长堤有"七利"。从张之洞的分析来看，筑长堤既是"杜绝水患"，防止公私房屋侵占河道的改良之举，更是一项城市发展的综合计划，其要旨重在商务。所谓："一经修筑堤岸，街衢广洁、树木葱茏，形势远出其上，而市房整齐、

图 5-40　1890 年广州沙基两岸：华界的混乱窄逼与租界的整洁宽广
图片来源：Heaven is High，the Emperor is Far Away：Merchants and Mandarins in Old China.

❶　（清）张之洞. 珠江堤岸接续兴修片 [M]// 苑书义，孙华峰，李秉新. 张之洞全集. 卷二十八，奏议二十八. 石家庄：河北人民出版社，1998：749.

❷　（清）张之洞. 札东善后局筹议修筑省河堤岸 [M]// 苑书义，孙华峰，李秉新. 张之洞全集. 卷九十四，公牍九，咨札九. 石家庄：河北人民出版社，1998：2565.

码头便利、气象一新，商务自必日见兴起。"❶因此，长堤计划既是改良城市的物质建设，也是重整广州传统商业地位、发展经济的长远措施。

为此，张之洞提出堤岸修筑的具体措施：

"修成之堤一律坚筑马路以便行车，沿堤多种树木以荫行人，马路以内通修铺廊以便商民交易，铺廊以内广修行栈，鳞列栉比。堤高一丈，堤上共宽五丈二尺，石础厚三尺，堤帮一丈三尺，马路三丈，铺廊六尺。"❷

从空间形态来看，这是一份具有近代西方城市滨水区域形态特征的堤岸断面设计。张之洞不但对堤岸、马路、铺廊等进行了严格的尺度控制，使其具有清晰的截面关系（图5-41）；更为重要的是，"马路""铺廊"等概念的提出，为广州近代城市的发展确立了有关街道设计的样本。虽然尺度有变化，但"马路"—"铺廊"—"行栈"的街道空间模式，在民初之后以政府公权形式被系统地推广和应用，并迅速向下普及，成为岭南近代最为普遍的骑楼型街道模式。

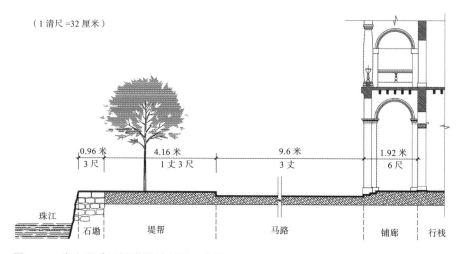

图 5-41　张之洞珠江堤岸设计断面示意图
图片来源：彭长歆绘图。

三、"铺廊"的空间使用与意义

由于"铺廊"的出现，在马路与商铺之间确立了一种新的公共空间形态，它既服务于行栈，同时也是道路系统的必要组成，因而在空间使用及空间关

❶（清）张之洞.修筑珠江堤岸折[M]//范书义，孙华峰，李秉新.张之洞全集.卷二十五，奏议二十五.石家庄：河北人民出版社，1998：674.

❷（清）张之洞.修筑珠江堤岸折[M]//范书义，孙华峰，李秉新.张之洞全集.卷二十五，奏议二十五.石家庄：河北人民出版社，1998：672-673.另注，清尺1尺=32厘米，1丈=3.20米。

系等方面具有双重意义。

首先，"铺廊"为商业需要而设。清末广州商家多称行（Hong），在"行栈"前加设"铺廊"并非广州乃至岭南传统商业建筑的固有做法。从早期的外销画、照片及建筑遗存来看，广州传统商业街道多由连续铺屋所组成，这些铺屋通常表现出窄面宽、三间两廊式的凹入门廊，门廊两侧用砖墙封闭等特征。虽然某些个体采用了外廊形式，但街道与铺屋之间并没有出现类似于后来骑楼街道所具有的用于步行的、连续的公共空间。由于缺乏约束，传统商户经营多直接面向街道，且僭建及占道经营的现象十分突出，其肮脏、混乱、如同街市般的市容状况即使到 19 世纪 80 年代仍没有本质的改变，并受到许多开明士绅及西方人士的诟病，其中包括两广总督张之洞。张之洞在行栈前通修"铺廊"，最直接的结果是提供一个新的交易环境：它界面整齐，空间连续，在方便"商民交易"的同时，以公共空间的存在杜绝上述弊端的出现。

其次，作为一种空间策略，"铺廊"真实地反映了晚清时期广州商业的业态状况及发展需要。由于洋行的强势冲击，传统行栈无论是商品类型还是经营方式都受到洋行的辐射和影响，洋行建筑宽敞明亮的交易环境理所当然地受到本地商人的艳羡，其形象也成为画家描绘的对象（图 5-42），模仿洋行的建筑形式和空间构成成为必然。而传统行栈的并列排布，也需要一种线性空间进行横向串联，以达到"成行成市"的目的。洋行普遍采用的外廊式建筑为"行"的集约经营提供了样本，使传统行栈的改良成为可能：用外廊式的"铺廊"取代街道形成新的交易场所，并形成新的洋式门面。

与"铺廊"一样，张之洞有关"马路"一词在官方文献中也是首次出现。在此之前广

图 5-42 "洋行"图

图片来源：《羊城风物：英国维多利亚阿伯特博物院藏广州外销画》。（吴俊，1870—1890 年间绘）

州除城内官道外，大部分城市道路、街巷狭窄迂回，仅供步行使用。鸦片战争后，西式道路开始在租界城市出现，人力车、马车等成为新型交通工具。为适应"行车"需要，"马路"建设成为必然。而"马路"的出现同时对步行提出要求，在满足商业需要的同时，"铺廊"为人行提供了方便。实际上，为确保堤岸马路上有新的交通工具的出现，张之洞招商承办马车、东洋车营运等，并在马路筑成后得到实现。显然，在张之洞的构想中，"铺廊"与马路是具有高度关联的空间组合，是有关商业铺屋调适街道变革的必要举措。

为确保长堤严格按照设想实施，张之洞采取了一系列措施，从而保证了"铺廊"这一新的公共空间形态的示范性。一方面，将长堤分为十段，每段按统一图式修筑，并设"监修委员会"督导一切。另一方面，在资金运作方面采取"先由官暂行筹垫每一段，修成之后即随时诏令公正绅商承领新填地段缴还修筑经费，准其盖造房屋"的方法[1]，以保证工程的顺利进行。至于新型铺屋的承租方式，"沿岸原系何铺户生，修筑宽平之后仍行租给原铺户，断不令他人占夺。若原铺户租地开设，方许别人承领"[2]。

除了自身的观察，张之洞有关铺廊的认知相信也有幕僚和友人的贡献。其中如辜鸿铭（1857—1928），祖籍福建省同安县，生于原南洋英属马来西亚槟榔屿，曾就读于英国爱丁堡大学、德国莱比锡大学等著名学府，1880年返回槟城。在清末洋务派重要官员、外交家、维新思想家马建忠（1845—1900）的影响下，辜鸿铭的思想发生重大转变。1885年辜鸿铭前往中国，随即担任张之洞的幕僚长达二十年，对张之洞洋务建设及思想体系的构建发挥了重要的作用。又如香港华商何献墀（1838—1901），作为省港电报、大屿山银矿、香港中华商会的创始人，中法战争期间曾为张之洞输送大量情报，战后为张之洞招募德国军事教员，并成功劝说设立广东矿务局等。借由何献墀等多种渠道，张之洞获得了香港的大量信息。为强化省港两地的商务来往，张之洞1886年曾试图设领事馆于香港。同时，为完成其洋务建设的目标，张之洞向香港英资银行大举借债。修筑珠江堤岸在很大程度上是为了振兴广州商务，香港的经验在此时无疑非常重要。

新加坡与中国香港在更早的时候完成了骑楼街道模式的构建。早在1822年新加坡建城之初，莱佛士爵士（Thomas Stamford Bingley Raffles, 1781—

❶ （清）张之洞.珠江堤岸接续兴修片 [M]// 范书义，孙华峰，李秉新.张之洞全集.卷二十八，奏议二十八.石家庄：河北人民出版社，1998：749.

❷ （清）张之洞.札东善后局筹议修筑省河堤岸 [M]// 范书义，孙华峰，李秉新.张之洞全集.卷九十四，公牍九，咨札九.石家庄：河北人民出版社，1998：2565-2566.

1826）领导的市政委员会制订"市区发展计划"，明确规定："每一座房子都应该有一个具有一定深度，并在任何时候都开放使用的前廊（Verandah），以使街道两侧形成连续的、有顶盖的走廊。"❶ 其次，为改善内地人社区居住拥挤状况，香港于 1878 年颁布《骑楼规则》，允许在公有土地上进行骑楼建设，以获得更多居住空间❷。虽然目的截然不同，对街道两侧建筑的改良在新加坡、中国香港（图 5-43）都取得了同样的效果：骑楼迅速成为限定街道、组织步行的主要建筑形式，并由于适应热带和亚热带气候特征以及便利的商业用途而得到内地人的广泛认同。

图 5-43　19 世纪 80 年代香港威灵顿街与皇后大道中交界
图片来源：《港岛街道百年》。

　　但是，将"铺廊"的空间原型归因于新加坡—广州，或香港—广州的线性传播是不恰当的，作为一名来自内陆省份的官员，租界对张之洞的刺激也许是最直接的。在"札东善后局筹议修筑省河堤岸"和"修筑珠江堤岸折"等奏折、奏议中，张之洞反复提到沙面的情况，并将其与毗连华界作对比。毫无疑问，整洁、宽广的租界是张之洞学习及比照的对象，更具体一点，是沙面北岸连续的外廊式建筑、宽阔的马路和整洁的堤岸给张之洞留下了深刻的印象。由于沙面北岸的现状遗存与张之洞有关珠江堤岸的断面设计在空间尺度上极其相似，上述设想的可信度极高。

❶　Raffles to Town Committee，4 November 1822. 转 引 自 Brenda S.A.Yeou.Contesting Space in Colonial Singapore：Power Relations and the Urban Built Environment[M].Singapore University Press，2003：245.
❷　CHADWICK O.Mr Chadwick's Report on Sanitary Condition of Hongkong. 转引自林冲 . 骑楼型街屋的发展与形态的研究 [D]. 广州：华南理工大学，2000：90.

以沙面维多利亚酒店前水埠头地段为例。该酒店最早于 1888 年开业，后经多次重建，现为胜利宾馆所在地。在 19 世纪 90 年代前后的图像记录中，沙面酒店与其相邻的建筑均为外廊式建筑，首层由连续的券廊所组成（图 5-44）。由券廊至沙基涌边依次为马路、堤边（有绿化种植）及石墈。虽然外廊深度不详，但现状建筑边线至堤边总长约 15.65 米，与张之洞铺廊外至石墈边的 4 丈 6 尺（约 14.72 米，1 清尺 =32 厘米）颇为接近，而"沿堤多种树木"的要求使张之洞的设计更接近租界的状况。另外，将早期堤岸马路的历史记录与沙面北岸相比较，两者之间的确存在镜像的可能性，而该时期堤岸建筑并没有严格区分外廊式和后来通常所说的骑楼式。或者说，行栈前的"铺廊"在某种意义上就是外廊式建筑的片段反映。

图 5-44　沙面维多利亚酒店及堤岸状况（历史明信片）
图片来源：The Turco-Egyptian Store（Hongkong, Queens Road, Old Post Office Building）印刷，年份不详。

由于语言习惯与官方文书的差异性，岭南官方与民间常采用不同称呼来描述同一对象，如西洋人被俗称为番鬼、夷馆被俗称为洋行等。作为岭北及官方人士，张之洞以书面化的"铺廊"描述行栈前的公共空间，而粤籍商民，或者说以珠江三角洲地区为中心的方言区更习惯于"骑楼"这一更直观和更地方化的称谓。然而，至少在 1890 年以前，骑楼一词在民间口传文载中并没有出现。直到 1912 年，我国最早制定的骑楼法规《广东省警察厅现行取缔建筑章程及施行细则》颁布时，"骑楼"才正式出现在官方文献中，而这已是

1910 年两广总督岑春煊竣修长堤之后的事情了 **❶**。

从语义及现象上看，"铺廊"与骑楼是前后相继的相同概念，从空间模式及相关法规来分析，骑楼对"铺廊"的继承也是显而易见的。在民初二十年系统推广骑楼街道的过程中，"铺廊"的空间模式在一系列建筑法规中得到确认。虽然尺度有变化，堤岸马路在铺廊一侧的断面设计在后来广州街道的改良中不断重复，"铺廊"为商业需要而设，以及方便人行的空间特征在骑楼中得到继承。为规范骑楼的营造，民初广州十余种建筑法规更从尺度、构造技术、施工方式、管理办法等方面进行详细的规定。张之洞有关堤岸马路修筑的资金解决方案，以及商铺承租办法等同样在这些法规中得到更为系统的体现。实际上，民初市政改良时期，为建设马路所组织的"筑路委员会"，以及为解决建设资金所刊发的"筑路征信录"等都可以在张之洞的计划中发现它们的原型。

四、长堤大马路的市政风景

张之洞广州长堤计划为城市市政改良及新的城市风景打开了想象的空间。从张之洞倡建至岑春煊修竣的二十余年中，长堤马路从 1889 年底张之洞离任前筑成的 120 丈，逐渐拓长至 1000 余丈，并在官商共同推动下，逐渐形成连续的"铺廊"空间（图 5-45）。长堤成为广州商业繁华之地，所谓"堤上车马毂接，楼阁高耸，各种新商业胥在于此"**❷**。而张之洞有关"一经修筑堤岸，……商务自必日见兴起"，以及"马路以内通修铺廊以便商民交易"等种种预期和设想得到最终的实现。

作为广州最早的骑楼街道，长堤大马路展现了现代城市基础设施和城市建筑的结合，酝酿形成了市政风景这一新的景观系统。城市基础设施包括区分车道与行人的道路系统、行道树构成的线性绿化系统、整齐排列的电线杆及相互连接的电线等，无一不展现出现代城市的气息。长堤也成为现代新型建筑的展示场，海关、邮局、银行、西式医院、酒店、戏院、百货公司等纷纷选址长堤，以现代建筑功能、西方建筑风貌显示自己与现代生活的关联。由于街道空间被打开，建筑立面作为个体商业标签从未如此得到重视，争奇斗艳、标新立异成为城市建筑，尤其是商业建筑追逐的目标。而在此之前，除了官府、寺庙等公共建筑，城市建筑被掩藏在狭窄的街道中，商业招牌甚至

❶ 1903年，两广总督岑春煊设堤工局，续修堤岸马路，至1910年修成长堤马路川龙口至西濠口段。至此，长堤马路基本贯通。

❷ [主要责任者不详]. 广州指南 [M]. 上海：上海新华书局，1919.

图 5-45　20 世纪 10 年代广州长堤（历史明信片）
图片来源：The Turco-Egyptian Store（Hongkong，Queens Road，Old Post Office Building）印刷。

比立面更为重要。这一复合化的城市风景造就了不同于传统的城市形象而成
为效仿的对象。"长堤"作为标签化的空间模式被应用于侨乡等早开风气的地
区，如江门长堤、开平赤坎长堤等。

　　而行道树的出现改变了传统街巷单一的交通功能，成为美化城市的重要
举措。行道树与城市美化相联系的观念起源于 19 世纪中叶的法国巴黎。1853
年巴黎决定用林荫道改造城市景观❶，这使行道树成为城市道路景观的主要内
容。20 世纪初，美国城市美化运动盛行，其中包括道路美化，而行道树被普
遍认为是道路美化的关键要素。沙面租界虽然示范了行道树之于城市美化的
作用，但隔离状态的存在使其影响局限在西方人社区及少量国人精英。借由
张之洞、岑春煊等清末地方军政首脑的擘画与实施，长成后的行道树既装点
了现代化的长堤大马路，又为行人提供阴凉，从视觉与体感两方面强化了行
道树之于城市道路的必要性，从而成为广州现代马路的原型。

　　长堤大马路也从观念上推动了城市风景体系的发展。在中国传统的城市
风景体系中，通常以地理及人文景观作为视觉材料进行绘画，如形胜图之类，
其角度多为鸟瞰，从宏观层面反映城市景观；也往往通过士大夫的题景完成具
有典型性的城市风景的书写，如城市八景之说。随着近代西方建筑大量涌现，

❶　KUNSTLER J H.The city in mind：Notes on the urban condition[M].New York：Simon and Schuster，
2003：21-26.

城市风景的认知体系不断受到冲击。清光绪十八年（1892年）梁友石绘《羊城山水形胜图》（图5-46），除了传统景物如粤秀山、珠江，以及城池地标如城郭、镇海楼、六榕塔、光塔及炮台外，沙面租界、法国天主教堂赫然出现在画面中；与此同时，除传统龙舟及帆船外，多艘西式火轮三桅帆船也航行在江面上。正如图上题诗"万国舟车不夜天"，清末广州的知识分子已欣然接受西方事物对城市风景体系的介入。及至20世纪10年代后堤岸形成、高楼林立，有关广州城市风景的描绘从山水体系几乎完全转向滨水堤岸地区。在摄影术及暗房技术的帮助下，有关长堤风景的宽幅照片开始大量出现。而堤岸上不断落成的高层建筑也提供了新的视点，为眺望珠江及城内风景提供了可能。

图5-46　《羊城山水形胜图》

图片来源：广州市规划局，广州市城市建设档案馆. 图说城市文脉：广州古今地图集[M]. 广州：广东省地图出版社，2010：55.（绘制：梁友石，1892年）

第五节　知识建构与观念嬗变

得益于中西交汇的文化背景与西学东渐的知识积累，清末岭南园林在知识与观念层面酝酿现代转型。一方面，社会精英不断呼吁开展农学教育，建立相关机构，引发社会关注；另一方面，清政府推行新政，改革学制，建立现代高等教育，促发园艺学等园林相关学科的设立。与此同时，随着现代医学、卫生观念及公共健康理念的引入，改良环境的意识深入人心，为辛亥革命后岭南市政改良与公园建设打下了思想基础。

一、现代卫生观念与公园启蒙

公园的出现是中国园林现代转型的重要标志。虽然早在两次鸦片战争期间，广州已经出现了具有公园性质的十三行美国花园与英国花园，而成为中国近代最早出现公园的城市。但因服务对象仅限于广州西方人社区，1856 年被毁后，十三行美国花园与英国花园在广州人心目中几乎未留下任何痕迹。随着粤地华侨归国渐多，以及省港间频繁的人员流动，香港公园的空间形象才逐渐形成口碑。

19 世纪末 20 世纪初现代医学的发展，推动了岭南公共卫生事业的发展，也使卫生观念逐渐深入人心。"卫生"一词最早见于老子"卫生之经"，即保养生命的法则，其面向对象为个体，属于个体养生的范畴。随着近代西医东渐，"卫生"被发展为与公共健康（Public Health）关联的概念。马礼逊（Robert Morrison）、郭雷枢（Thomas College）、伯驾（Peter Paker）、嘉约翰（John Glasgow Kerr）等医学传教士通过在广州建立医院和医学院，较早传播西方医学与健康的知识，以及公共卫生的理念。其中受益者如孙中山，1886 年秋先入博济医院附设的南华医学堂，后又进入香港西医书院学习医学，所学课程中就有公众卫生等科。需要说明的是，19 世纪西方医学界普遍流行瘴气理论（Miasma Theory），认为疾病凭空气传播[1]，因而在环境设计及经营中以获得新鲜空气、保持空气流通为主要目标。这一理论显然也影响了 19 世纪末英国来华的传教士傅兰雅（John Fryer，1839—1928）。傅兰雅关注卫生问题，翻译了一系列西方卫生学著作，其内容涵盖个人健康（即营养卫生）与环境卫生，如《化学卫生论》（1880 年）、《居室卫生论》（1890 年）和"保身卫生部"系列（The Temperance Physiology Series）等。尤其是《居室卫生论》，将环境卫生视为重点，指出人的健康更多依赖于通风、干净水源和污物排除，并将卫生议题的讨论扩展至城市空间，上升至国家、政府及社会层面，试图唤起清政府的重视[2]。其倡导环境清洁的公共卫生理念经由傅兰雅的中文翻译，极大地影响了"卫生"现代意义的构建。而日语回归借词"卫生"也从另一条路径上反映了西方公共卫生思想的传播。

因街道密集与环境不洁所造成的火灾、鼠疫等灾害进一步强化人们对公共卫生的切身认知。明清以来岭南地区的城市化及空间生产方式造就了高密度的建成环境，并衍生了相应的卫生问题。19 世纪末广州鼠疫频发，造成大量人员死亡。1901 年广州鼠疫再次暴发，《申报》报道系因街道上堆积的垃圾秽

---

[1] 19 世纪中后期，随着电子显微技术的出现，以及细菌致病学说的兴起，瘴气理论的主导地位被动摇并取代。

[2] 周予希，赵树望. 观念流变与功能演进：中国近代公园设计中的"卫生"实践 [J]. 装饰，2021（4）：85.

气熏蒸所致❶。新政施行后，清政府建立警察制度，尝试将卫生纳入制度管理。清光绪二十八年（1902 年）广东全省巡警总局随即成立，职责范围包括城市卫生工作。1904 年巡警总局特别制定了卫生管理 7 条，以应对春季雨水及夏季暑湿蒸熏带来流行疫病的可能。1907 年省城警察厅又决定"参照日本东京警视厅及京城南北洋现行章程，斟酌粤省目前情形，将总局应办事务分为总务、警政、警法、卫生四科"❷，广州城市公共卫生管理开始有了制度性机构，也从官方层面确认了卫生的公共属性。

　　20 世纪初精英阶层对西方城市的观察，推动了公园与公共卫生的关联。作为先行者，康有为（1858—1927）、梁启超（1873—1929）等在戊戌变法失败后流亡海外开展政治活动。康有为 1904 年往游欧洲，有《欧洲十一国游记》；梁启超 1900 年往游澳洲，1903 年往游北美，有《新大陆游记》。他们每到一地均考察当地政情风土，公园为重要内容之一。在游览巴黎杯伦园后，康有为撰文描述园内美景，并对欧洲公园建设作出评价："欧人于公园，皆穷宏极丽，亦斗清胜。故湖溪、岛屿、泉石、丘陵、池馆、桥亭，莫不具备，欧美略同。虽小邦如丹、荷、比、匈，不遗余力，各擅胜场。苟非藉天然之湖山如瑞士者，乃能独出冠时。此外邦无大小，皆并驾齐驱，几难甲乙。至此邦既觉其秀美，游彼邦又觉其清胜。虽因地制宜，不能并论，然吾概而论之，皆得园林邱壑之美者矣。"❸ 在游记中，康有为多次提到公园之于卫生的必要性，如英国伦敦"海匦"（海德公园）、"贤真匦"（圣詹姆斯公园）中"人影散乱，打球散步，以行乐卫生"❹，丹麦、荷兰、比利时等欧洲公园"广备游乐，以便都人士之卫生"❺。梁启超参观纽约中央公园，更将公园与市民卫生及道德关联在一起，认为："论市政者，皆言太繁盛之市，若无相当之公园，则于卫生上于道德上皆有大害，吾至纽约而信。一日不到公园，则精神混浊，理想污下。"❻ 由于康有为、梁启超二人在广东乃至海外华人社区的影响力，其游记产生了广泛的社会影响。

❶ 19 世纪瘴气理论广泛传播，医学界普遍认为疾病凭空气传播，直到 19 世纪中后期电子显微技术出现以及细菌致病学说的兴起才动摇其主导地位。

❷ [编者不详]. 广东巡警总局章程 [M]// 巡警章程汇编（第一册）. [出版地不详]：[出版社不详]，1907.

❸ （清）康有为. 杯伦园 // 欧洲十一国游记二种 [M]// 钟叔河. 走向世界丛书. 长沙：岳麓书社，2011：229.

❹ （清）康有为. 英国游记 [M]. 长沙：岳麓书社，2016：37.

❺ （清）康有为. 康有为列国游记（下册）[M]. 北京：中国旅游出版社，2016：2.

❻ 梁启超. 繁盛之纽约 新大陆游记及其他 [M]// 钟叔河. 走向世界丛书. 长沙：岳麓书社，2011：460.

20世纪初为实施新政，清政府在国家及地方层面派出大批官员考察西方，以便指导政治及空间实践，其中包括与公共卫生相关的公园建设。1906年，考察归国的端方、戴鸿慈奏请推行公园制度，指出西方公园"专为导民而设"，由"国家竭力经营"，具有"空气可以养生" ❶的卫生功用。其奏折得到迅速批准，掀开了清末公园建设的热潮。同年，广东官银钱局提调署广州知府陈望曾等在考察各国公园建设后留下深刻印象："窃考东亚各国，凡属商场都会皆建设公家花园，以助游观。往往一埠之中设数园或十数园不等。" ❷ 在了解建造成本及游费（入园门票）后，陈望曾向两广总督岑春煊禀请在广州设立公园，他列举了公园建设的益处，包括卫生、民智、商务、财政等四方面：

"原夫建设之益盖有数端：士农工商各专术业，一张一弛，理有固然。园中水木明瑟，空气最饶。以彼休闲日涉成趣，是有益于卫生也。唯是流连风景，非徒骋怀，暇日清游，并资观感，园中弹子有房，秋千有架，并有脚踏车几百，美术杂然前列，既博见闻，亦角才惠，有益于民智也。乃若层楼翼汉，画舫穿渠，既辟名园，自宜雅集。中亚士女毂击裙联，贾贩竖夫骈阗鳞萃，附近市集举也勃焉，是有益于商务。何况夫亚洲计学，唯操母财有苦之言，孰与不足，无论面肆茗寮、剧场音馆、尘租游税取不伤廉，苟得其人即育胎雏，莳花种果树之利，亦裨公家。是有益于财政也，兼此数益，广东地面似不可无一公花园矣。" ❸

陈望曾甚至思考了公园的选址。他将川龙口（今东川桥一带）视为理想的公园的建设场地："查川龙口附近有鱼塘及荒地五十二亩，若设公园，宜直达场地，俾水陆相通，舟车可至，约购堤地数亩，便成五十余亩大花园。计花基及园内外敷设，会同蔡直牧康估计，约需十六万金可以竣事。"岑春煊对公园有益卫生的提法显然深表认同。他认为："粤省民稠密，空气殊少，往往湿暑蒸郁，疫疠潜生，公园既成民人游观，可于卫生有益" ❹，并将设立公园的举措视为周文王建灵囿与民同乐之遗制 ❺。这种附会古代圣贤的做法，一方面试图为公园建设寻找历史依据，显示其正当性；另一方面也有以圣贤自比，将公园建设视为政治美德的企图。用意虽好，但在清末广东政局动荡及革命党人的威胁下，岑春煊、陈望曾等显然无法实现建设公园的计划。但无论如何，

❶ （清）端方，戴鸿慈. 考察政治大臣端方戴鸿慈奏陈各国导民善法请次第举办折 [N]. 大公报，1906-12-08.

❷ 粤督准设公园札文 [N]（上海）申报，1906-06-09：9-10.

❸ 粤督准设公园札文 [N]（上海）申报，1906-06-09：9-10.

❹ 粤督准设公园札文 [N]（上海）申报，1906-06-09：9-10.

❺ 梁思成先生《中国建筑史》称："文王于营国、筑室之余，且与民共台池鸟兽之乐，作灵囿，内有灵台、灵沼，为中国史传中最古之公园。"

公园裨益卫生、开启明智、振兴商业、助力财政的社会效益及经济效益已成为该时期广东地方官员的共识。1915 年巴拿马太平洋世界博览会，曾有黄姓商人提出"广州城万国新智园"的宏伟计划（图 5-47），选址于珠江岸边，背靠城区，并有运河通入园内。从图中规整有序的空间结构、来自世界各地的建筑形象，以及新奇的游乐设施来看，这种共识得到有效的延续和发展。

图 5-47　"广州城万国新智园"鸟瞰图（1914 年）

图片来源：Panama-Pacific International Exposition Official Post Card，San Francisco，Cal.Publishersrninel，Cardinell-Vincent Co.

　　在地方政府的鼓励下，社会有关公园建设的路径也多有探讨。《广东地方自治研究录》副社长张树枬就辟建城市公园的益处作了说明，并建议将一些寺庙改建为公园，称："至于公园亦市会所宜设立。全市至少需有四五所以上……唯羊城壤偏小，隙地殊鲜，独寺庙公地，各处多有。然辟为公园无事大兴土木，但因其旧址，去其垣，多植树木，使其具幽胜之趣已足。俗尚迷信，仍可留存祀神之所，盖用费省，而民不惊于其措施。日本公园多如此者。"[1] 实际上，这种改旧建新的做法成为民国时期广东公园建设的主要途径。1911 年辛亥革命的成功使岭南地区真正进入打破旧秩序、重建新格局的近代化发展时期[2]。1918 年 10 月广州市政公所成立，决议拆城筑路。同时因城区人烟稠密，空气浑浊，为改善环境，促进市民的身心健康，市政公所提倡植树造林，并选址清平南王府（后为广东巡抚署），由建筑师杨锡宗规划建成第一公园（即今人民公园）。之后更有净慧公园、海幢公园、汉民公园等以寺庙、旧衙署等改建而成。

二、现代农学与园艺教育的开展

作为农业科学的重要组成部分，园艺学的引入对岭南乃至中国园林的现代转型有着积极的推动作用。园艺学是研究园艺植物的种质资源、生长发展规律、栽培、育种、贮藏、加工、病虫及造园等的科学，一般分为果树园艺学、蔬菜园艺学、观赏园艺学和造园学四大类。岭南素有园艺传统，但总体而言属于"经验型"旧农法即经验知识的范畴，现代园艺学的引入与园艺科学化使岭南园林在植物培育与应用方面呈现变革之势，更助推新的园林类型如植物园、森林公园等的诞生。

因早开风气，岭南有识之士很早意识到改良农业的重要性。1893 年，郑观应在《农功·盛世危言》一篇中主张学习欧美各国先进的农业技术，并仿效建立现代农业机构，兴办农学培养专门人才❶。1891 年，孙中山撰写《农功》一文，有感于西方人"农功有专学，朝得一法，暮已遍行于民间"的实际效果，呼吁朝廷派员赴泰西各国，"讲求树艺农桑、养蚕畜牧、机器耕种，化瘠为腴一切善法"。1894 年，孙中山又上书李鸿章，认为："农政之兴尤为今日当务之急也"❷，建议各省创办农业学堂，设立农博物会，开展农业教育。1898 年，康有为上书清光绪皇帝，认为"万宝之原，皆出于土，富国之策，咸出于农"，恳请"兴农殖民，以富国本"❸。这些呼吁与同时期朝廷重臣形成共鸣，1898 年，张之洞奏请兴办农务学堂，其疏稿称："窃为富国之道，不外农工商三事而农务尤为中国之根本。"朝野共识为现代农学教育的开展，以及园艺的科学化发展打开了大门。

与此同时，清末新政将农业教育视为教育改革的重中之重。清光绪十五年（1889 年），清政府筹建京师大学堂时设置农科，引入了现代农业的概念❹。清光绪二十三年（1897 年），光绪皇帝下诏令兴农学、办农业学堂，令总理衙门颁行农学会章程，令各省学堂翻译外洋农学专书。稍后又命设立茶务学堂及

❶ 郑观应.农功·盛世危言[M]//夏东元.中国近代人物文集丛书:郑观应集（上册）[M].北京:中华书局:2013:735-738.
❷ 孙中山.上李鸿章书[M].北京:中华书局,1981:8.
❸ 翦伯赞,等.中国近代资料:戊戌变法（卷二）[M].上海:上海人民出版社,1957:250.
❹ 林艺试验场西山造林苗圃的沿革与发展（1912—1946 年）[M]//《中国林业科学研究院院史》编委会.中国林业科学研究院院史.北京:中国林业出版社,2010.

蚕桑学院。自此，农林学科开始在各个学堂广泛成立。清光绪二十八年（1902年），清政府颁行《钦定学堂章程》，史称"壬寅学制"，将高等教育分为大学院、大学专门分科和大学预备科三个等级。其中，大学专门分科分为七科，农科为其一，包括农艺学、农业化学、林学、兽医学四目[1]。虽然"壬寅学制"最终并未实施，但却为清光绪二十九年（1903年）颁行的《奏定学堂章程》奠定了基础。《奏定学堂章程》又称"癸卯学制"，该学制将各学堂分为普通和实业两个系统，其中大学堂内设分科大学，共八科，农科大学为其一，设农学、农艺化学门、林学门、兽医学门共四门[2]。据统计，清末学部立案的17所高等实业学堂中，农业学堂有5所，占29.4%。69所中等实业学校中，农业学堂有39所，占56.5%[3]。可以看出，这一时期，农林学科已经在中国近代教育中缓慢发展起来了。

伴随着农林学科的成立，农事试验场也开始建设。清光绪二十八年（1902年），保定创立了直隶农事试验场，并在该场四个科中设有森林科。两年后，山东济南成立了林业试验场。清光绪三十二年（1906年），清政府商部（后为农工商部）奏请振兴农业，在北京设置了农事试验场（现北京动物园）。北京农事试验场不仅是中国最早的动物园，还是一座具有现代意义的近代公园。该试验场设有农业科和林业科，但其功能不仅是为了研究农业，更有启迪民智、游乐民众的作用。该试验场主要分为以农事试验场为核心的"农事试验区"，包括"谷麦试验、桑蚕试验、蔬菜试验、果木试验、花草试验"[4]，以及以游览为主的"博览园"（内设动物园）。其中，动物园于清光绪三十三年（1907年）七月十九日首次开放，博览园则于次年六月十九日首次开放。北京农事试验场的创办对于晚清京城来说是一大盛事。当时普通民众的传统娱乐空间主要是庙会、茶馆等，对于文人士大夫来说，一些寺庙、私园也是休闲之地，而平民百姓则只能街道作为自己日常的娱乐场所。北京农事试验场的创办则将民众教育与公众游憩同时纳入公园，成了近代理想公园的典范。

近代岭南农科教育的出现应在清光绪三十年（1904年）以前。1904年，广东高等学堂课程体系中就出现了"动植物学"课程。广东高等学堂前身为广雅书院。清光绪二十八年（1902年），两广总督陶模将广雅书院改建，成立

[1] 璩鑫圭，唐良炎.中国近代教育史资料汇编：学制演变[M].上海：上海教育出版社，2007：244-245.
[2] 璩鑫圭，唐良炎.中国近代教育史资料汇编：学制演变[M].上海：上海教育出版社，2007：373.
[3] 璩鑫圭，唐良炎.中国近代教育史资料汇编：学制演变[M].上海：上海教育出版社，2007：51-55.
[4] 赵省伟，吴志远.洋镜头：1909，北京动物园[M].广州：广东旅游出版社，2020：123.

了两广大学堂。由于清政府变更学制,规定各省设立高等学堂,不得设立大学,所以在清光绪三十年（1904 年）,两广总督岑春煊将其改名为广东高等学堂。根据清政府 1902 年颁布的《钦定学堂章程》,广东高等学堂由广东学政张百熙拟定教学章程:在课程方面,分为"政科"和"艺科"两大门类,其中的"艺科"就包括了"动植物学"❶。

同时期教会大学沿用西方高等教育体系,将农学作为科系设置的重要内容。清光绪二十六年至三十年（1900—1904 年）,岭南学堂（后称岭南大学）迁至澳门,所设课程除地理、历史、数学等外,也包括动物、植物等课程。每到周日下午,学生都会被教员带领,到公园、海边、风景区等游览,教员会对沿途所见景物进行讲解❷。这些课程虽未以农业为名,其教学却推动了 1912 年岭南学堂农业课程的设立。岭南学堂迁回广州后的 1907 年,毕业于宾夕法尼亚大学园艺系的高鲁甫（Groff George Weidman，1884—1954）被派往岭南学堂任教。他由此成了第一位来华的美国农业传教士❸。

高鲁甫到达岭南大学之后,对康乐校园进行绿色规划,开始了系统的植树活动。树木种类包括李树、榕树、樟树、荔枝树、龙眼等南国树种❹。高鲁甫还沿用澳门岭南学堂动植物课程教学活动的模式,在授课之余进行了一项"学校花园计划"（School Garden Program）❺,他给学生每人一小块园地,让学生亲自整地耕锄、播种、施肥、浇水,从而研究蔬菜生长。这一实践活动激发了当时学生对农学的兴趣,曾于 1910 年在岭南中学读书的谭锡鸿称:"(此)劳动所获,颇有可观,(我)对植物学渐感兴趣。"❻此外,高鲁甫又于 1911 年在校内建了一座奶牛场。奶牛场的创建既满足了学校部分人对稳定的奶源的需求,也为相关的农业教学和实践提供了更多场地❼。随着农学教育活动的顺利开展,1912 年,高鲁甫正式为岭南学堂中学三年级的学生开设了农业课程❽,并于 1915 年在菲律宾科学局麦里路先生（E.D.Merrill）的帮助下,开办了草

❶ 中国人民政治协商会议广东省广州市委员会文史资料研究委员会.广州文史资料专辑:广州近百年教育史料 [M].广州:广东人民出版社,1983:68-69.

❷ 刘宝真.澳门岭南学堂（1900—1904）研究 [J].五邑大学学报（社会科学版）,2013,15（4）:59-63,92.

❸ 刘家峰.中国基督教乡村建设运动研究（1901—1950）[M].天津:天津人民出版社,2008:25.

❹ 李瑞明.岭南大学 [Z].香港:岭南（大学）筹募发展委员会,1997:31.

❺ STROSS R E.The Stubborn Earth: American Agriculturalists on Chinese Soil, 1898-1937[M].Berkeley: University of California Press, 1986: 93.

❻ 谭锡鸿.我所知道的岭南大学农学部 [M]// 中国人民政治协商会议广东省广州市委员会文史资料研究委员会.广州文史资料（第13辑）.广州:广东人民出版社,1964:167.

❼ 李瑞明.岭南大学 [Z].香港:岭南（大学）筹募发展委员会,1997:56.

❽ 李瑞明.岭南大学 [Z].香港:岭南（大学）筹募发展委员会,1997:31.

药种植园，次年春，高鲁甫又从美国引进了州脐橙、葡萄、柠檬、酸橙、枇杷等❶。该农业课程与实践活动的开展标志着农林学科在岭南教育体系中正式成立，为后期民国岭南农业教育的发展奠定了基础。

三、广东农事试验场的建立

随着农学课程的开展，广东省也将农科教育扩展到农事试验场。1908年广东省成立劝业道，负责掌管农、工、商业界的事务，广州知府陈望曾担任道尹。此时恰逢唐有恒留美归国，得到陈望曾的引荐，被两广总督委任为农师，开始筹建广东全省农事试验场及附设农业讲习所（现华南农业大学）的工作。唐有恒（1884—1958），字少珊，广东香山（今中山）唐家镇人。1904年，清政府考派出国留学生，唐有恒应考入选，被派往美国加利福尼亚州留学，习物理化学。后又考入纽约州康奈尔大学农科，1907年毕业，先后获学士、硕士、博士学位，精于水稻育种研究。毕业后，唐有恒受聘为美国联邦农业部技师，并为科学会名誉会员，1908年唐有恒放弃优厚待遇回国。在陈望曾等人的谋划下，试验场筹办处选址于省城东门外鸥村（今区庄）前，场址暨讲习所位于犀牛尾右侧（今广州市东山犀牛尾路）（图5-48），清宣统元年(1909年)建成，并于次年筹办农林传习所（今华南农业大学前身）。

陈望曾认为农事试验场及讲习所的办学宗旨在于培养生徒在农业方面所

图 5-48　广东省农事试验场及其附设农林讲习所大门
图片来源：华南农业大学 1909—2009 百年图史，第 4 页。

必需的知识艺能，并力求试验❷。他在办场期间，借鉴日本农事试验场与教育相结合的方式并积极参考欧美农学相关制度，聘请技师在试验场从事改良研究试验，并同时进行教学工作❸。1909年，农事试验场颁布了《广东全省农事试验场章程》，该章程规定将试验场划分为农业、圃学、化学、蚕桑、畜牧、

❶ 曾馨烨. 岭南大学农科史考察（1908—1952年）[D]. 南宁：广西民族大学，2015.

❷ 谢贤章. 广东近代高等农业教育起始考 [J]. 中国农史，1988（2）：97-105.

❸ 谢佳曼. 国立中山大学园艺学科发展历程研究（1910—1952）[D]. 广州：华南农业大学，2020.

算学兼天文六科，并且各科设有专职人员从事研究试验。其中圃学科设有圃学师、圃艺司务各一名，主要种植试验蔬菜类、瓜果类等❶。岭南现代农学教育与研究由此开端。

作为一种新的建筑类型，广东农事试验场讲习所展现了岭南科学试验设施的早期状况。由于唐有恒的教育背景，其布局相信借鉴了美国同类试验场所的设计。1909年《广东劝业报》中《报告：农场讲习所之布置》一文描述了试验场及讲习所（图5-49、图5-50）的空间布局及功能配置："在场内办事公所之右边添筑讲堂、礼堂、学生会食堂各室，由省城商人冯润记承揽工程，估价银五千三百两，现于本月二十三日动工，计至八月底当可告竣矣。所内应备各室早已完竣，计内有招待室、图书室、阅报室、农务化学器具室、化学实习室、土壤实习室、养蚕实习室、附设矿品陈列室，又于办事所之后边另建养畜部一

图5-49　广东农事试验场办公室
图片来源：华南农业大学 1909—2009 百年图史，第 4 页。

图5-50　农林讲习所
图片来源：华南农业大学 1909—2009 百年图史，第 4 页。

室。至陈列各品物，共分五室：第一陈列室拟备各国所产之五谷棉花蚕丝茶麻诸品物；第二陈列室拟备各谷蔬果之害虫类及能捕食害虫之益虫标本，壁上悬用喷水驱虫之图；第三陈列室拟备各种肥料，分为本国外国二类；第四陈列室拟绘各种植物及蚕儿之病式，或即陈其物以为标本，驱病之法亦各绘为图；第五陈列室拟备各种农具及各种蚕具，亦分为本国外国二类。"❷从描述来看，农事试验场讲习所包含了办公、讲堂、礼堂、图书阅览、实验室、陈列室、动物蓄养，以及学生食堂等功能，功能十分完备，为岭南农业科学试验设施建设之发端。

❶　章程．广东全省农事试验场章程 [J]．广东劝业报，1909（91）：37-40.
❷　农场讲习所之布置 [J]．广东劝业报，1909（77）：42-43.

在促发现代试验场的同时，一种新型的农业园区也应运而生。1909年，根据《农工商部推广农林简明章程》规定，各省的农业学堂及农事试验场必须添设林业。时任广东农事试验场场长区柏年决定扩充试验场，由原来的170多亩扩充到320多亩，并以农事讲习所为中心统一规划农林区，主要内容包括经济作物及农副产品，如果园、桑林、竹园、茶林、高粱地、棉地、蔗地、麻地、苗圃、花圃、杂菜地、混合林、花生地，以及旱田、鱼塘、水田、莲塘等（图5-51）。各组团以"区"命名，显示出空间及土地的适配性。另外，农林区的规划采用现代制图方法，开启了园林设计的转型。

附设的农业讲习所分农、林两科。1910年2月，农科先开学，初期开设了13门课程，包括农业总论、土壤、稼穑农具、虫害、养蚕法、培桑、植物

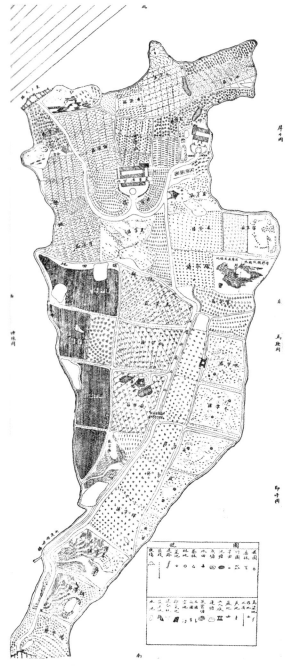

图5-51 广东省农事试验场总平面图
图片来源：华南农业大学1909—2009百年图史，第5页。

学、动物学、气候学、畜牧学、农艺化学、物理等。教材多由留学日本、英国、美国归来的教员，根据外文课本自译自编讲授。为扩大教学规模，唐有恒根据清光绪二十九年（1903年）教育部颁布的《奏定实业教员讲习所章程》，以及

农业类学堂农学科应设科目，将讲习所课程进行了调整，除教育学、教授法、人伦道德、兽医学、水产学外，还特地增设了算术及测量术、园艺学、森林学、农产制造学、农业理财学等农艺类学科，共 23 门 ❶。清宣统三年（1911 年）初，为培养林业师资和技术助理，试验场附设农业教员讲习所，续招林学科新生 100 人，二月正式上课。至此农事试验场易名为农林试验场，农业教员讲习所改称为农林教员讲习所。

因时局动荡，在清宣统三年（1911 年）3 月至 9 月，农林试验场及其附设的农林教员讲习所发展艰难，最后奉命停办。同年 11 月军政府成立后，实业司决定复办农林试验场，1912 年实业司将其改建为农业专门学校本科，后发展为国立中山大学农学院。虽然农林试验场及其附设的农林教员讲习所成立仅有短短的两三年时间，但其所进行的农林试验及相关课程促使岭南近代农林、园艺教育开始萌芽与发展。

更为重要的是，由于现代科学的介入，岭南园林的营造开始摆脱传统知识体系的羁绊。其中，地理学与测绘学建构了空间的尺度与评价方法，使园林设计从个体的、带有神秘色彩的意匠运作转化为可量度、图形化的操作；农学与林学等在建构生物资源利用的庞大体系的同时，使植物景观在水石景和庭院屋宇之外逐渐形成其主体性格，并在市政绿化与公园的营造中占据主导地位；卫生学、工程学等则进一步拓展园林的内涵和边界，使现代风景园林建构其丰富的知识体系与独特的学科属性。青萍之末风乍起，上述种种与观念的嬗变汇流，最终成为推动岭南园林现代转型的决定性力量。

---

❶ 《奏定大学堂章程》清光绪二十九年（1903 年）. 后收录在：舒新城. 中国近代教育史资料（上）[M]. 北京：人民教育出版社，1961：599.

参考文献

一、中文文献

[1] 张超良.广东沙田问题 [A]// 珠江水利委员会.珠江水利简史.北京：水利电力出版社，1990：153.

[2] 广东省地方史志编纂委员会.广东省志：二轻（手）工业志 [M].广州：广东人民出版社，1990：11.

[3] 颜广文.古代广东的驿道交通与市镇商业的发展 [J].广东教育学院学报，1999（1）：111-116.

[4] 屈万里，昌彼得.图书版本学要略 [M].台北：中国文化大学出版社，1986.

[5] 陆琦.广东民居（上）[M].北京：中国建筑工业出版社，2008.

[6] 赵克生.明代国家礼制与社会生活 [M].北京：中华书局，2012.

[7] 欧阳山.三家巷 [M].北京：人民文学出版社，1960.

[8] 黄巧云.广州西关大屋民居研究 [D].广州：华南理工大学，2016：54.

[9] 彭长歆.岭南书院建筑的择址分析 [J].古建园林技术，2002（3）：10-14.

[10] 刘伯骥.广东书院制度沿革 [M].北京：商务印书馆，1939.

[11] 季啸风.中国书院辞典 [M].杭州：浙江教育出版社，1996.

[12] 李约瑟.中国科学技术史第 4 卷第 3 分册 [M].汪受琪，等译.北京：科学出版社，2008.

[13] 杨慎初.中国书院文化与建筑 [M].武汉：湖北教育出版社，2001.

[14] 广州市越秀地区地方志办公室.广州越秀古书院概观 [M].广州：中山大学出版社，2002.

[15] 彭长歆，王艳婷.城外造景：清末广州景园营造与岭南园林的近代转型 [J].中国园林，2021，37（11）：127-132.

[16] 王艳婷，彭长歆.清末广州河南造园史录：以《番禺河南小志》为线索 [J].住区，2023（5）：92-99.

[17] 彭南生.论洋务活动中"风水"观的影响 [J].甘肃社会科学，2004（6）：91-94.

[18] 麦哲维.学海堂与晚清岭南学术文化 [M].沈正邦，译.广州：广东人民出版社，2018.

[19] 汤开建.澳门开埠初期史研究 [M].北京：中华书局，1999.

[20] 巴拉舒.澳门中世纪风格的形成过程 [J].（澳门）文化杂志，1998（35）：57，63-64.

[21] 澳门政府.澳门从开埠至 20 世纪 70 年代社会经济和城建方面的发展 [J].（澳门）文化杂志，1998（36）：13.

[22] 董少新.空间与心理：澳门圣保禄教堂再研究 [J].艺术史研究，2012（14）：129-130.

[23] Wong Shiu Kwan.澳门建筑：中西合璧相得益彰 [J].（澳门）文化杂志，1998（36）：165-166.

[24] 香港艺术馆.珠江风貌：澳门、广州及香港 [Z].香港市政局，2002.

[25] 顾雪萍，彭长歆.从行栈到商馆：清代广州十三行建筑演变研究 [J].南方建筑，2023（8）：37.

[26] 马士.中华帝国关系史（卷1）[M].张汇文，等译.北京：生活·读书·新知三联书店，1962.

[27] 彭长歆.清末广州十三行行商伍氏浩官造园史录 [J].中国园林，2010（5）：91-95.

[28] 陈乐素.珠玑巷史事 [J].学术研究，1982（6）：71-77.

[29] 谭棣华.清代珠江三角洲的沙田 [M].广州：广东人民出版社，1993.

[30] 颜泽贤，黄世瑞.岭南科学技术史 [M].广州：广东人民出版社，2002.

[31] 叶显恩，周兆晴.宋代以降珠江三角洲冲积平原的开发 [J].珠江经济，2007（6）：74-80.

[32] 钟功甫.珠江三角洲的"桑基鱼塘"：一个水陆相互作用的人工生态系统 [J].地理学报，1980（3）：200-209，277-278.

[33] 潘莹，吴奇，施瑛.古劳水乡的传统聚落景观特征与价值研究 [J].城市规划，2022，46（7）：108-118.

[34] 曾昭璇.广州历史地理 [M].广州：广东人民出版社，1991.

[35] 彭长歆，姜琦.从果基鱼塘到岭南名园：清末广州海山仙馆园林空间营造机理溯源 [J].南方建筑，2023（3）：90-99.

[36] 夏昌世，莫伯治.岭南庭园 [M].北京：中国建筑工业出版社，2008.

[37] 高旭红.药洲石刻 [M].广州：广东人民出版社，2016.

[38] 胡李燕，王艳婷，彭长歆.园楼之设：清末岭南园林的垂直建构 [J].园林，2023，40（9）：89-98.

[39] 黄任恒.番禺河南小志 [M].广州：广东人民出版社，2012.

[40] 顾凯.中国古代园林史上的方池欣赏:以明代江南园林为例 [J].建筑师,2010（3）:
44-51.

[41] 鲍沁星.两宋园林中方池现象研究 [J].中国园林,2012,28（4）:73-76.

[42] 潘建非,邱丽.岭南水乡景观空间形态的分析与营造 [J].中国园林,2011,27（5）:
55-59.

[43] 冯江,李睿.潮汐与广州园池 [J].建筑史学刊,2023,4（1）:147-161.

[44] 张欣,彭长歆.花木生产与园林营造:清末广州花地的生产性景观及其公共化 [J].
广东园林,2024,46（1）:82-88.

[45] 彭长歆.中国近代公园之始:广州十三行美国花园和英国花园 [J].中国园林,
2014,30（5）:108-114.

[46] 曾昭璇.岭南史地和民俗 [M].广州:广东人民出版社,2015.

[47] 广州市芳村区文化局.芳村名胜风物 [M].广州:花城出版社,1998.

[48] （清）谢兰生.常惺惺斋日记（外四种）[M].广州:广东人民出版社,2014.

[49] 谢璋.花地园林沧桑录 [M]// 广州市芳村区地方志编纂委员会.岭南第一花乡.广
州:花城出版社,1993.

[50] 彭长歆,张欣.从空间营造到文化生产:清末广州花地馥荫园再考 [J].风景园
林.2022,29（9）:128-134.

[51] 范发迪.知识帝国:清代在华的英国植物学家 [M].北京:中国人民大学出版社,
2018.

[52] 顾雪萍.广州西关城市空间史研究 [D].广州:华南理工大学,2023:199.

[53] 周珊.文澜书院与广州十三行行商 [J].华南理工大学学报（社会科学版）,2014
（4）:108-112.

[54] 陈晓平.近代慈善先锋爱育善堂 [C]// 朱建刚.广府慈善文化拼图.北京:中国社
会科学出版社,2020.

[55] 黎润辉.广州十三行伍氏粤雅堂考 [C]// 王元林.广州十三行与海上丝绸之路研
究.北京:科学文献出版社,2019:148-161.

[56] 格雷.在广州的十四个月 [M].李国庆整理.桂林:广西师范大学出版社,2008.

[57] 宣旻君,彭长歆.广州陈廉伯公馆旧址花园复原研究 [J].广东园林,2021（4）:
47.

[58] （清）仇巨川纂,陈宪猷校注.羊城古钞 [M].卷七,129 条.广州:广东人民出版
社,1993.

[59] 黄佛颐.广州城坊志 [M].扬州:广陵书社,2003.

[60] 李睿.广州十三行行商园林研究[D].广州：华南理工大学，2023：192.

[61] 梁嘉彬.广东十三行考[M].广州：广东人民出版社，1999.

[62] （清）梁廷枏.粤海关志[M].广州：广东人民出版社，2014.

[63] 章文钦.十三行行商首领伍秉鉴和伍崇耀[A]//广州历史文化名城研究会，广州市荔湾区地方志编纂委员会.广州十三行沧桑.广州：广东省地图出版社，2001.

[64] 邱捷.潘仕成的身份及末路[J].近代史研究，2018（6）：111-121.

[65] 潘刚儿，黄启臣，陈国栋.潘同文（孚）行：广州十三行之一[M].广州：华南理工大学出版社，2006.

[66] 陈玉兰.尺素遗芬史考[M].广州：花城出版社，2003.

[67] 赵昌智.扬州文化通论[M].扬州：广陵书社，2011.

[68] 何司彦.明清时期岭南园林布局对艺术园事活动的促进研究[J].中国园艺文摘，2017，33（1）：81-85.

[69] 张耀南.文人临水[M].北京：华文出版社，1997.

[70] 蓬岛瑶台[C]//《圆明园》学刊第十八期.[出版者不详]，2015：104-107.

[71] 中国戏曲志编辑委员会.中国戏曲志浙江卷[M].北京：中国ISBN中心，2000.

[72] 中央研究院近代史研究所.嘉庆道光咸丰朝[Z].北京：中央研究院近代史研究所，1968.

[73] 屈万里，昌彼得.图书版本学要略[M].台北：中国文化大学出版社，1986.

[74] 广东省文史馆.冼玉清文集[M].广州：中山大学出版社，1995.

[75] 张维屏.国朝诗人征略[M].广州：中山大学出版社，2004.

[76] 李睿，冯江.广州海山仙馆的遗痕与遗产[J].建筑遗产，2021（4）9-19.

[77] 康有为.舒芜.康有为选集[M].舒芜，陈逊冬，王利器，选注.北京：人民文学出版社，2004.

[78] 康有为.康有为全集（卷12）[M].姜义华，张荣华，编校.北京：中国人民大学出版社，2007.

[79] 格雷.广州七天[M].李国庆，邓赛，译.广州：广东人民出版社，2019.

[80] 王雪睿，李翔宁.18世纪中国外销壁纸中的岭南园林：建筑文化的他者想象[J].建筑学报，2020，（12）：57-63.

[81] 江滢河.鸦片战争后广州十三行商馆区的西式花园[J].海交史研究，2013（1）：111-124.

[82] 朱均珍.中国近代园林史（上编）.北京：中国建筑工业出版社，2012.

[83] 斯当东.英使谒见乾隆纪实[M].叶笃义，译.上海：上海书店出版社，1997.

[84] 马礼逊.马礼逊回忆录 [M].顾长声，译.桂林：广西师范大学出版社，2008.

[85] 郑宝鸿.港岛街道百年 [M].香港：三联书店（香港）有限公司，2000.

[86] 黄启臣.广东海上丝绸之路史 [M].广州：广东经济出版社，2003.

[87] 弗兰克·韦尔什.香港史（*A History of Hong Kong*）[M].王皖强，黄亚红，译.北京：中央编译出版社，2007.

[88] 张耀江，张耀辉，徐荷芬，等.香港动植物园发展史（1871—1991）[Z].香港：市政总署，1991.

[89] 孙晖，梁江.近代殖民商业中心区的城市形态 [J].城市规划学刊，2006（6）：102-107.

[90] 施丢克尔.19 世纪的德国与中国（*Deutschland Und China Im 19.Jahrhundert*）[M].乔松，译.北京：生活·读书·新知三联书店，1963.

[91] 彭长歆."铺廊"与骑楼：从张之洞广州长堤计划看岭南骑楼的官方原型 [J].华南理工大学学报（社科版），2006，12（6）：66-69.

[92] 彭长歆.现代性·地方性：岭南建筑的现代转型 [M].上海：同济大学出版社，2012.

[93] 王艳婷，彭长歆.清末广州将军府长善壶园的营建探析 [J].风景园林，2023，10（9）：130-138.

[94] 邓伟.满族文学史（卷 4）[M].沈阳：辽宁大学出版社，2012.

[95] 广州市越秀区人民政府地方志办公室，广州市越秀区政协学习和文史委员会.越秀史稿：第四卷 [M].广州：南方出版传媒广东经济出版社，2015.

[96] 任果.番禺县志（卷 1）[M].广州：广东人民出版社.清乾隆三十九年（1774 年）刻本.

[97] 唐圭璋.词话丛编 [M].北京：中华书局，2005.

[98] 陈蔚，谭睿.道教"洞天福地"景观与壶天空间结构研究 [J].建筑学报，2021（4）：108-113.

[99] 吴会，金荷仙.江西洞天福地景观营建智慧 [J].中国园林，2020，36（6）：28-32.

[100] 文廷式.文廷式诗词集：知过轩诗钞 [M].陆有富校.上海：上海古籍出版社，2017.

[101] 戴文翼，顾凯.壶中天地、山水再现与天然意趣：晚明太仓弇山园的多样叠山意象及其营造研究 [J].中国园林，2021，37（4）：139-144.

[102] 尚秉和.辛壬春秋 [M].北京：中国书店，2010.

[103] 苑书义，孙华峰，李秉新.张之洞全集（第一册）[M].石家庄：河北人民出

版社，1998：1-2.

[104] 吴家骅．论"空间殖民主义"[J]．建筑学报，1995（1）：38.

[105] 杨慎初．中国书院文化与建筑 [M]．武汉：湖北教育出版社，2001.

[106] 傅熹年．建筑史论文选 [M]．天津：百花文艺出版社，2009.

[107] 苏云峰．张之洞与湖北教育改革 [J]．（台）中央研究院近代史研究所专刊，1976（35）：186.

[108] 王贵枕．张之洞创办广东钱局考略 [J]．中国钱币，1988（3）：4-5.

[109] 彭长歆．清末广雅书院的创建：张之洞的空间策略：选址、布局与园事 [J]．南方建筑，2015（1）：67-74.

[110] 季宏，徐苏斌，青木信夫．样式雷与天津近代工业建筑：以海光寺行宫及机器局为例 [J]．建筑学报，2011（S1）：93-97.

[111] 郭维，朱育帆．传统的融构：清末北京万牲园的建设发端、营造手法与特征解析 [J]．中国园林，2022，38（10）：127-132.

[112] 徐苏斌．20世纪初开埠城市天津的日本受容：以考工厂（商品陈列所）及劝业会场为例 [J]．城市史研究，2014（1）：188-274.

[113] 陈勐，周琦．"导民兴业"与近代博览空间：南洋劝业会布局与空间研究 [J]．世界建筑，2021（11）：76-81.

[114] 广州指南 [M]．上海：上海新华书局，1919.

[115] 林冲．骑楼型街屋的发展与形态的研究 [D]．广州：华南理工大学，2000：90.

[116] 周予希，赵树望．观念流变与功能演进：中国近代公园设计中的"卫生"实践 [J]．装饰，2021（4）：85.

[117] （清）康有为．英国游记 [M]．长沙：岳麓书社，2016.

[118] （清）康有为．康有为列国游记（下册）[M]．北京：中国旅游出版社，2016.

[119] 梁启超．繁盛之纽约新大陆游记及其他 [M]//钟叔河．走向世界丛书(卷10)．长沙：岳麓书社，2011.

[120] 孙中山．上李鸿章书 [M]．北京：中华书局，1981.

[121] 翦伯赞，等．中国近代资料：戊戌变法（卷二）[M]．上海：上海人民出版社，1957.

[122] 陈元晖．中国近代教育史资料汇编·学制演变 [M]．上海：上海教育出版社，2007.

[123] 赵省伟，吴志远．洋镜头：1909，北京动物园 [M]．广州：广东旅游出版社，2020.

[124] 刘宝真．澳门岭南学堂（1900—1904）研究 [J]．五邑大学学报（社会科学版），2013，15（4）：59-63，92.

[125] 刘家峰.中国基督教乡村建设运动研究（1901—1950）[M].天津：天津人民出版社，2008.

[126] 李瑞明.岭南大学[Z].香港：岭南（大学）筹募发展委员会，1997.

[127] 曾繁烨.岭南大学农科史考察（1908—1952 年）[D].南宁：广西民族大学，2015.

[128] 谢贤章.广东近代高等农业教育起始考[J].中国农史，1988（2）：97-105.

[129] 谢佳曼.国立中山大学园艺学科发展历程研究（1910—1952）[D].广州：华南农业大学，2020.

[130] 舒新城.中国近代教育史资料（上）[M].北京：人民教育出版社，1961.

二、西文文献

[1] BALL B L.Rambles in Eastern Asia：Including China and Manila，During Several Years' Residence[M].Boston：James French & Company，1855.

[2] KERR J G.A Guide to the City and Suburbs of Canton[M].Hong Kong：Kelly & Walsh Ltd.，1904.

[3] ARTHUR A，WILLIAM B B.and Charles B.A Manual of Natural History for the Use of Travellers[M].London：John Van Voorst，1854.

[4] FORTUNE R.A Residence among the Chinese：Inland，On the Coast，and at sea[M].London：J.Murray，1857.

[5] PFEIFFER I.A Woman's Journey Round the World，From Vienna to Brazil，Chili，Tahiti，China，Hindostan，Persia，and Asia Minor[M].London：Ward and Lock，1856.

[6] TIFFANY O.The Canton Chinese or the American's Sojourn in the Celestials Emprice[M].Boston：James Munroe & Company，1849.

[7] OSBECK P，TORÉN O，EKEBERG C G.A Voyage to China and the East Indies[M].London：Benjamin White，1771.

[8] YVAN M.Inside Canton.London：Henry Vizetelly Gough Square，1858.

[9] GRAY J H.Walks in the City of Canton[M].Hong Kong：De Souza & Company，1875.

[10] SHAW S，QUINCY J.Journals of Samuel Shaw[M].Boston：Wm.Crosby & H.P.Nichols，1847.

[11] GUIGNES J D.Voyages à Peking，Manille et l'île de France faits dans l'intervalle des années 1784 à 1801[M].Paris：Imprimerie impériale，1808.

[12] ELLIS H.Journal of the Proceedings of the Late Embassy to China[M].London：John Murray，1817.

[13] MALCOLM H.Travels in Hindustan and China[M].Edinburgh：W.& R.Chambers，1840.

[14] ITIER J.Journal d'un Voyage en Chine en 1843，1844，1845，1846（vol.2）[M].Paris：Chez Dauvin Et Fontaine，1848.

[15] LEVAYER T F.Une Ambassade Française en Chine.[M].Paris：Librairie D'Amyot，1854.

[16] OLIVER S.P.On and off Duty，being Leaves from an Officer's Note-book [M].London：W.H.Allen & Company，1881.

[17] KERR J G.A Guide to the City and Suburbs of Canton[M].Hong Kong：Kelly & Walsh Ltd.，1904.

[18] MAYERS W F，KING C.The Treaty Ports of China and Japan：A Complete Guide to the Open Ports of Those Countries，Together with Peking，Yedo，Hongkong and Macao.Forming a Guide Book & Vade Mecum for Travellers，Merchants，and Residents in General[M].London：Trübner and Company，1867.

[19] BALL B L.Rambles in Eastern Asia：Including China and Manila，During Several Years' Residence（2nd ed）[M].Boston：James French & Company，1855.

[20] ABEEL D.Journal of a Residence in China：And the Neighboring Countries，from 1829-1833[M].New York：Leavitt，Lord & Company，1834.

[21] GARRETT V M.Heaven is High，the Emperor Far Away：Merchants and Mandarins in Old Canton[M].Oxford：Oxford University Press，2002.

[22] SHAMMAS C.Investing in the Early Modern Built Environment：Europeans，Asians，Settlers and Indigenous Societies[M].Leiden：Brill Academic Pub.，2012.

[23] BRETSCHNEIDER E.History of European Botanical Discoveries in China[M].London：Sampson Low，1898.

[24] FAN FA-TI.British Naturalists in Qing China[M].Cambridge：Harvard University Press，2004.

[25] RYBCZYNSKI W.A Clearing in the Distance：Frederick Law Olmsted and America in the 19th century[M].New York：Scribner，1999.

[26] SMITH H S. Diary of Events and the Progress on Shameen，1859-1938[M].1938.

[27] CONWAY H.People's Parks：The Design and Development of Victorian Parks in Britain.Cambridge：Cambridge University Press，1991.

[28] FORTUNE R.A Journey to the Tea Countries of China：Including Sung-Lo and the

Bohea Hills; With a Short Notice of the East India Company's Tea Plantations in the Himalaya Mountains[M].London：John Murray，1852.

[29] CHAN W Y L. "Nineteenth-Century Canton Gardens and the East-West Plant Trade" in Petra ten-Doesschate Chu and Ding Ning eds.，Qing Encounters：Artistic Exchanges between China and the West，Issues & Debates series，Los Angeles，CA：Getty Research Institute，2015.

[30] SMITH A.To China and Back：Being a Diary Kept，Out and Home[M].London：Chapman & Hall，1859.

[31] EITEL E J.Europe in China：The History of Hongkong from the Beginning to the Year 1882[M].Hong Kong：Kelly & Walsh，1895.

[32] GRIFFITHS D A.A Garden on the Edge of China：Hong Kong，1848[J].Garden History，1988，16（2）：189-198.

[33] GRIFFITHS D A，LAU S P.The Hong Kong Botanical Gardens，a Historical Overview[J].Journal of the Hong Kong Branch of the Royal Asiatic Society，1986(26)：55-77.

[34] Historic photograph，Hong Kong's first City Hall and Dent's Fountain，Central District'（c.1900），University of Hong Kong Library collection.

[35] TREGEAR T R，BERRY L.The Development of Hongkong and Kowloon：As told in maps[M].Hong Kong University Press，1959.

[36] PRYOR M R.Street tree planting in Hong Kong in the early colonial period（1842-1898）[J].Journal of the Royal Asiatic Society Hong Kong Branch，2015，55：33-56.

[37] PECKHAM R.Hygienic Nature：Afforestation and the Greening of Colonial Hong Kong[J].Modern Asian studies，2015，49（4）：1177-1209.

[38] PECKHAM R.Infective Economies：Empire，Panic and the Business of disease[J].The Journal of Imperial and Commonwealth History，2013，41（2）：211-237.

[39] CORBETT C H.Lingnan University：A Short History Based Primarily on the Records of the University's American Trustees[M].New York：The Trustees of Lingnan University，1963.

[40] LEONARD J W，HAMERSLY L R，HOLMES F R. Who's who in New York City and State，Issue 4[M]. L.R.Hamersly Co.，1909.

[41] TURNER P V.Campus：an American Planning Tradition[M].Cambridge：The MIT Press，1984.

[42] GITHENS A M.The Group Plan.—V.：Universities，Colleges and Schools[J].The Brickbuilder，1907.

[43] STOUGHTON C W，NILES W W.A Report of the Cities of the Far East as Observed by one of the Members of the Committee on Parks and Parkways of the North Side Board of Trade，December，1905[R].

[44] THOMSON J.Illustrations of China and Its People（Vol.1）[M].London：Crown Buildings，1874.

[45] SWEENY J O.A Numismatic History of the Birmingham Mint[M].Birmingham：The Birmingham Mint Ltd.，1981.

[46] GRAY M J H.Fourteen months in Canton[M].London：Macmillan & Company，1880.

[47] YEOH B S A.Contesting space in colonial Singapore：Power relations and the urban built environment[M].Singapore：NUS Press，2003.

[48] KUNSTLER J H.The City in Mind：Notes on the Urban Condition[M].New York：Simon & Schuster，2003.

[49] STROSS R E.The Stubborn Earth: American Agriculturalists on Chinese Soil，1898-1937[M].Berkeley: University of California Press，1986.